煤炭行业特有工种职业技能鉴定培训教材

液压支架工

（初级、中级、高级）

·第 3 版·

煤炭工业职业技能鉴定指导中心　组织编写

应急管理出版社

·北　京·

内 容 提 要

本书分别介绍了初级、中级、高级液压支架工职业技能考核鉴定的知识要求和技能要求。内容包括煤矿基础知识、液压支架的安装使用、特殊地质构造下的使用操作及液压支架的维修等知识。

本书是液压支架工职业技能考核鉴定前的培训和自学教材，也可作为各级各类技术学校相关专业师生的参考用书。

本书编审人员

主　编　蔡有章
副主编　李国军　李江明　肖国顺
编　写　张　峰　陈国杰　宋金发　王玉堂　王永祥
　　　　刘先玉　方中明

主　审　李俊斌
审　稿　鲁建广　郑海文　王二勤　赵永才　薛建元
　　　　马献超　于聚旺　赵玉龙

PREFACE 前言

为了进一步提高煤炭行业职工队伍素质，加快煤炭行业高技能人才队伍建设步伐，实现煤炭行业职业技能鉴定工作的标准化、规范化，促进其健康发展，根据国家的有关规定和要求，从2004年开始，煤炭工业职业技能鉴定指导中心陆续组织有关专家、工程技术人员和职业培训教学管理人员编写了《煤炭行业特有工种职业技能鉴定培训教材》，作为国家职业技能鉴定考试的推荐用书。

本套教材以相应工种的职业标准为依据，内容上力求体现“以职业活动为导向，以职业技能为核心”的指导思想，突出职业技能培训特色。在结构上，针对各工种职业活动领域，按照模块化的方式，分初级工、中级工、高级工、技师、高级技师5个等级进行编写。每个工种的培训教材分为两册出版，其中初级工、中级工、高级工为一册，技师、高级技师为一册。

本套教材自2005年陆续出版以来，一直备受煤炭企业的欢迎，现已有近50个工种的初级工、中级工、高级工教材和近30个工种的技师、高级技师教材，涵盖了煤炭行业的主体工种，较好地满足了煤炭行业高技能人才队伍建设和职业技能鉴定工作的需要。

当前，煤炭科技迅猛发展，新法律法规、新标准、新规程、新技术、新工艺、新设备、新材料不断涌现，特别是我国煤矿安全的主体部门规章——《煤矿安全规程》已于2022年全面修订并颁布实施，原教材有些内容已显陈旧，不能满足当前职业技能水平评价工作的需要，因此我们决定再次对教材进行修订。

本次修订出版的第3版教材继承前两版教材的框架结构，对已不适应当前要求的技术方法、装备设备、法律法规、标准规范等内容进行了修改完善。

编写技能鉴定培训教材是一项探索性工作，有相当的难度，加之时间仓促，不足之处在所难免，恳请各使用单位和个人提出宝贵意见和建议。意见建议反馈电话：010－84657932。

煤炭工业职业技能鉴定指导中心

2023年12月

CONTENTS 目录

第三部分　中级液压支架工知识要求

第四部分　中级液压支架工技能要求

第五部分　高级液压支架工知识要求

第六部分　高级液压支架工技能要求

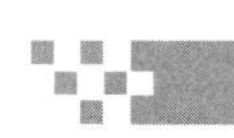

职 业 道 德

一、道德

道德是一种普遍的社会现象。没有一定的道德规范，人类社会既不能生存，也无法发展。什么是道德、道德具有什么特点、什么是职业道德、职业道德具有什么特点和社会作用等，在我们学习职业（岗位、工种）基本知识和操作技能之前，应当对这些问题有个基本了解。

1. 道德的含义

在日常生活和工作实践中，我们经常会用到“道德”这个词。我们或用它来评价社会上的人和事，或用它来反省自己的言谈举止。

道德是一个历史范畴，随着人类社会的产生而产生，同时也随着人类社会的发展而发展。道德又是一个阶级范畴，不同阶级的人对它的理解也不同，甚至互相对立。在我国古代，“道”和“德”原本是两个概念。“道”的原意是道路，“德”的原意是正道而行，后来把这两个词合起来用，引申为调整人们之间关系和行为的准则。在西方，一些思想家也对道德作过多种多样的解释，但只有用马克思主义观点来认识道德的含义和本质才是唯一的正确途径。

马克思主义认为，道德是人类社会特有的现象。在人类社会的长期发展过程中，为了维护社会生活的正常秩序，就需要调节人们之间的关系，要求人们对自己的行为进行约束，于是就形成了一些行为规范和准则。一般来说，所谓道德，就是调整人和人之间关系的一种特殊的行为规范的总和。它依靠内心信念、传统习惯和社会舆论的力量，以善和恶、正义和非正义、公正和偏私、诚实和虚伪、权利和义务等道德观念来评价每个人的行为，从而调整人们之间的关系。

2. 道德的基本特征

（1）道德具有特殊的规范性。道德在表现形式上是一种规范体系。虽然在人类社会生活中，以行为规范方式存在的社会意识形态还有法律、政治等，但道德具有不同于这些行为规范的显著特征：①它具有利他性。它同法律、政治一样，也是社会用来调整个人同他人、个人同社会的利害关系的手段。但它同法律、政治的不同之处在于，在调整这些关系时，追求的不是个人利益，而是他人利益、社会利益，即追求利他。②道德这种行为规范是依靠人们的内心信念来维系的。当然，道德也需要靠社会舆论、传统习俗来维系，这些也是具有外在性、强制性的力量。但如果社会舆论和传统习俗与个人的内心信念不一致，就起不到约束作用。因此，道德具有自觉性的特点。③道德的这种规范作用表现为对人们的行为进行劝阻与示范的统一。道德依据一定的善恶标准来对人们的行为进行评价，对恶行给予谴责、抑制，对善行给予表扬、示范，这同法律规范以明确的命令或禁止的方式来发生作用是不同的。

(2) 道德具有广泛的渗透性。道德广泛地渗透到社会生活的各个领域和一切发展阶段。横向地看，道德渗透于社会生活的各个领域，无论是经济领域还是政治领域，也无论是个人生活、集体生活还是整个社会生活，时时处处都有各种社会关系，都需要道德来调节。纵向地看，道德又是最久远地贯穿于人类社会发展的一切阶段，可以说，道德与人类始终共存亡；只要有人，有人生活，就一定会有道德存在并起着作用。

(3) 道德具有较强的稳定性。道德在反映社会经济关系时，常以各种规范、戒律、格言、理想等形式去约束和引导人们的行为与心理。而这些格言、戒律等又以人们喜闻乐见的形式出现，它们很容易被因袭下来，与社会风尚习俗、民族传统结合起来，而内化为人们心理结构的特殊情感。心理结构是相当稳定的东西，一经形成就不易改变。因此，当某种道德赖以存在的社会经济关系变更以后，这种道德不会马上消失，它还会作为一种旧意识被保留下来，影响（促进或阻碍）社会的发展。如在我们国家，社会主义制度已经建立起来了，但封建主义、资本主义的道德残余依然存在，就是这个原因。

(4) 道德具有显著的实践性。所谓实践性，是指道德必须实现向行为的实际转化，从意识形态进入人们的心理结构与现实活动。我们判断一个人的道德面貌，不能根据他能背诵多少道德的戒律和格言，也不能根据他自诩怀抱多么纯正高尚的道德动机，而只能根据他的实际行为。道德如果不能指导人们的道德实践活动，不能表现为人们的具体行为，其自身也就失去了存在的意义。

二、职业道德

1. 职业道德的含义

在人类社会生活中，除了公共生活、家庭生活外，还有丰富多彩的职业生活。与此相适应，用以指导和调节人与社会之间关系的道德体系，也可以划分为三个部分，即社会道德、婚姻家庭道德和职业道德。职业道德是道德体系的重要组成部分，有其特殊的重要地位。

在人类社会生活中，几乎所有成年的社会成员都要从事一定的职业。职业是人们在社会生活中对社会承担的一定职责和从事的专门业务。职业作为一种社会现象并非从来就有，而是社会分工及其发展的结果。每个人一旦步入职业生活，加入一定的职业团体，就必然会在职业活动的基础上形成人们之间的职业关系。在论述人类的道德关系时，恩格斯曾经指出："每一个阶级，甚至每一个行业，都各有各的道德。"这里说的每一个行业的道德，就是职业道德。

所谓职业道德，就是从事一定职业的人们，在履行本职工作职责的过程中，应当遵循的具有自身职业特征的道德准则和规范。它是职业范围内的特殊道德要求，是一般社会道德和阶级道德在职业生活中的具体体现。每一个行业都有自己的职业道德。职业道德，一方面体现了一般社会道德对职业活动的基本要求，另一方面又带有鲜明的行业特色。例如，热爱本职、忠于职守、为人民服务、对人民负责，是各行各业职业道德的基本规范。

但是每一种具体的职业，又都有独特的不同于其他职业道德的内涵，如党政机关、新闻出版单位、公检法部门、科研机构等都有自己的职业道德。

2. 职业道德的特征

各种职业道德反映着由于职业不同而形成的不同的职业心理、职业习惯、职业传统和职业理想，反映着由于职业的不同所带来的道德意识和道德行为上的一定差别。职业道德作为一种特殊的行为调节方式，有其固有的特征。概括起来，主要有以下四个方面：

（1）内容的鲜明性。无论是何种职业道德，在内容方面，总是要鲜明地表达职业义务和职业责任，以及职业行为上的道德特点。从职业道德的历史发展可以看出，职业道德不是一般地反映阶级道德或社会道德的要求，而是着重反映本职业的特殊利益和要求。因而，它往往表现为某职业特有的道德传统和道德习惯。俗话说“隔行如隔山”，它说明职业之间有着很大的差别，人们往往可以从一个人的言谈举止上大致判断出他的职业。不同的职业都有其自身的特点，有各自的业务内容、具体利益和应当履行的义务，这使各种职业道德具有鲜明的职业特色。如，执法部门道德主要是秉公执法，而商业道德则是买卖公平，等等。

（2）表达形式的灵活性和多样性。这主要是指职业道德在行为准则的表达形式方面，比较具体、灵活、多样。各种职业集体对从业人员的道德要求，总是要适应本职业的具体条件和人们的接受能力，因而，它往往不仅仅只是原则性的规定，而是很具体的。在表达上，它往往用体现各职业特征的“行话”，以言简意明的形式（如章程、守则、公约、须知、誓词、保证、条例等）表达职业道德的要求。这样做，有利于从业人员遵守和践行，有助于从业人员养成本职业所要求的道德习惯。

（3）调节范围的确定性。职业道德在调节范围上，主要用来约束从事本职业的人员。一般来说，职业道德主要是调整两个方面的关系：一是从事同一职业人们的内部关系，二是同所接触的对象之间的关系。例如，一个医生，不但要热爱本职工作，尊重同行业人员，而且要发扬救死扶伤的精神，尽自己最大努力为患者解除痛苦。由此可见，职业道德主要是用来约束从事本职业的人员的，对于不属于本职业的人，或职业人员在该职业之外的行为活动，它往往起不到约束作用。

（4）规范的稳定性和连续性。无论何种职业，都是在历史上逐渐形成的，都有漫长的发展过程。农业、手工业、商业、教育等古老的职业，都有几千年的历史。而伴随现代工业产生的系列新型职业也有几十年或几百年的历史。虽然每种职业在不同的历史时期有不同的特点，但是，无论在哪个时代，每种职业所要调整的基本道德关系都是大致相同的。如，医生在历朝历代主要是协调医患关系。正因为如此，基于调整道德关系而产生的职业道德规范，就具有历史的连续性和较大的稳定性。例如，从古希腊奴隶制社会的著名医生希波克拉底，到我国封建时代的唐代名医孙思邈，再到现代世界医协大会所制定的《日内瓦宣言》，都主张医生要救死扶伤，对病人一视同仁。医生职业道德规范的基本内容鲜明地体现着历史的连续性和稳定性。

3. 职业道德的社会作用

职业道德是调整职业内部、职业与职业、职业与社会之间的各种关系的行为准则。因此，职业道德的社会作用主要是：

（1）调整职业工作与服务对象的关系，实际上也就是职业与社会的关系。这要求从业人员从本职业的性质和特点出发，为社会服务，并在这种服务中求得自身与本职业的生存和发展。教师道德涉及教师和学生的关系，医生道德涉及医生和患者的关系，司法道德涉及司法人员与当事人的关系。哪种职业为社会服务得好，哪种职业就会受到社会的赞许，否则就会受到社会舆论的谴责。

（2）调整职业内部关系。包括调整领导者与被领导者之间、职业各部门之间、同事之间的关系。这诸种关系之间都要保持和谐共进、相互信任、相互支持、相互合作，避免互相拆台、互相掣肘，从而实现社会关系的协调统一。

（3）调整职业之间的关系。通过职业道德的调整，使各行业之间的行为协调统一。社会主义社会各种职业的目的都是为实现全社会的共同利益服务的。各行业之间的分工合作、协调一致，是社会主义职业道德的基本要求。除此之外，职业道德在促进职业成员成长的过程中也有重要作用。一个人有了职业，就意味着这个人已经踏入社会。在职业活动中，他势必要面对和处理个人与他人、个人与社会的关系问题，并接受职业道德的熏陶。由于职业道德与从业人员的切身利益息息相关，人们往往通过职业道德接受或深化一般社会道德，并形成一个人的道德素养。注重职业道德的建设和提高，不仅可以造就大批有强烈道德感、责任心的职业工作者，而且可以大大促进社会道德风尚的发展。

三、职业守则

通常职业道德要求通过在职业活动中的职业守则来体现。广大煤矿职工的职业守则有以下几个方面：

1. 遵纪守法

煤炭生产有它的特殊性，从业人员除了遵守《煤炭法》《安全生产法》《煤矿安全生产条例》《煤矿安全规程》外，还要遵守煤炭行业制定的专门规章制度。只有遵法守纪，才能确保安全生产。作为一名合格的煤矿职工，应该遵守煤矿的各项规章制度，遵守煤矿劳动纪律，尤其是岗位责任制和操作规程、作业规程，处理好安全与生产的关系。

2. 爱岗敬业

热爱本职工作是一种职业情感。煤炭是我国当前的主要能源，在国民经济中占举足轻重的地位。作为一名煤矿职工，应该感到责任重大、使命光荣；应该树立热爱矿山、热爱本职工作的思想，认真工作，培养职业兴趣；干一行、爱一行、专一行，既爱岗又敬业，创造性地干好本职工作，为我国的煤矿安全生产多作贡献。

3. 安全生产

煤矿生产是人与自然的斗争，工作环境特殊，作业条件艰苦，情况复杂多变，危险有害因素多，稍有疏忽或违章，就可能导致事故发生，轻者影响生产，重则造成矿毁人亡。安全是煤矿工作的重中之重。没有安全，生产就无从谈起。作为一名煤矿职工，一定要按章作业，抵制“三违”，做到安全生产。

4. 钻研技能

职业技能，也可称为职业能力，是人们进行职业活动、完成职业责任的能力和手段。它包括实际操作能力、业务处理能力、技术能力以及相关理论知识水平等。

经过新中国成立以来几十年的发展，我国的煤炭生产也由原来的手工作业转变为综合机械化作业，正在向智能化开采迈进，大量高科技产品、科研成果被广泛应用于煤炭生产、安全监控之中，建成了许多世界一流的现代化矿井。所有这些都要求煤矿职工在工作和学习中刻苦钻研职业技能，提高技术能力，掌握扎实的科学知识，只有这样才能胜任自己的工作。

5. 团结协作

任何一个组织的发展都离不开团结协作。团结协作、互助友爱是处理组织内部人与人之间、组织与组织之间关系的道德规范，也是增强团队凝聚力、提高生产效率的重要法宝。

6. 文明作业

爱护材料、设备、工具、仪表，保持工作环境整洁有序；着装整齐，符合井下作业要求；行为举止大方得体。

第一部分

初级液压支架工知识要求

第一章
基 础 知 识

第一节 机械制图基本知识

一、视图

视图就是用正投影法绘制出物体的图形。如图 1－1 所示，设有一个直立的投影面，在投影面的前方放置一模型，并使模型的前面与投影面平行，然后用一束互相平行的光线向模型垂直投射，在投影面上得到的图形就称为模型的正投影。

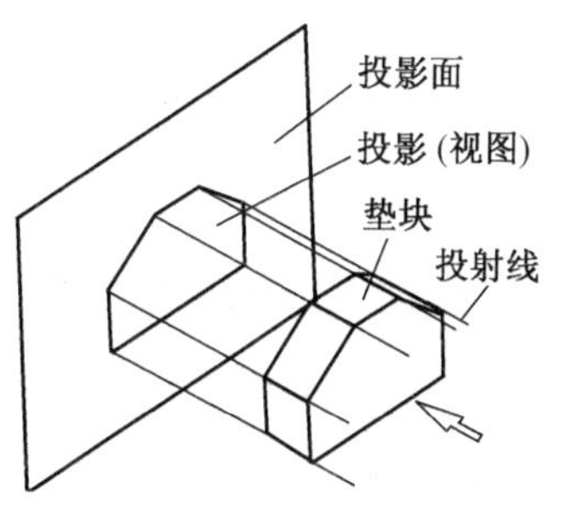

图 1－1 视图

用正投影法在一个投影面上得到的一个视图，只能反映物体一个方向的形状，不能完整反映物体的形状。图 1－1 所示模型在投影面上的投影只能反映其前面的形状，而顶面和侧面的形状无法反映出来。因此，要表示模型完整的形状，就必须从几个方向进行投射，画出几个视图，通常用 3 个视图表示。

如图 1－2a 所示，首先将模型由前向后作正立投影面（简称正面，用 V 表示）投射，在正面上得到一个视图，称为主视图；如图 1－2b 所示，由模型的上方向下投射，在水平面上得到第 2 个视图，称为俯视图；如图 1－2c 所示，从模型的左方向右投射，在侧面上得到第 3 个视图，称为左视图。显然，模型的 3 个视图从 3 个不同方向比较完整地反映了模型的形状。

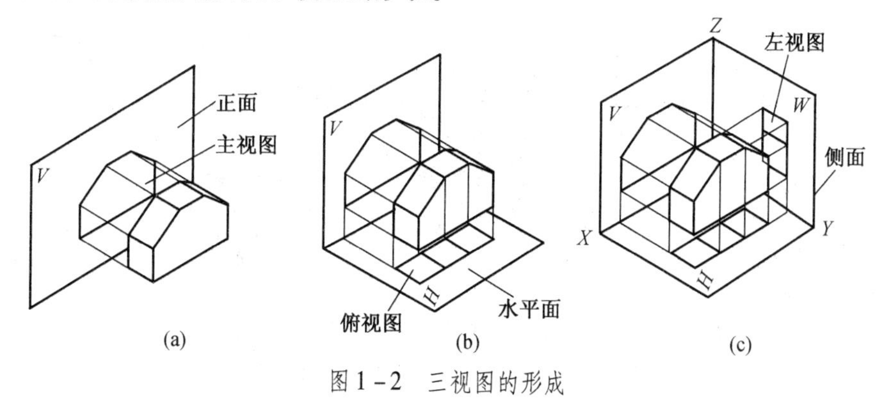

图 1－2 三视图的形成

3个互相垂直的投影面构成3个投影面体系；两个投影面的交线 OX、OY、OZ，称为投影轴；3条投影轴交于一点 O，称为原点。为了将模型的3个视图画在一张纸上，需将3个投影面展开到一个平面上。如图1－3a所示，规定正面不动，将水平面和侧面沿 OY 轴分开，并将水平面绕 OX 轴向下旋转90°（随水平面旋转的 OY 轴用 OY_H 表示），侧面绕 OZ 轴向右旋转90°（随侧面旋转的 OY 轴用 OY_W 表示），旋转完成后，俯视图在主视图的下方，左视图在主视图的右方，如图1－3b所示。画三视图时不必画出投影面的边框，所以去掉边框，得到如图1－3c所示的三视图。

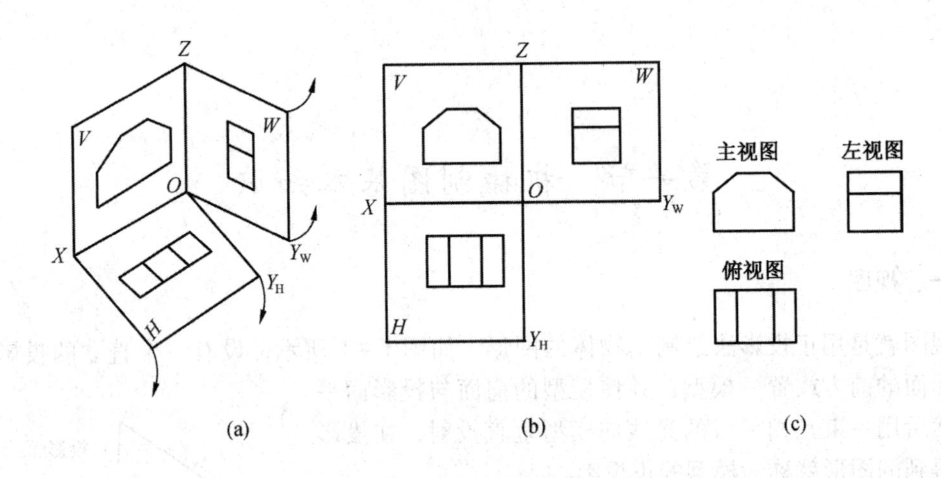

图1－3　三视图的展开

二、三视图的投影关系

关于物体的长、宽、高，通常规定：物体左右之间的距离为长，前后之间的距离为宽，上下之间的距离为高。从图1－4a可以看出，一个视图只能反映物体两个方向的大小。如主视图反映模型的长和高，俯视图反映模型的长和宽，左视图反映模型的宽和高。由上述三个投影面的展开过程可知，俯视图在主视图的下方，对应的长度相等，且左右两端对正，即主、俯视图相应部分的连线为互相平行的竖直线；同理，左视图与主视图高度相等且平齐，即主、左视图相应部分在同一条水平线上；左视图与俯视图均反映模型的宽度，所以俯、左视图对应部分的宽度应相等。

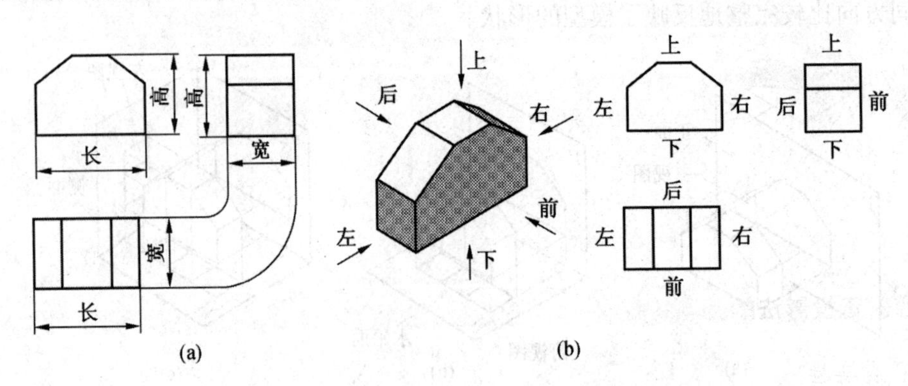

图1－4　三视图的投影关系和方位关系

根据上述三视图之间的投影关系，可归纳得到以下 3 条投影规律：

（1）主视图与俯视图反映物体的长度——长对正。

（2）主视图与左视图反映物体的高度——高平齐。

（3）俯视图与左视图反映物体的宽度——宽相等。

“长对正、高平齐、宽相等”的投影对应关系是三视图的重要特性，也是画图与读图的依据。

三、三视图与物体方位的对应关系

如图 1－4b 所示，物体有上、下、左、右、前、后 6 个方位，其中：主视图反映物体的上、下和左、右的相对位置关系；俯视图反映物体的前、后和左、右的相对位置关系；左视图反映物体的前、后和上、下的相对位置关系。

画图和读图时，要特别注意俯视图与左视图的前后对应关系。在 3 个投影面的展开过程中，水平面向下旋转，原来向前的 OY 轴成为向下的 OY_H，即俯视图的下方实际上表示物体的前方，俯视图的上方则表示物体的后方。而侧面向右旋转时，原来向前的 OY 轴成为向右的 OY_W，即左视图的右方实际上表示物体的前方，左视图的左方则表示物体的后方。所以，物体俯、左视图不仅宽度相等，还应保持前、后位置的对应关系。

【例 1－1】根据图 1－5a 所示物体，绘制其三视图。

图中所示物体是底板左前方切角直角弯板。为了便于作图，应使物体的主要表面尽可能与投影面平行。画三视图时，应先画反映物体形状特征的视图，然后再按投影规律画出其他视图。

（1）量取弯板的长和高画出反映物体特征轮廓的主视图，按主、俯视图长对正的投影关系，量取弯板的宽度画出俯视图，如图 1－5b 所示。

（2）在俯视图上画出底板左前方切去的一角，再按长对正投影关系在主视图上画出切角的图线，如图 1－5c 所示。

（3）按主、左视图高平齐，俯、左视图宽相等的投影关系，画出左视图。必须注意：俯、左视图上“Y”的前后对应关系，检查无误后，擦去多余作图线，描深，完成弯板的三视图，如图 1－5d 所示。

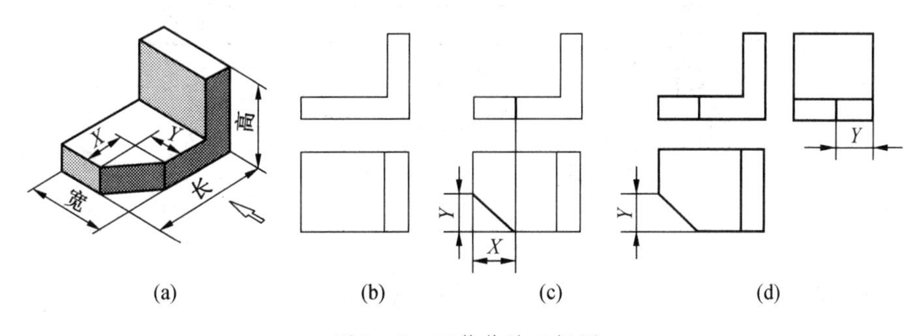

图 1－5 画物体的三视图

四、正投影法的基本特性

1. 真实性

当直线、曲线或平面平行于投影面时，直线或曲线的投影反映实长，平面的投影反映真实形状，如图 1－6a 所示。

2. 积聚性

当直线、平面或曲面垂直于投影时，直线的投影积聚成一点，平面或曲面的投影积聚成直线或曲线，如图 1－6b 所示。

3. 类似性

当直线、曲线或平面倾斜于投影面时，直线或曲线的投影仍为直线或曲线，但小于实长，平面图形投影小于真实图形的大小，且与后者类似。像这种原形与投影不相等也不相似，但两者凹凸、曲直及平行关系不变的性质称为类似性，如图 1－6c 所示。

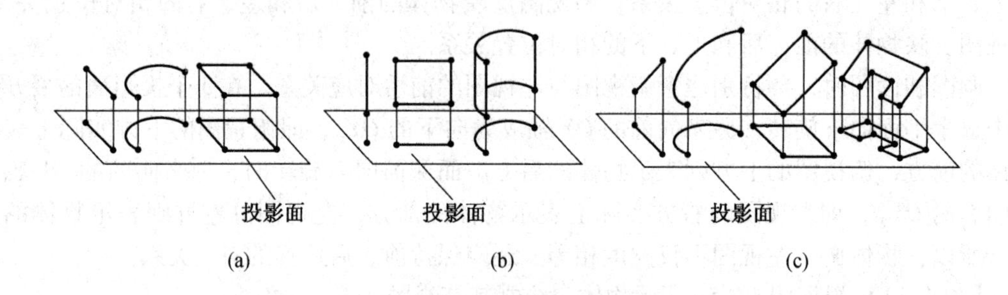

图 1－6　正投影法的基本特性

如图 1－7a 所示，物体的顶面平行于水平面，因此它在水平面上的投影反映实形。由于该平面平行于水平面，必然垂直于正面和侧面，所以该平面在正面和侧面上的投影都积聚成一条直线，如图 1－7b 所示。

如图 1－7a 所示，物体的切角立面垂直于水平面，所以它在水平面上的投影积聚成一条直线。由于该平面对正面和侧面都倾斜，所以该平面在正面和侧面上的投影仍为矩形，但面积缩小了，如图 1－7c 所示。

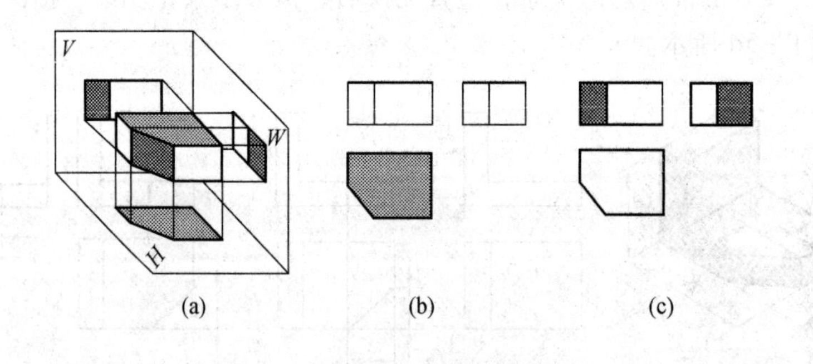

图 1－7　平面的投影特性

通过以上分析，平面的投影特性可归纳如下：

平面平行投影面，投影实形现——真实性；

平面垂直投影面，投影呈直线——积聚性；

平面倾斜投影面，投影类似形——类似性。

如图 1 – 8a 所示，物体切角立面上的上（下）棱线平行于水平面，它在水平面上的投影反映实长，而该直线正面和侧面倾斜，所以它在正面和侧面上的投影均不反映实长，如图 1 – 8b 所示。该立面上的前（后）棱线垂直于水平面，它在水平面上的投影积聚成一点。该棱线既垂直于水平面，则必平行于正面和侧面，所以它在正面和侧面上的投影均反映实长，如图 1 – 8c 所示。

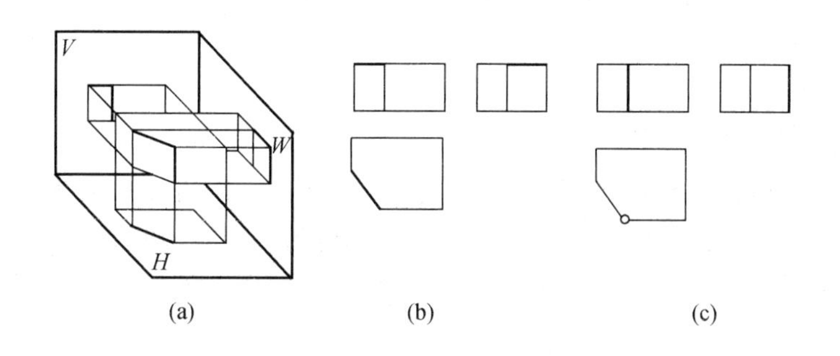

图 1 – 8　直线的投影特性

通过以上分析，直线的投影特性可归纳如下：

直线平行投影面，投影实长现——真实性；

直线垂直投影面，投影呈一点——积聚性；

直线倾斜投影面，投影长变短——收缩性。

【例 1 – 2】根据物体的三视图和立体图，回答下列问题。

（1）分析立体图上 L 形斜面垂直于哪个投影面（图 1 – 9a）。

从主视图可看出，L 形斜面在主视图上的投影是一条斜线，可判断该斜面垂直于正面。由于该斜面对水平面和侧面都处于倾斜位置，所以俯视图和左视图都不反映实形，但都是 L 形的类似形。

（2）分析立体图上所示粗线垂直于哪个投影面（图 1 – 9a）。

从左视图可看出，该直线在左视图上的投影为一点，可判断该直线垂直于侧面。因为该直线垂直于侧面，俯视图上的投影均为水平线，并反映实长。

（3）分析立体图上两个表面的相对位置（图 1 – 9b）。

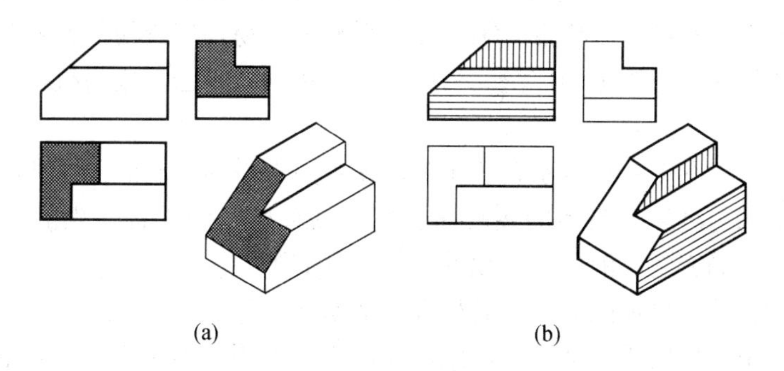

图 1 – 9　分析物体表面上的面和线

分析立体图上用横线和竖线表示两个表面的相对位置，首先对照立体图在俯、左视图上分别找到与两个表面对应的两条水平线和两条竖直线（图中粗线所示），可判断这两个平面都平行于正面，它们的正面投影反映实形。再根据物体的方位关系，俯视图的下方和左视图的右方都是物体的前方，由此判断用横线表示的表面在前，用竖线表示的表面在后。用同样的方法可分析判断物体上其他各表面的相对位置。

第二节　液压传动基本知识

一、液压传动的基本原理

液压传动是以液体（液压油或水）作为工作介质，利用液体压力来传递动力和进行压力控制的一种传动方式。它通过液压泵，将电动机的机械能转换为液体的压力能，又通过管路、控制元件，经液压缸（或液压马达）将液体的压力能转换成机械能，驱动负载和实现机构的运动。

1. 液压传动与机械传动相比较的优点

（1）可以在较大的速度范围内实现无级变速。

（2）易于获得比较大的力或力矩，因此承载能力大。

（3）在功率相同的情况下，液压传动的体积小、质量轻，因而动作灵敏、惯性小。

（4）传动平稳，吸振能力强，便于实现频繁换向和过载保护。

（5）操作简便，易于采用电气、液压联合控制以实现自动化。

（6）采用油液为工作介质，起到自行润滑的作用，延长零部件的使用寿命。

（7）液压元件易于实现系列化、标准化、通用化。

2. 液压传动存在的缺点

（1）液压元件的制造精度和密封性能要求较高，安装、维护比较困难。

（2）由于泄漏的存在，传动比不能恒定，不能适用于传动比要求严格的场合。

（3）泄漏引起的能量损失，是液压传动的主要能量损失，此外，油液在管道中受到的摩擦阻力也会引起一定的能量损失，使液压传动的效率降低。

（4）油液的黏度随温度变化而变化，影响了传动机构的工作性能。在低温条件或高温条件下，采用液压传动有较大的困难。

（5）油液中渗入空气时，会产生噪声，容易引起振动或爬行，影响传动的平稳。

由于液压传动具有明显的优点，因此在采煤机械上得到广泛使用，尤其在高效率的自动化、半自动化机械中应用更为广泛。当前，液压传动技术已经成为机械业发展的一个重要方面。

液压传动原理如图 1－10 所示，液压千斤顶主要由手动柱塞液压泵和液压缸两大部分构成。大、小活塞与缸体、泵体的接触面之间，具有良好的配合，既能保证活塞移动顺利，又能形成可靠的密封。液压千斤顶的工作过程如下：

升起重物时，关闭放油阀向上提起杠杆，活塞被带动上升（图 1－10b），泵体油腔的工作容积增大，由于单向阀受油腔中油液的作用力而关闭。油腔中形成真空，油箱中的油液在大气压力作用下，推开单向阀的阀球，进入并充满油腔。压下杠杆，活塞被带动下移

(图1-10c)，泵体油腔的工作容积减小，其内的油液在外力的作用下压力升高，迫使单向阀5关闭，单向阀7打开，油液经油管9进入缸体油腔，缸体油腔的工作容积增大，推动活塞连同重物 G 一起上升。反复提压杠杆就能不断从油箱吸油并压入缸体油腔，使活塞和重物 G 不断上升从而达到起重的目的。提压杠杆的速度越快，单位时间内压入缸体的油液越多，重物上升的速度就越快，重物越重，下压杠杆的力就越大。停止提压杠杆，单向阀7被关闭，缸体油腔中的油液被封闭。此时重物保持在某一位置不动。

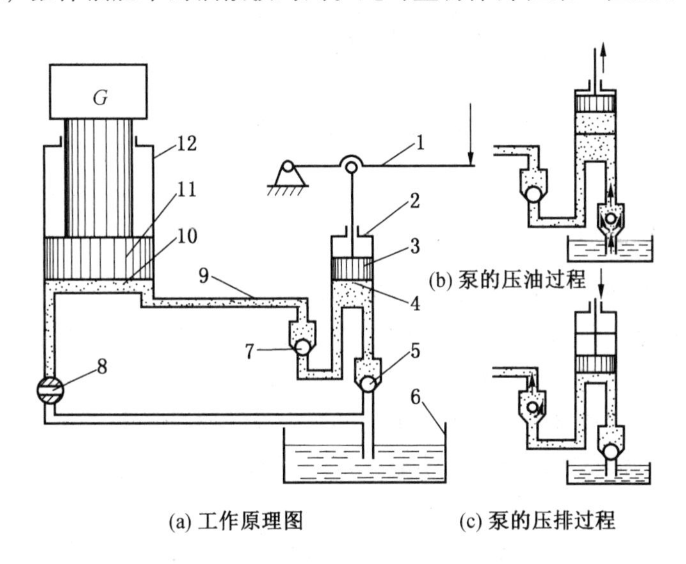

1—杠杆；2—泵体；3、11—活塞；4、10—油腔；5、7—单向阀；
6—油箱；8—放油阀；9—油管；12—缸体

图1-10 液压千斤顶的工作原理

将放油阀旋转90°，缸体油腔直接连通油箱，腔中的油液在重物的作用下流回油箱，活塞下降并恢复到原位。

通过千斤顶的工作过程可以看出，液压传动的工作原理是：以油液作为工作介质，通过密封容器容积的变化来传递运动，通过油液内部的压力来传递动力。

二、液压传动系统的组成

液压传动系统由动力部分、执行元件、控制元件和辅助装置4部分组成。

(1) 动力部分。其职能是将原动机输出的机械能转换为油液的压力能（液压能）。转换能量的元件为液压泵。

(2) 执行元件。其职能是将油液的压力能转换为机械能。执行元件有液压缸或液压马达。液压缸可带动负载作往复运动或小于360°的摆动。液压马达可带动负载做旋转运动。

(3) 控制元件。控制元件用来控制和调节油液的压力、流量和流动方向。控制元件有各种压力控制阀、流量控制阀和方向控制阀等。

(4) 辅助装置。它们有储油用的油箱，过滤油液中杂质用的滤油器，油管及管接头，密封件及冷却器和蓄能器等。

在液压传动系统中，各液压元件的作用和它们之间的相互连接关系如图 1－11 所示。

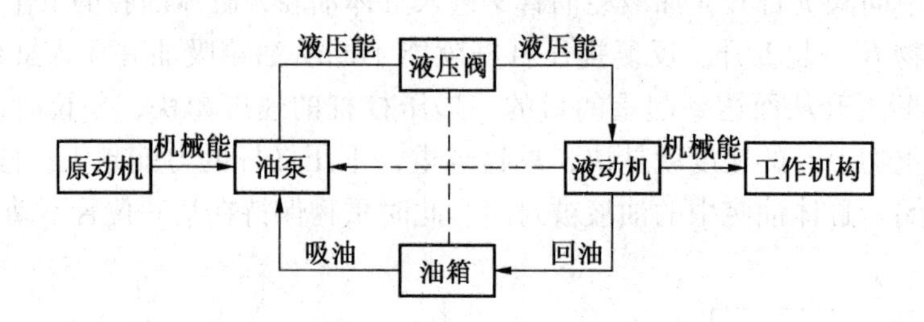

图 1－11　液压元件的相互连接关系图

三、液压元件的图形符号

液压系统图有两种：一种是结构原理图，这种图近似实物的剖面图，直观性强，容易读懂，但图形比较复杂，绘制不方便，特别当系统元件较多时，更不易看清楚，也不易表达清楚各元件的职能作用。另一种是利用液压元件的职能符号表示的液压系统图。这些符号只表示元件的职能和连接关系，不表示元件的实际结构与安装部位等，因此绘制时比较方便，尤其对复杂的液压系统就更为明显。常用液压元件图形符号详见附录。

第三节　液体的基本特性

一、液体的物理性质

1. 液体的密度和重度

（1）密度。液体的密度是指单位容积中液体的质量，常用 ρ 表示：

$$\rho = \frac{m}{V} \tag{1-1}$$

式中　m——液体的质量，$kg \cdot s^2/m$；

V——液体的容积，m^3。

（2）重度。液体的重度是指单位容积中液体的重量，常用 γ 表示：

$$\gamma = \frac{G}{V} \tag{1-2}$$

式中　G——液体的重量，$G = mg$，kg；

g——重力加速度，m/s^2。

故密度和重度之间的关系为 $\gamma = \rho g$ 或 $\rho = \frac{\gamma}{g}$。

油液的密度和重度是随温度和压力变化的，通常使用的温度和压力范围内，这种变化量很小，所以在一般计算中可近似地把它们看成常数。

2. 黏度

液体受外力作用而流动时，液体内部产生摩擦力或切应力的性质，叫作液体的黏性。

黏性的作用是阻止液体内部的相互滑动。液体流动时才会呈现黏性，静止液体不呈现黏性。黏性的大小可用黏度来表示，是液体最重要的特性之一，它直接影响系统的正常工作效率和灵敏性。

黏度的表示方法有3种，即动力黏度、运动黏度和相对黏度。

1）动力黏度

液体在圆管内作平行流动时，由于液体与固体壁的附着力及其分子间的内力作用，使液体内部各处的速度大小不等，紧贴管壁处的液体黏附于管壁上，其速度为零；当靠近圆管中心方向时，其速度则逐渐增加，在圆管中心处达到最大值。如果将液体在圆管中的流动看成是许多无限薄的同心圆筒形的液体层的运动，则运动速度较快与较慢的各层做相对滑动，产生摩擦阻力。

面积为1 cm^2、相距1 cm的两层液体，其中的一层液体以1 cm/s的速度与另一层液体做相对运动所产生的阻力，即为动力黏度。

2）运动黏度

液体的动力黏度与密度的比值称为运动黏度，常用ν表示。

3）相对黏度

我国采用的相对黏度为恩氏黏度，是以液体的黏度相对于水的黏度来表示的。相对黏度又称条件黏度。

恩氏黏度用恩氏黏度计来测定，其方法是将200 cm^3被试液体在某温度下以恩氏黏度计的小孔（孔径为2.8 mm）流完的时间t_1与相同体积蒸馏水在20 ℃时从同一小孔流完所需要的时间t_2的比值叫该液体的恩氏黏度，常用°E表示。

4）黏度与温度、压力的关系

油液对温度的变化非常敏感，当温度升高时，油的黏度明显降低。因此，黏度的变化将直接影响到液压系统的性能和泄漏量，所以说黏度随温度的变化越小越好。

当作用于油液的压力增加时，分子之间的距离缩小，黏度变大；油液的压力在20 kN/m^2以下时，黏度的变化量可忽略不计。

二、流量和平均流速

1. 流量

单位时间内流过管路或液压缸某一截面的油液体积称为流量，用符号表q_V表示。

$$q_V = \frac{V}{t} \tag{1-3}$$

流量的单位为m^3/s，常用单位为L/min。换算关系为

$$1\ m^3/s = 6 \times 10^4\ L/min$$

2. 平均流速

油液通过管路或液压缸的平均流速可用下式计算：

$$\bar{v} = \frac{q_V}{A} \tag{1-4}$$

式中 $\bar{v}$——油液通过管路或液压缸的平均流速，m/s；

q_V——油液的流量，m^3/s；

A——管路的液流面积或液压缸的有效作用面积，m^2。

3. 活塞的运动速度

活塞的运动是由于流入缸内液体迫使容积增大所导致的结果，其运动速度与流入液压缸的流量有关。以液压千斤顶为例，设在时间 t 内活塞移动的距离为 S，活塞的有效作用面积为 A，则密封容积变化即所需流入油液的体积为 AS，则流量为

$$q_V = \frac{AS}{t}$$

活塞（或液压缸）的运动速度为

$$v = \frac{q_V}{A} = \bar{v}$$

由上式可以得出如下结论：

（1）活塞的运动速度等于液压缸内油液的平均流速。

（2）活塞的运动速度与作用面积和流进液压缸中油液的流量有关，与油液的压力 p 无关。

（3）有效作用面积一定时，活塞的运动速度决定于流入液压缸中油液的流量，改变流量就可改变其运动速度。

三、液流的连续性原理

理想液体在管路中作稳定流动时，通过每一截面的流量相等（即单位时间内流过管道每个截面的液体质量一定是相等的），这就是流动液体的连续性原理。理想液体可视液体的密度 ρ 是常数，并且液体是连续的。

如图 1－12 所示，单位时间内流过截面 1 和 2 的流量分别为 q_{V1} 和 q_{V2}，根据液体的连续性原理，$q_{V1} = q_{V2}$用式（1－4）代入，则可得

$$A_1\bar{v}_1 = A_2\bar{v}_2$$

式中　A_1、A_2——截面 1、2 的面积，m^2；

$\bar{v}_1$、$\bar{v}_2$——液体流经截面 1、2 的平均流速，m/s。

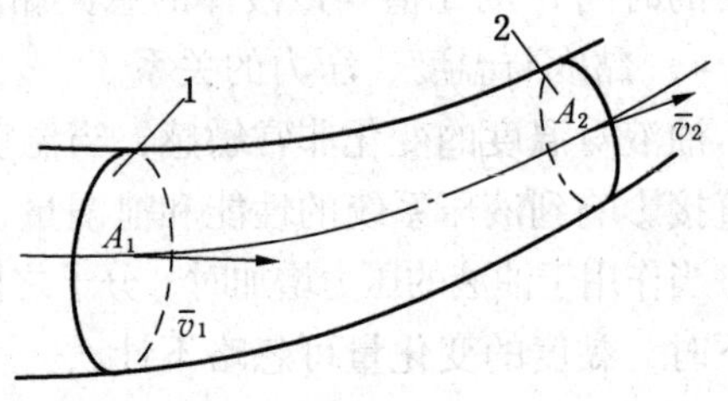

图 1－12　液流的连续性原理

由上式可知，液体在无分支管路中作稳定流动时，流经管路不同截面时的平均流速与其截面大小成反比。管径细的平均流速大，管径粗的平均流速小。

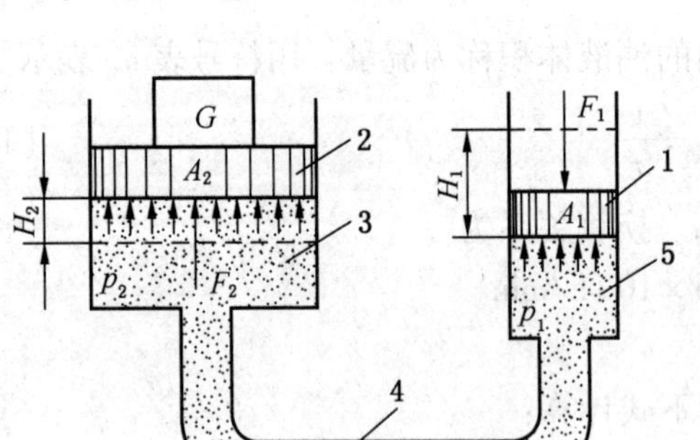

1—柱塞泵活塞；2—液压缸活塞；3—液压缸油腔；4—管路；5—柱塞泵油腔

图 1－13　液压千斤顶的压油过程

【例 1－3】如图 1－13 所示，在液压千斤顶的压油过程中，已知活塞 1 的面积 $A_1 = 1.13 \times 10^{-4}\ m^2$，活塞 2 的面积 $A_2 = 9.62 \times 10^{-4}\ m^2$，管路 4 的截面积 $A_4 = 1.3 \times 10^{-5}\ m^2$。若活塞 1 的下压速度 $v_1 = 0.2$ m/s，试求活塞 2 的上升速度 v_2 和管路内油液的平均流速。

解：在外力作用下活塞1排出的流量

$$q_{V1}=A_1v_1=1.13\times10^{-4}\times0.2=2.26\times10^{-5}(\mathrm{m^3/s})$$

则进入液压缸推动活塞上升的流量 $q_{V1}=q_{V2}$，活塞上升的速度

$$v_2=\frac{q_{V2}}{A_2}=\frac{2.26\times10^{-5}}{9.62\times10^{-4}}=0.0235(\mathrm{m/s})$$

由于管路内的流量 $q_{V4}=q_{V2}$，则管路内油液的平均流速

$$\bar{v}_4=\frac{q_{V4}}{A_4}=\frac{2.26\times10^{-5}}{1.3\times10^{-5}}=1.74(\mathrm{m/s})$$

四、液压系统中压力的形成及传递

1. 压力的表示方法

（1）绝对压力。绝对压力指以绝对真空度为基准标算的压力的正值。所谓绝对真空，是指在密闭容器内没有任何物质，压强等于零。

（2）相对压力。相对压力指以大气压为基准标算的压力的正值，它表示液体压力超过大气压力的数值。绝大多数压力表在大气压力作用下，指针在零位，在液压传动中所说的压力，就是指表压力。

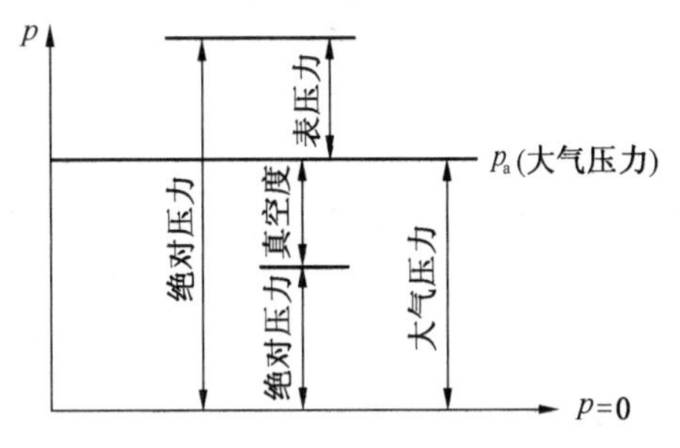

图1-14 各种压力的关系

各种压力的关系如图1-14所示。

绝对压力、大气压力、表压力的关系即

绝对压力=大气压力+表压力

或　　表压力=绝对压力-大气压力

如果液体的绝对压力小于压力，则具有真空度（又称负压）。真空度并不是绝对压力，而是绝对压力小于大气压力的数值，它们的关系是

绝对压力=大气压力-真空度

或　　真空度=大气压力-绝对压力

在液压传动中，油液的压力是油液的自重和油液受到外力作用产生的。如图1-15a所示，油液充满密闭的液压缸左腔，当活塞受到向左的外力作用时，缸体腔的油液处于被挤压状态，同时油液对活塞有一个反作用力，而使活塞处于平衡状态。如图1-15b所示，作用在活塞上的力有两个，一个是外力 F，另一个是油液作用于活塞的力 F_p。两力大小相等，方向相反。如果活塞的有效作用面积为 A，油液作用在活塞单位面积上的力则是 F_p/A。油液单位面积上所承受的作用力称为压强，用符号 p 表示，即

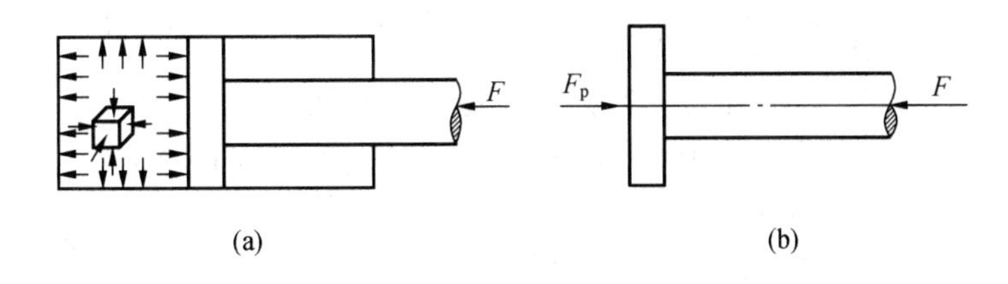

图1-15 油液压力的形成

$$p=\frac{F}{A} \tag{1-5}$$

式中　p——油液的压力，Pa；

F——作用在油液表面上的力，N；

A——承压面积，即活塞的有效作用面积，m^2。

液压传动中，压力的大小可分为五级，即低压 $p\leqslant 2.5$ MPa；中压 $p>2.5\sim 8.0$ MPa；中高压 $p>8.0\sim 16.0$ MPa；高压 $p>16\sim 32$ MPa；超高压 $p>32$ MPa。

2. 液体静压力特性

（1）静止液体中任意一点所受到的各个方向的压力都相等。

（2）液体静压力的作用方向总是垂直指向承压表面。

（3）密闭容器内静止液体中任意一点的压力若有变化，其压力的变化值将传递给液体的各点，其值变。这称为静压传递原理，亦称为帕斯卡定理。

液压千斤顶就是利用静压传递原理传递动力的。如图1－13所示，当柱塞泵活塞1受外力 F_1 作用（液压千斤顶压油）时，液压缸油腔3中油液产生的压力 p_1 为

$$p_1=\frac{F_1}{A_1}$$

此压力通过油液传递到管路4，即管路4中的油液以 $p_2(p_2=p_1)$ 垂直作用于液压缸活塞2，活塞2上受到作用力 F_2，且有

$$F_1/A_1=F_2/A_2$$

或

$$\frac{F_1}{F_2}=\frac{A_2}{A_1}$$

式中　F_1——作用在活塞1上的力，N；

F_2——作用在活塞2上的力，N；

A_1、A_2——活塞1、2上的有效作用面积，m^2。

上式表明，活塞2上所受液压作用力 F_2 与活塞2的有效作用面积 A_2 成正比。如果 $A_2\gg A_1$，则只要在柱塞泵活塞1上作用一个很小的力 F_1，便能获得很大的力 F_2，用以推动重物。这就是液压千斤顶在人力作用下能顶起很重物体的道理。

【例1－4】如图1－13所示，已知活塞1和2面积同前，压油时，作用在活塞1上的力 $F_1=5.78\times10^3$ N。试问：液压缸油腔3内的油液压力 p_1 为多大？液压缸能顶起多重的重物？

解：

（1）油腔3内油液的压力：

$$p_1=\frac{F_1}{A_1}=\frac{5.78\times10^3}{1.13\times10^{-4}}=5.115\times10^7(\text{Pa})=51.15(\text{MPa})$$

（2）活塞2向上推力即作用在活塞2上的液压作用力：

$$F_2=p_1A_2=5.115\times10^7\times9.62\times10^{-4}=4.92\times10^4(\text{N})$$

（3）能顶起重物的质量：

$$G=F_2=4.92\times10^4(\text{N})$$

液流连续性原理和静压传递原理是液压传动的两个基本原理。

第四节 液 压 缸

液压缸是液压传动系统中的执行元件，是将液压能转换为机械能的能量转换装置，液压支架上所采用的液压缸的作用是完成支架的升降、推移等基本动作。在结构上可分为单作用缸和双作用缸两大类。在压力油作用下只能作单方向运动的液压缸称为单作用缸，单作用缸的回程须借助于运动件的自重或其他外力的作用实现；往复两个方向的运动都由压力油作用实现的液压缸称为双作用缸。液压支架上应用最普遍的是活塞或液压缸。液压缸的图形符号详见附录。

一、双作用单活塞杆液压缸的特点和应用

单活塞杆与双活塞杆液压缸比较，具有以下特点。

（1）往复运动速度不相等。图 1－16 为双作用式单活塞杆液压缸工作原理图，A_1 为活塞左侧有效作用面积，A_2 为活塞右侧有效作用面积。由液压泵输入油缸的流量为 q_V，压力为 p，当压力油输入油缸左腔时，推出的速度为

$$v_1 = \frac{q_V}{A_1} = \frac{4q_V}{\pi D^2} \tag{1-6}$$

当压力油输入油缸右腔时，工作台向左的运动速度为

$$v_2 = \frac{q_V}{A_2} = \frac{4q_V}{\pi(D^2 - d^2)} \tag{1-7}$$

由于 $A_1 > A_2$，可见 $v_2 > v_1$。如果 $A_1 = 2A_2$，则 $v_2 = 2v_1$。

单活塞杆液压缸工作时，工作台往复运动速度不相等这一特点常被用于实现机床的工作进给及快速退回。

（2）活塞两个方向的作用力不相等。压力油输入无活塞杆的油缸左腔时，油液对活塞的作用力（产生的推力）为

$$F_1 = pA_1 = p\,\frac{\pi d^2}{4} \tag{1-8}$$

压力油输入有活塞杆的液压缸右腔时，油液对活塞的作用力（产生的拉力）为

$$F_2 = pA_2 = p\,\frac{\pi(D^2 - d^2)}{4} \tag{1-9}$$

可见 $F_1 > F_2$，即单活塞杆液压缸工作中，工作台作慢速运动时，活塞获得的推力大；工作台作快速运动时，活塞获得的推力小。

（3）可作差动连接。如图 1－17 所示，改变管路连接方法，使单活塞杆液压缸左右两油腔同时输入压力油。由于活塞侧的有效作用面积 A_1、A_2 不相等，因此作用于活塞两侧的推力不等，存在推力差。在此推力差的作用下，活塞向有活塞杆一侧的方向运动，而有活塞杆一侧油腔排出的油液不流回油箱，而是同液压泵输出的油液一起进入无活塞杆一侧油腔，使活塞向有活塞杆一侧方向加快运动速度。这种两腔同时输入压力油、利用活塞两侧有效作用面积差进行工作的单活塞杆液压缸称为差动液压缸。

由图 1－17 可知，进入差动液压缸无活塞杆一侧油腔的流量 q_{V1} 除包含液压泵输出流

量 q_V 外，还有来自活塞杆一侧油腔的流量 q_{V2}，即 $q_{V1}=q_{V2}+q_V$。设差动液压缸活塞的运动速度为 v_3，作用于活塞上的推力为 F_3，则

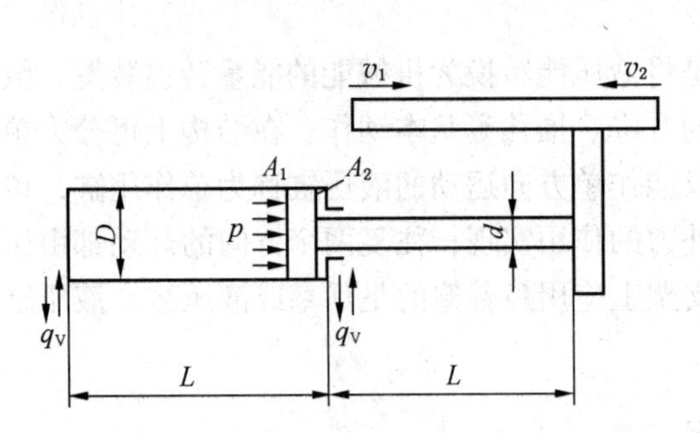

图 1－16　双作用式单活塞杆液压缸工作原理图

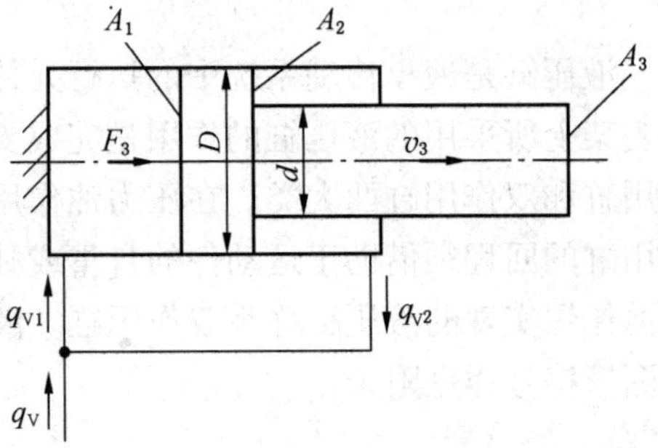

图 1－17　差动液压缸

$$q_V=q_{V1}-q_{V2}=A_1V_3-A_2V_3=A_3V_3=V_3\ \frac{\pi d^2}{4}$$

得

$$V_3=\frac{4q_V}{\pi d^2} \tag{1-10}$$

$$F_3=pA_3=p\ \frac{\pi d^2}{4} \tag{1-11}$$

由以上分析可知：当单活塞杆液压缸差动连接后，活塞（工作台）的运动速度 v_3 大于非差动连接时的速度 v_1，因而可以获得快速运动。差动连接时，活塞运动的速度 v_3 与活塞杆的截面积 A_3 成反比。

根据上述推理，如图 1－17 所示，当压力从活塞左侧进入时，则活塞杆的推出时间为

$$t_1=\frac{s}{v_1}=\frac{\pi D^2 s}{4q_V\eta} \tag{1-12}$$

当压力油从活塞右侧进入时，则活塞杆缩回的时间为

$$t_2=\frac{s}{v_2}=\frac{\pi(D^2-d^2)s}{4q_V\eta} \tag{1-13}$$

式中　s——活塞杆行程，mm；

η——液压缸的总效率；

D——液压缸的直径，mm；

d——活塞杆的直径，mm。

【例 1－5】已知某液压支架推拉千斤顶的缸径 $D=140$ mm，活塞杆直径 $d=85$ mm，行程 $S=600$ mm，泵站工作压力 $p=12$ MPa，$\eta=1$，实际流量 $q_V=160$ L/min，试求其推拉力与推拉时间。

解：活塞杆的推力为

$$F_1=pA_1=p\ \frac{\pi D^2}{4}\times 10^{-3}=12\times\frac{\pi\times 140^2}{4}\times 10^{-3}\approx 185(\text{kN})$$

活塞杆的拉力为

$$F_2=pA_2=P\ \frac{\pi(D^2-d^2)}{4}\times 10^{-3}=12\times\frac{\pi\times(140^2-85^2)}{4}\times 10^{-3}\approx 117(\text{kN})$$

活塞杆推出的时间为

$$t_1=\frac{\pi D^2 s}{4q_V\eta}=\frac{\pi\times 140^2\times 600\times 10^{-6}}{4\times 160\times 1}=0.057(\text{min})$$

活塞杆缩回的时间为

$$\begin{aligned}t_2&=\frac{\pi(D^2-d^2)s}{4q_V\eta}\\&=\frac{\pi(140^2-85^2)\times 600}{4\times 160\times 1}\times 10^{-6}\\&=0.036(\text{min})\end{aligned}$$

二、增压器

增压器是由两个不同缸径的液压缸串联在一起而形成的。液压泵向大直径液压缸输入较低压力的工作液,从小直径液压缸内可获得较高压力的工作液,其压力之比即为缸面积之比。

增压器的结构如图 1－18 所示，当较低的压力油从 A 口进入时，推动大活塞，同时活

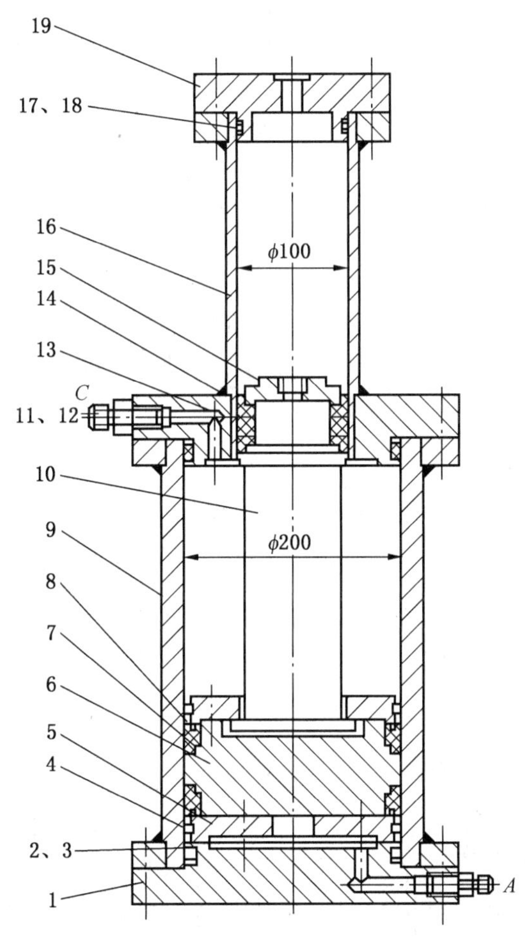

1—端盖；2、17—O 形密封圈；3—挡圈；4、14—导向环；5、15—压盘；6—活塞；7—衬环；8—Y 形密封圈；9—缸体;10—活塞杆;11—接头;12—组合密封圈;13—鼓形密封圈;16—高压泵头;18—防挤圈;19—高压端盖

图 1－18　增压器

塞杆伸出，作用于 ϕ100 mm 的小缸产生较高的压力油，以实现增压的作用；如不需增压，从 C 口进油，迫使大活塞缩回，为下一次增压做准备工作。

采用增压器可以用压力较低的泵，得到压力较高的工作液。特别适用于具有短期大负载和位移量较小的液压设备上，如液压试验机械就普遍使用增压器。如图 1－18 所示是使用在 SZN－600 型液压支架试验机上的增压器，大缸直径为 200 mm，小缸直径为 100 mm，增压比为 1：4。

在机械化采煤过程中，特殊情况下可能会出现死架，为增大立柱下腔的供油压力，把相近的两个油缸串起来使用，实际上也起到了增压的目的。

第五节　常用密封件

在液压支架的液压元件中常用的密封元件如下：

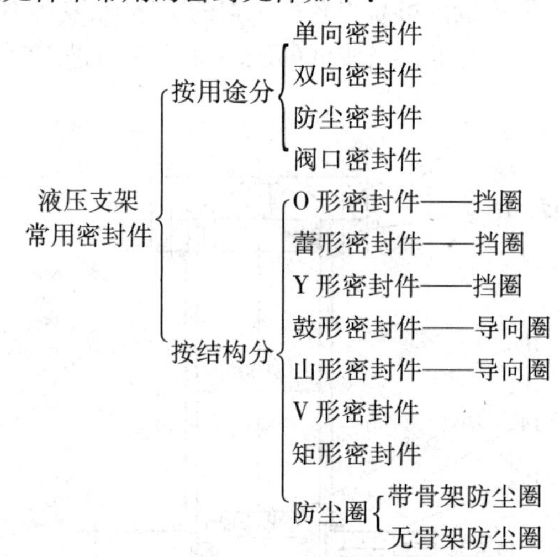

一、O 形橡胶密封圈

1. 密封原理和性能

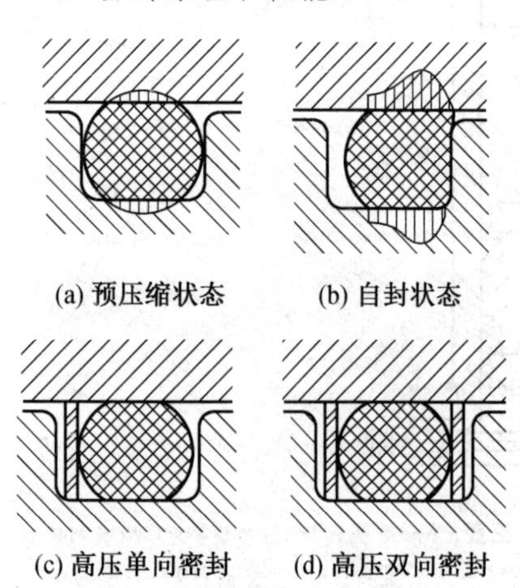

图 1－19　O 形橡胶密封圈工作原理

O 形橡胶密封圈装在沟槽内受到一定的预压力作用，在接触面上产生初始接触压力，从而获得预密封的效果，如图 1－19a 所示。在受到工作介质压力作用下，接触面接触压力上升，从而增强了密封效果。

O 形橡胶密封圈在静止条件下可承受 100 MPa 或更高的压力，在运动条件下可以承受 35 MPa 的压力。当用于动密封时，工作介质压力超过 10 MPa；用于静密封时，工作介质压力超过 35 MPa，此时应在承压面设置挡圈，以延长 O 形橡胶密封圈的使用寿命，如图 1－19c、d 所示。

2. O 形橡胶密封圈的标准

关于O形橡胶密封圈的标准主要有：《液压气动用O形橡胶密封圈　第1部分：尺寸系列及公差》（GB/T 3452.1—2005）、《液压气动用O形橡胶密封圈　第2部分：外观质量检验规范》（GB/T 3452.2—2007）、《液压传动连接　带米制螺纹和O形圈密封的油口和螺柱端　第3部分：轻型螺柱端（L系列）》（GB/T 2878.3—2017）、《液压气动用O形橡胶密封圈　第4部分：抗挤压环（挡环）》（GB/T 3452.4—2020）、《液压气动用O形橡胶密封圈　第5部分：弹性体材料规范》（GB/T 3452.5—2022）、《O形橡胶密封圈试验方法》（GB/T 5720—2008）。O形圈的尺寸标识代号应以内径 d_1、截面直径 d_2、系列代号（G或A）和等级代号（N和S）标明，具体见表1-1。

表1-1　O形圈尺寸标识代号示例

内径 d_1/mm	截面直径 d_2/mm	系列代号（G或A）	等级代号（N或S）	O形圈尺寸标识代号
7.5	1.8	G	S	O形圈7.5×1.8-G-S-GB/T 3452.1—2005
32.5	2.65	A	N	O形圈32.5×2.65-A-N-GB/T 3452.1—2005
167.5	3.55	A	S	O形圈167.5×3.55-A-S-GB/T 3452.1—2005
268	5.3	G	N	O形圈268×5.3-G-N-GB/T 3452.1—2005
515	7	G	N	O形圈515×7-G-N-GB/T 3452.1—2005

注：N、S的定义见GB/T 3452.2。

二、Y形密封圈

Y形密封圈又称唇形密封圈，它有较显著的自紧作用。无液压时，其唇部与轴间产生初始接触压力，以保持低压密封，其尾部与轴间保持一定的间隙，如图1-20所示。工作中，液压力对Y形密封圈的谷部唇口产生径向压力，使唇口与轴增加接触压力，同时把Y形密封圈推向受压方，消除Y形密封圈与轴的间隙，从而使之因自紧作用得到良好的密封，如图1-20所示。

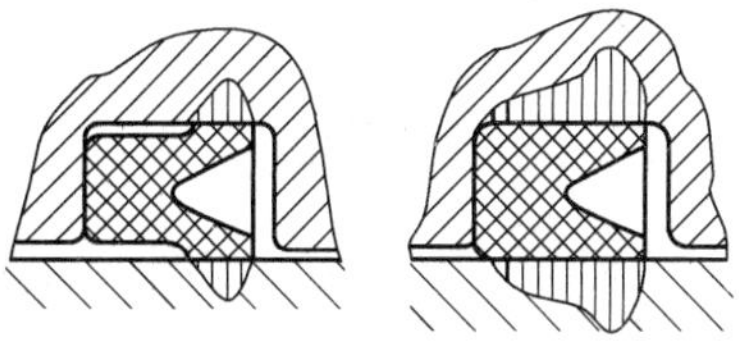

(a) 无液压状态　(b) 有液压状态

图1-20　Y形密封圈工作原理图

这种Y形密封圈曾广泛地使用在各种柱塞或缸的活塞上，但由于唇边易磨损翻转，易失去密封作用，已逐渐被鼓形密封圈和山形密封圈代替。

Y形密封圈有内动式与外动式两种，代号分别为NY与WY，如NY10×18×7代表轴径10 mm、沟槽直径18 mm、沟槽宽度7 mm的内动式Y形密封圈。

三、鼓形密封圈

鼓形密封圈的断面形状似鼓，因此称鼓形密封圈，如图1-21a所示。它以两个U形夹织物橡胶圈为骨架，与其唇边相对，在中间填塞橡胶压制硫化而形成双实心密封圈。它与缸壁产生接触压力而得到密封，如图1-21b所示。在它的两侧各配装一个塑料导向环3。鼓形密封圈可承受60 MPa的工作压力，由于它可双向密封，简化了活塞的结构，缩短

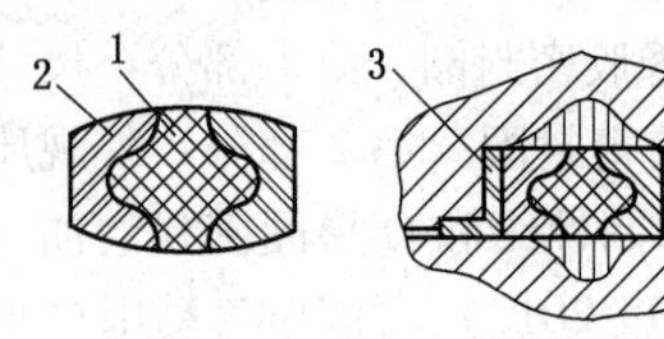

(a) 截面　　(b) 工作原理

1—橡胶；2—夹织物橡胶；3—导向环

图 1－21　鼓形密封圈

了活塞的长度。我国曾把鼓形密封圈作为液压支架缸、活柱密封的定型结构，因此广泛地使用在液压支架上。这种密封圈的主要缺点是断面较大，影响立柱的行程发挥，用于双伸缩立柱不太合理，且制造比较复杂。

鼓形密封圈的代号为 G，如 G100 ×80 ×34 代表缸体内径 100 mm、沟槽直径 80 mm、沟槽宽度 34 mm 的鼓形密封圈。

四、山形密封圈

山形密封圈又称尖顶形密封圈，它有单尖或双尖，其断面形状如图 1－22 所示。山形密封圈的尖顶部外层为夹织物橡胶，内层与固定面接触的部分为纯橡胶。内外层压制硫化成一体，内层作为弹性元件，外层夹织物橡胶可以渗透油液，防止干摩擦，从而能延长使用寿命。尖顶的作用是减小接触面积，以增大接触压力，如图 1－22b 所示。山形密封圈的优点是：

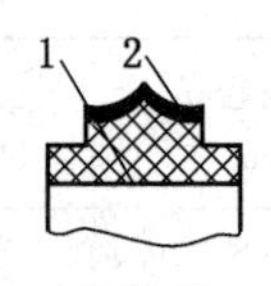

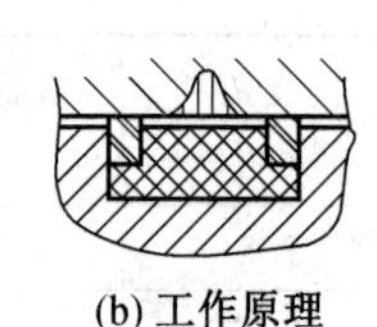
(a) 截面　　(b) 工作原理

1—橡胶；2—夹织物橡胶

图 1－22　山形密封圈

（1）阻力小，使用寿命长。山形密封圈比鼓形密封圈压缩量小，与缸壁接触的尖顶可以渗透油液，起润滑作用，因此摩擦阻力小，空载压力低，效率高。又由于山形密封圈与缸壁接触的是夹织物橡胶，故使用寿命长。

（2）节约橡胶，简化活塞结构，相同直径山形密封圈的截面积约为鼓形密封圈的一半，可以节约大量橡胶。由于山形密封圈的截面比鼓形密封圈小，弹性大，在活塞上只设一沟槽就可安装，从而可以简化活塞的结构。它多用于双伸缩立柱，其代号为 SH，如 SH160 ×9 代表缸体内径为 160 mm，厚度为 9 mm 的山形密封圈。

五、蕾形密封圈

蕾形密封圈的截面如图 1－23a 所示，形似花蕾，所以叫蕾形密封圈。它是在 U 形夹织物橡胶圈的唇内填塞橡胶压制硫化而成的单向实心密封圈。唇内橡胶作为弹性元件，使唇边贴紧密封表面。由于它是实心，唇边不会翻转。蕾形密封圈大多是使用在缸帽上，当工作压力大于 30 MPa 时，应加挡圈，最高工作压力可达 60 MPa。

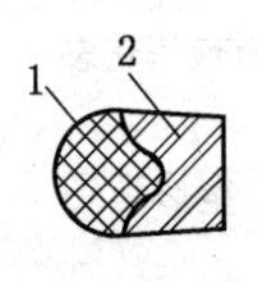

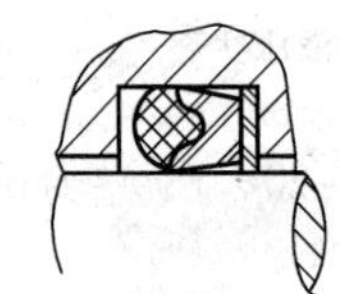
(a) 截面　　(b) 使用结构

1—橡胶；2—夹织物橡胶

图 1－23　蕾形密封圈

蕾形密封圈有内动式与外动式两种，代号别为 NL 与 WL，如 NL85 ×97 ×10 代表活塞杆径 85 mm、沟槽直径 97 mm、沟槽宽度 10 min 的内动式蕾形密封圈。

六、V 形密封圈

V 形密封圈也是唇形密封的一种，它大部分使用在柱塞密封 V 形圈上，又称柱塞有较显著的自紧作用，安装时为预压缩状态，其唇部产生初始接触压力。

工作时，工作液对 V 形密封圈的谷部和唇口产生径向压力，使唇口与轴向增加时接触压力，同时把 V 形密封圈推向左方。液体压力越高，接触压力越大，密封效果越好。V 形密封圈在往复运动中，一般为多层使用，层数与柱塞阻力成正比例，层数越多阻力越大，消耗功率也越大。因此，层数不宜太多，一般使用 3 层。V 形密封圈由夹织物橡胶制成，一方面增加其结构强度，另一方面高压油液能渗透进去，增加其与柱塞的润滑作用，延长密封圈的使用寿命。V 形密封圈两端配有由塑料制成的衬垫，以保证其形状的稳定，如图 1 – 24 所示。

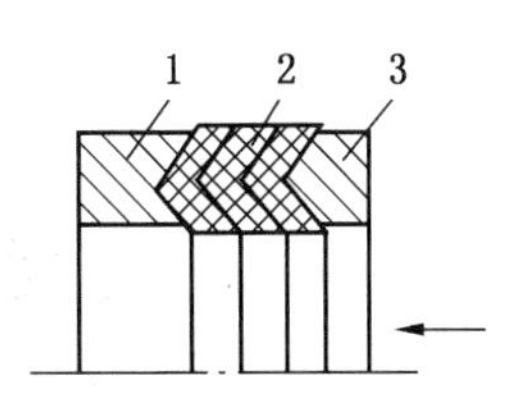

1—压环；2—V 形密封圈；3—衬垫

图 1 – 24 V 形密封圈

七、防尘圈的作用与结构

防尘圈也是唇形密封的一种，它安装在支柱、千斤顶的缸帽上。其唇部压抱着千斤顶活塞杆，防止岩尘随活塞杆回缩时带入油缸，污染液压油液，如图 1 – 25 所示。

防尘圈有带骨架和无骨架两种，如图 1 – 25 所示，带骨架防尘圈与缸帽为盈配合，结合较紧。无骨架防尘圈必须安装在缸帽沟槽内，防止滑出缸帽。带骨架防尘圈为 GF 型，无骨架防尘圈为 JF 型，如 GF10 ×20 ×6 代表活塞杆直径 10 mm、沟槽直径 20 mm、沟槽宽度 6 mm 的带骨架防尘圈。

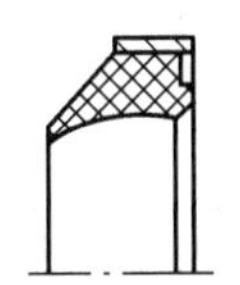

(a) 带骨架防尘圈

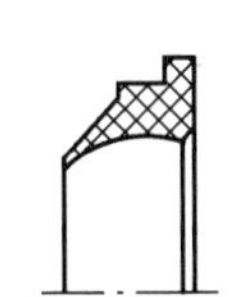

(b) 无骨架防尘圈

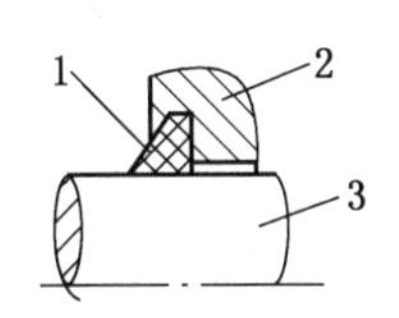

(c) 使用中无骨架防尘圈

1—防尘圈；2—缸帽；3—活塞杆

图 1 – 25 防尘圈

第二章

矿 井 通 风

第一节　矿　井　空　气

一、概述

1. 地面空气

矿井空气来源于地面空气。一般地说，地面空气的成分是一定的，它主要由氧（O_2）、氮（N_2）和二氧化碳（CO_2）3 种气体组成。按体积和质量计算，它们在空气中所占有的比率见表 2－1。

表 2－1　地 面 空 气 成 分　　%

气体名称	在空气中所占比率	
	按体积计算	按质量计算
氧	20.90	23.14
氮	78.13	75.53
二氧化碳	0.03	0.05
氩和其他稀有气体	0.94	1.28

除上述之外，地面空气还含有少量数量不定的水蒸气、微生物和灰尘。

2. 地面空气进入矿井后的变化

地面空气进入矿井后，在成分和性质上将发生下列变化：

（1）混入各种有害气体。瓦斯（CH_4）、二氧化碳（CO_2）、硫化氢（H_2S）、二氧化硫（SO_2）等气体从煤层、岩层中涌出，混入井下空气中。

（2）混入煤尘和岩尘。井下各作业场所产生的细小岩尘、煤尘和其他杂尘悬浮在井下空气中。

（3）氧含量减少。井下一切物质（煤、岩石、支架等）的缓慢氧化；井下火灾、瓦斯或煤尘爆炸；爆破工作、火区氧化以及人员呼吸等都要消耗氧，产生二氧化碳（CO_2）、一氧化碳（CO）、二氧化氮（NO_2）等气体，使井下空气中氧含量减少。

（4）矿井空气的温度、湿度和压力也发生变化。由于地热、氧化及水分蒸发等原因，使井下的空气温度增加，空气压力随之相应变化。

3. 矿井空气的概念

相对于地面新鲜空气而言，在成分和性质上发生了一系列变化的矿井井巷及工作面中的空气，称为矿井空气。将成分相对地面空气而言变化不大的矿井空气称为新鲜空气，简称新风，如井下进风井巷中的空气；将成分变化较大、经过井下工作面使用或受到井下浮尘和有害气体污染的矿井空气称为污浊空气，简称污风或乏风，如井下回风井巷中的空气。

二、矿井空气的主要成分

虽然，地面空气进入矿井后将发生一系列变化，但组成矿井空气的主要成分仍然是氧、氮和二氧化碳。下面分别介绍矿井空气的主要组成成分。

（一）氧（O_2）

1. 性质

空气中的氧是一种无色、无味、无臭、化学性质很活泼的气体，易使其他物质氧化，几乎可以与所有气体相结合，相对空气的密度为 1.11，是人与动物呼吸和物质燃烧不可缺少的气体。

2. 对人体的影响

氧与人的生命有着十分密切的关系。人之所以能生存主要是靠吃进食物及吸入空气中的氧，在体内进行新陈代谢来维持的，人离开新鲜空气就好像鱼儿离开水一样无法生存，人对氧的需要是随人的体质强弱及劳动强度大小而定的，休息时，平均需氧量为 0.25 L/min，进行工作和行走时需氧量为 1 ~ 3 L/min。氧气含量为 21% 左右的空气最有利于呼吸。在矿井条件下，空气中氧含量减少对人体的影响见表 2－2。

表 2－2　空气中氧含量减少对人体的影响

空气中氧的含量/%	人 体 的 反 应
17	静止时无影响，但工作时将引起喘息、心跳、呼吸困难
15	呼吸及脉搏跳动急促，感觉及判断能力减弱，失去劳动能力
10 ~ 12	失去理智，时间稍长即有生命危险
6 ~ 9	人在短时间内将失去知觉或死亡

《煤矿安全规程》规定：采掘工作面的进风流中，氧气浓度不低于 20%。

3. 矿井空气中氧含量减少的原因

（1）有机物及无机物（坑木、煤、岩石）的氧化。

（2）爆破工作。

（3）井下火灾及瓦斯、煤尘爆炸。

（4）矿井中各种气体（CH_4、CO_2 及其他气体）的混入，使氧含量相对地降低。

（5）人的呼吸。

（二）氮（N_2）

1. 性质

氮是一种无色、无味、无臭的气体，相对空气的密度为 0.97，不助燃，也不供人呼吸。在正常情况下，氮对人体无害，但在井下有限空间里，当空气中氮含量过多时，将相对地减少氧含量，从而使人缺氧窒息。

2. 矿井空气中氮含量增大的原因

（1）有机物质的腐烂。

（2）爆破工作（1 kg 的硝化甘油炸药爆炸时能产生 135 L 的 N_2）。

（3）天然的氮气从煤、岩裂隙中涌出。

在通风正常的井巷中氮含量一般变化不大。

（三）二氧化碳（CO_2）

1. 性质

二氧化碳是一种无色、略带酸味的气体，相对空气的密度为 1.52，约为空气密度的 1.5 倍，所以二氧化碳也有“重气”之称。二氧化碳易溶于水，不助燃，也不能供人呼吸，略有毒性。因为它比空气重，故常积存在下山、盲巷、暗井、采空区和通风不良的巷道底部。

2. 对人体的危害

二氧化碳对人体的呼吸有刺激作用。当肺泡中二氧化碳增加时，能刺激呼吸神经中枢，引起频繁呼吸（所以在急救受有害气体伤害的患者时，常常首先让患者吸入混有 5% 二氧化碳的氧气，以帮助患者加强呼吸）。二氧化碳在大气中含量极少，对人体无害，但井下空气中二氧化碳浓度过大时，会使氧含量相对地降低，使人中毒或窒息。

3. 二氧化碳的来源

（1）人的呼吸（劳动时，每人每小时呼出 45 ~ 50 L 二氧化碳）。

（2）工程爆破（1 kg 硝化甘油炸药爆炸时，能产生 250 L 二氧化碳）。

（3）煤及含碳岩石的氧化。

（4）有机物的氧化（如坑木腐朽）。

（5）煤、岩层裂隙中自由放出。

（6）矿井发生瓦斯、煤尘爆炸和火灾事故时，也将产生大量的二氧化碳。

《煤矿安全规程》规定：采掘工作面的进风流中，二氧化碳浓度不超过 0.5%。

三、矿井空气中的主要有害气体

矿井空气中的主要有害气体有一氧化碳、硫化氢、二氧化硫、二氧化氮和瓦斯等，上述气体的基本性质、来源、危害性、中毒症状及最高允许浓度见表 2-3。

表 2-3　矿井主要有害气体的基本性质、来源、危害及中毒症状

气体名称	基本性质				主要来源	危害性	中毒症状	最高允许浓度/%
	色、味、臭	相对空气的密度	溶水性	燃烧爆炸性				
瓦斯（CH_4）	无色、无味、无臭，但有时会发出一种类似苹果香的特殊气味	0.554	难溶于水	不助燃，有燃烧爆炸性	从煤层或岩层中涌出	虽无毒，但浓度较高时会相对降低空气中的氧含量，使人窒息；当浓度在 5% ~ 16% 之间时，遇高温能爆炸	浓度为 43% 时，呼吸困难，气喘；浓度为 57% 时，时间稍长即死亡	见《煤矿安全规程》有关规定

表2－3（续）

气体名称	基本性质				主要来源	危害性	中毒症状	最高允许浓度/%
	色、味、臭	相对空气的密度	溶水性	燃烧爆炸性				
一氧化碳（CO）	无色、无味、无臭	0.97	微溶于水	不助燃，有燃烧爆炸性	爆破工作；井下火灾；瓦斯、煤尘爆炸	极毒。一氧化碳与血色素的亲和力比氧与血色素的亲和力大250～300倍，一氧化碳进入人体后使血液中毒，阻碍了氧和血色素的正常结合，使人体缺氧引起窒息和死亡。浓度在13%～75%之间遇高温能爆炸	轻微中毒：（浓度为0.048%时，1 h以内）耳鸣头痛、心跳。严重中毒：（浓度为0.128%时，0.5～1 h内）四肢无力，呕吐，丧失行动能力。致命中毒：（浓度为0.4%时，短时间内）丧失知觉，痉挛，呼吸停顿，假死。一氧化碳中毒的显著特征是嘴唇呈桃红色，两颊有红斑点	0.0024
二氧化氮（NO_2）	红褐色	1.57	极易溶于水	不助燃，无燃烧爆炸性	爆破工作：通常爆破后产生一氧化氮，因其极不稳定，遇空气中的氧即转化为二氧化氮	有强烈的毒性。能和水结合形成硝酸，对肺部组织起破坏作用，造成肺部浮肿；对眼睛、鼻腔、呼吸道等有强烈刺激作用	浓度为0.006%时，咳嗽、胸部发痛；浓度为0.01%时，剧烈咳嗽、呕吐、神经系统麻木；浓度为0.025%时，短时间内即可中毒死亡。二氧化氮中毒具有潜伏期，中毒后6 h甚至更长时间才能出现中毒征兆，手指尖及头发变黄，吐出淡黄色痰液等	0.00025
硫化氢（H_2S）	无色、稍甜、有臭鸡蛋味	1.19	易溶于水	不助燃，有燃烧爆炸性	有机物腐烂，含硫矿物水解，爆破工作，煤岩体中放出	有强烈毒性。能使人的血液中毒，对眼睛黏膜及呼吸系统有强烈刺激作用。浓度在4.3%～45%之间时能爆炸	浓度为0.01%时，流唾液和清水鼻涕，呼吸困难；浓度为0.02%时，眼、鼻、喉黏膜受强烈刺激，头痛，呕吐，四肢无力；浓度为0.05%时，半小时内，人失去知觉、痉挛、死亡	0.00066

表2-3（续）

气体名称	基本性质				主要来源	危害性	中毒症状	最高允许浓度/%
	色、味、臭	相对空气的密度	溶水性	燃烧爆炸性				
二氧化硫（SO_2）	无色、有强烈硫磺燃烧味	2.20	易溶于水	不助燃，无燃烧爆炸性	含硫矿物氧化及自燃；在含硫矿层中进行爆破工作；从煤岩体放出；硫化矿尘的爆炸	有强烈毒性。与眼睛、呼吸道的湿表面接触后能形成硫酸，对眼睛及呼吸道有强烈腐蚀作用，使喉咙和支气管发炎，呼吸麻痹，严重时引起肺水肿	浓度为0.002%时，眼睛红肿、流泪、咳嗽、喉痛；浓度为0.005%时，引起急性支气管炎，肺水肿、并在短时间内死亡	0.0005

矿井空气中的有害气体，除以上介绍的5种主要有害气体外，还有二氧化碳、氢气和氨气等。

四、防止有害气体危害的措施

为了防止有害气体对人身体产生危害，应采取以下措施：

（1）加强通风，冲淡瓦斯。防止有害气体危害的最根本的措施就是加强通风，不断供给井下新鲜空气，将有害气体冲淡到《煤矿安全规程》规定的安全浓度以下，并排至矿井以外，以保证工作人员的安全与健康。

（2）应用各种仪器仪表检查、监视井下各种有害气体的发生、发展和积聚情况。这是防止有害气体危害的一种重要手段。只有通过检查来掌握情况、发现问题，才可能争取主动，才谈得上去解决问题，防患于未然。

（3）喷雾洒水。在生产过程中，爆破工作将会生成大量的有害气体，为了减少其生成量，应禁止使用非标准炸药，应进行喷雾洒水，以溶解氧化氮等有害气体，并尽可能使用水炮泥爆破。掘进工作面爆破时，应进行喷雾洒水，以溶解氧化氮等有害气体，同时消除炮烟和煤尘。有二氧化碳涌出的工作面亦可使用喷雾洒水的办法使其溶于水中。目前，我国已经研制出利用高压水射流喷雾降尘装置，改善了工作面的劳动条件。

（4）禁入险区，避免窒息。井下通风不良的地方或不通风的旧巷内，往往聚积大量的有害气体，因此，在不能通风的旧巷口要设置栅栏，并挂上“禁止入内”的牌子。如果要进入这些巷道，必须先进行检查，当确认巷道中空气对人体无害时才能进入，以避免窒息死亡事故的发生。

（5）及时抢救，减少伤亡。当有人由于缺氧窒息或呼吸有害气体中毒时，应立刻将窒息或中毒者移到有新鲜空气的巷道或地面，进行急救，最大限度地减少人员伤亡。

（6）抽放瓦斯，变害为宝。如果煤、岩层中某种有害气体的储藏量较大，可采取架前预先抽放的办法。

进风井位于井田中央，回风井布置于井田两翼的上部边界。对角式通风安全性好，适用于井田长度长、开采面积大、煤层自然发火严重、瓦斯大或有煤与瓦斯突出危险的矿井。

第二节 矿井通风系统

矿井通风系统是矿井通风方法、通风方式和通风网路的总称。矿井通风系统是否合理，对矿井的通风状况好坏、保障矿井安全生产和经济效益的提高有着重要的作用。

一、矿井通风方法

矿井通风方法是指矿井通风机的工作方法，通常有压入式、抽出式和压入抽出联合式几种。目前，我国部分矿井采用抽出式。因为它具有井下风流处于负压状态，若因某种原因通风机停止运转时，井下压力升高，不利于瓦斯的涌出，安全性好等优点。压入式多用于开采浅、小窑分布广的低瓦斯矿井，故现在采用的不多。压入抽出联合式能产生较大的通风压力，但通风管理困难，仅用于个别矿井的延深或低瓦斯矿井的改造，新建矿井或高瓦斯矿井不宜采用。

二、矿井通风方式

每个矿井，至少有两个直通地面的井筒，其中一个进风，另一个回风。进、回风井的布置方式就称为矿井通风方式。它分为中央并列式、中央分列式、对角式以及混合式等。

（1）中央并列式。进、回风井都布置在井田走向倾向中央的工业广场内的布置方式即为中央并列式。这种方式具有矿井初期投资少、生产集中、便于管理以及工业广场占地少、压煤少等优点，但通风线路长、应力大、进回风井间漏风大、工业广场有通风机噪声。这种方式适用于井田走向不长、煤层倾角大、煤层自然发火不严重的矿井。生产能力小的地方矿，尤其是乡镇煤矿多采用这种方式。

（2）中央分列式。中央分列式又称中央边界式。这种方式下，进风井位于井田中央的工业广场，回风井布置于井田走向中央的上部边界。中央分列式克服了中央并列式的缺陷，安全性好。

（3）对角式。进风井位于井田中央，回风井布置在井田两翼的上部边界的布置方式即为对角式。这种通风方式安全性好，使用于井田长度长、开采面积大、煤炭自然发火严重、瓦斯大或有煤与瓦斯突出危险的矿井。

（4）混合式。这种方式由两种以上的通风方式混用于老矿井的改造和深部开采。

三、采煤工作面通风方式

采煤工作面的通风方式一般有反向通风、同向通风及对拉工作面通风 3 种方式。

（1）反向通风方式。反向通风方式即工作面进风巷与工作面回风巷的风流方向是反向平行流动的。其特点是采区漏风小、工作面上隅角附近容易积聚瓦斯，影响工作面的安全生产。常见的有 U 形、H 形通风方式，我国的多数长壁采煤工作面采用该通风方式。

（2）同向通风方式。同向通风方式即工作面的进风巷与回风巷的风流同向平行流动。

其特点是能利用采空区漏风将瓦斯带到工作面的回风巷，从而避免采空区瓦斯涌到工作面和工作面上隅角形成瓦斯积聚。常见的有 Z 形、Y 形通风方式。

（3）对拉工作面通风方式。该系统是由 3 条巷道组成的工作面通风系统，因此，有通风量大、阻力小和采空区漏风少的优点。常见的有 W 形通风方式。

四、采煤工作面下行通风、串联通风

1. 采煤工作面下行通风

当采煤工作面进风巷道水平高于回风巷道时，工作面的风流沿倾斜自上而下流动，称为下行通风。反之，如果采煤工作面进风巷道水平低于回风巷道，采煤工作面的风流由下而上流过工作面，就叫上行通风。一般的工作面都采用上行通风的工作方式，下行通风采用较少。与上行通风相比，下行通风有如下特点：

（1）由于瓦斯比空气轻，工作面涌出的瓦斯自然向上流动，所以常会积聚在采煤工作面的上方，下行风的方向与瓦斯自然流向相反，二者更易于混合，所以采用下行通风的采煤工作面不易出现瓦斯分层流动和局部积存的现象。

（2）由于工作面采落煤炭的外运方向与下行风的流动方向一致，所以工作面煤炭在运输过程中所涌出的瓦斯和产生的矿尘，被下行风及时带入采区的回风巷道中，因此下行风工作面风流中的瓦斯浓度、矿尘浓度较低。

（3）采用下行风时，因为运输巷道内运输设备散发的热量被及时带入回风流中，不进入工作面，故工作面的气温要低。

2. 串联通风

井下用风地点的回风再次进入其他用风地点的通风方式叫串联通风。如果是部分回风再进入同一进风中的风流则叫循环风。井下任何地点都不允许循环风的存在。一般情况下工作面不允许采用串联通风方式，而应采用独立通风方式。因为串联通风存在以下危害：

（1）因为一个采煤（掘进）工作面内的有毒有害气体被带入另一个采煤（掘进）工作面，使被串联的采煤工作面内的空气质量不能保证。

（2）使用串联通风，会增加矿井的通风阻力，影响采煤工作面的供风量，增大通风机的负荷。

（3）串联通风中一个工作面发生火灾、瓦斯爆炸等事故，容易使灾情扩大，增加防灾的难度。

因此，《煤矿安全规程》规定：采、掘工作面都应采用独立通风系统。同一采区内，同一煤层上下相连接的两个同一风路中的采煤工作面，与采煤工作面相连接的掘进工作面，相邻的两个工作面，布置独立通风有困难时，在制定措施后，可采用串联通风，但串联通风的次数不得超过 1 次。

第三章

采煤基本知识

第一节　工作面矿山压力的形成

地下岩石在开掘巷道时，上部岩层压在下部岩层上。在均质的岩体内，到处存在着应力，而这种应力处于平衡状态，因而该点岩体既不会变形，也不会发生移动。这种应力叫作岩体的原始应力。

为了构成矿井生产系统而开掘的各种巷道和回采后遗留的采空区（曾称老塘），在岩体中形成了大量的空洞。这些空洞破坏了岩体原始应力的平衡，引起了应力的重新分布。当重新分布的应力超过煤岩的强度时，巷道或采煤工作面周围的岩体将发生变形、破坏以致冒落等现象，这种现象称为矿山压力显现而引起的矿山压力。具体地说，矿山压力就是运动的围岩和煤岩体等支撑物的作用力。

各种矿山压力现象对采煤生产构成了经常性的威胁。据有关资料统计，由于矿山压力而发生的冒顶事故占矿井事故总数的1/3以上。因此，必须研究矿山压力及其显现规律，并采取相应的技术措施预防和克服它的危害，以维护工作空间的安全，保证生产的顺利进行。

在地下的岩层，如果不受强烈的地壳运行影响，那么它受到的四面八方的力都是平衡的，而且主要和它上面覆盖岩石的重量有关。任何一块岩石所受的垂直压力就是压在它上面的岩石重量。埋藏越深的岩石所受的压力越大。深度在300 m的岩层所受的垂直压力（按一般情况取岩石的平均视密度即容重计算）大约为681 kN/m^2。煤层被开采后，情况就发生了很大变化，由于从岩体内采掘出了部分煤炭和岩石，原始的应力平衡就被破坏。岩层内部就要重新取得平衡，应力就要重新分布。如图3－1所示是采煤工作面岩层压力重新分布的基本情况。由图可知，工作面采过后，在C处由于顶板冒落，采空区因为填不满而有空间，或采空区只能填满，但由于矸石松散尚未压实不能继续承担压在它上面的岩层重量。在B处，由于支架在承担一定压力后可以压缩，支架上的顶板就要下沉，下沉后顶板的各岩层层面就会脱离开，产生离层现象。顶板产生离层后强度降低就不能承担

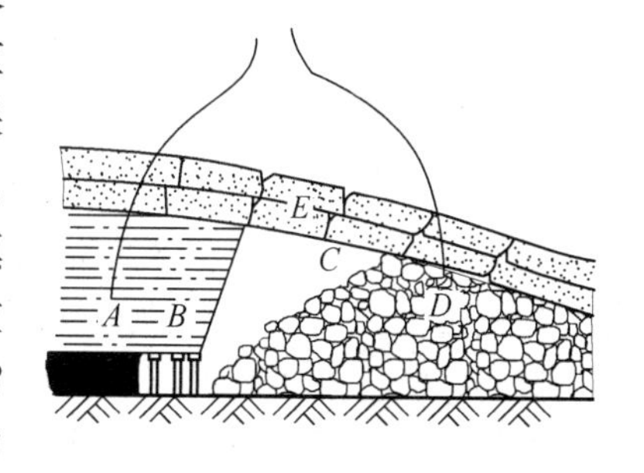

图3－1　工作面周围应力重新分布的情况

它上面的岩层重量。B 处、C 处卸去不承担的荷载就靠岩层 E 来承担，E 尽管已有了裂隙，但由于互相铰接挤住，像一座桥的桥梁一样，托住上面岩层的重量，而把这个重量传递给两个“桥墩”。这两个“桥墩”一个在采煤工作面的煤层中即图中 A 处；另一个在工作面后方已经压实的采空区破碎矸石上，即图中 D 处。A 和 D 被称作支承压力带，又叫增压带，B 和 C 被称为减压带，或叫免压带。这样，煤层原来所承受的平衡压力，由于出现了开采空间而破坏并在新的条件下获得新的平衡，这就形成了工作面矿山压力。

第二节　工作面矿山压力的一般规律

工作面矿山压力的危害主要是通过压坏支架、发生冒顶和片帮而表现出来的。因此，掌握工作面压力的一般规律，对于采用什么支护形式，放顶步距等都是很重要的。

在开采过程中，顶板压力总是由小到大，呈周期性的变化。其原因主要是随着工作面的向前推进，采空区逐渐扩大，引起直接顶特别是基本顶岩层周期性的活动。如图 3－2 所示，工作面由开切眼 K 推进到位置 1 开始回柱，若直接顶破碎，能随着回柱垮落。有的顶板，不随回柱垮落，工作面继续向前推进，顶板悬露面积逐渐增大到位置 2，直接顶开始大面积垮落，这叫初次垮顶或叫初次落顶。初次落顶时工作面向前推进的距离 b_1 叫做初次垮落步距。初次垮落步距取决于直接顶的岩层强度、分层厚度以及裂隙的发育程度等。岩体强度大，初次垮落步距就大；岩体强度小，初次垮落步距就小。坚硬不易垮落的直接顶，在采到一定距离后，还要向采空区顶板打眼爆破强制放顶，这样顶板才能垮落下来。

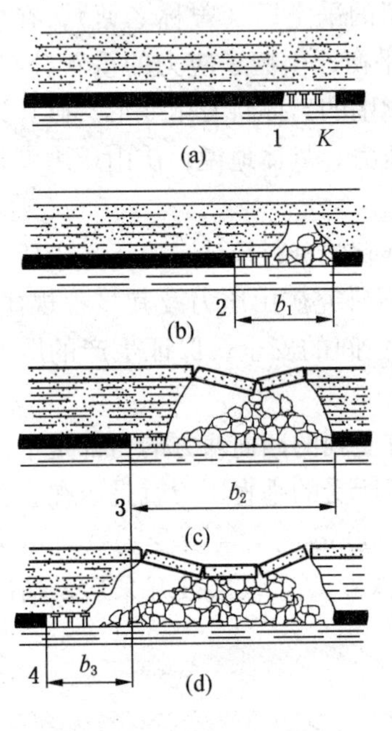

图 3－2　顶板垮落情况

一般能垮落的直接顶，在初次垮落前，尽管回采面积已经加大，但支架上明显的顶板压力并不显著。直至落顶前，也就是直接顶大面积即将垮落之前，采空区顶板才会发生脱皮、掉碴、煤壁片帮等现象，工作面支架上的压力会很显著。若直接顶较坚硬，悬顶面积较大，初次落顶时，顶板往往发出较大的断裂声，甚至会刮起狂风冲向工作面及巷道。这时工作面支架相对于大面积的悬露顶板，其支承压力是很不够的。因此，要加强和巩固支架，否则，大块矸石可能会冲倒工作面支架，使顶板从煤壁切断，严重时会引起大冒顶。

随着工作面的推进，直接顶继续垮落，垮落范围和垮落高度逐渐扩大，如果垮落的矸石不能填实采空区，基本顶就要悬空。悬空在采空区上完整的基本顶像一座桥梁立在两边的煤层上面，支撑着上面岩石的重量。当工作面推进到图 3－2c 的位置 3，基本顶不能承担上面岩石的重量时，基本顶就要折断。在折断前给工作面一个很大的压力，这就是基本顶的初次来压。初次来压时，工作面推进的距离叫作初次来压步距。初次来压步距主要根据基本顶岩体强度大小而不同。如郑州矿务局王沟矿在中等稳定顶板情况下，各煤层的初次来压步距一般为 20 mm，在初次来压之前，顶板掉下小碎石块，煤壁明显松软，有时金属支柱发出响声。

待顶板掉碎石稍微比开始块度大时，说明初次来压就要到了，这时应立即撤人，同时采取相应的措施，以防伤亡事故的发生。但是对于不同性质的顶板，来压前的矿压显现也不一样。如阳泉矿一采区，煤层顶板一般都较坚硬，来压时直接顶上方发出强烈的闷雷声，活柱受压“咯咯”作响，煤壁严重片帮；工作面及煤壁的无支护顶板发生破坏或破坏急剧增加；支撑力不够时，工作面出现台阶下沉，基本顶以上有含水层时，采空区上方会出现淋水，接着顶板瓦斯量也会增加。

基本顶来压强度受基本顶本身强度的影响，另外采空区矸石的坚硬程度也是一个十分重要的因素。如果直接顶垮落高度大，采空区充填较好，基本顶折断时下沉量和初次来压强度就小。若情况相反，初次来压强度就大，甚至会出现压垮工作面支架的情况，引起冒顶，严重时还可能出现大冒顶事故。

总之，无论是直接顶初次垮落还是基本顶初次来压，如果来压强度大，来压后顶板就破碎，柱子东倒西歪。因为来压时柱子受力大，工作面比较危险，支柱或放顶应临时采取一些安全措施。

基本顶初次来压垮落以后，工作面顶板压力相对减少了，但随着工作面的推进，基本顶悬顶面积又逐渐增大，这时基本顶的一端靠煤壁支撑，另一端靠破坏了的基本顶岩块连接支撑在采空区压实的矸石上。当工作面推进至图 3 - 2d 的位置 4 时，基本顶跨度超过一定距离，又要发生折断和垮落。由于该基本顶折断和垮落是每隔一定距离有规律地、周期性地发生，所以叫周期来压。图 3 - 2d 中 b_3 是初次来压和周期来压之间工作面推进的距离，叫周期来压步距。在一个采区地质条件大致相同以及生产工艺过程基本相同的情况下，周期来压步距尽管不完全相同，但基本上在一定范围内波动，大致是稳定的。如郑州矿务局一煤矿在顶板条件大致相同的情况下各煤层的周期来压步距大致在 8 ~ 12 m 之间。来压时矿压显现没有初次来压时那么明显。在回采分层开采的下层煤时，顶板常常有掉煤皮的现象发生，来压强度远没有初次来压强度大。但阳泉矿的情况有所不同。该矿各煤层的周期来压步距大致是 9 ~ 15 m，周期来压时，顶板压力和顶板下沉量明显增加，片帮严重，顶板破碎，有时管理不当还易发生冒顶事故。所以在周期来压前，应加强对顶板的监视，提醒所有工人要提高警惕，注意听监顶工的口令，选好安全退路，以防事故的发生。

由上所述，因顶板岩层组成情况和各岩层力学性质的不同，各煤层基本顶初次来压步距、周期来压步距以及来压猛烈程度是不同的。显然，基本顶岩层厚度越大，坚固性越高，来压步距也越大，来压也越猛烈。由以上分析可以看出，初次来压步距大于周期来压步距。根据某些矿区的统计，周期来压步距和初次来压步距大致有如下关系：

$$b_3 = (1/4 - 1/2) b_2$$

式中 b_3——周期来压步距；

b_2——初次来压步距。

工作面来压常常延续 1 ~ 3 天的时间。在来压期间，工作面矿山压力也不是均衡的，基本顶岩层一般要经过：急速变形局部破裂→相对稳定→又急速变形局部破裂→又相对稳定→又急速变形局部破裂→最后完全破裂、垮落下来，这样一个几经周折的过程。反映到矿山压力上，就是：急剧升高→相对稳定→又急剧升高→又相对稳定，这样一个波浪式发展过程。在压力分布上，来压也是不均衡的，常常是先由采煤工作面的某一部分开始，逐渐扩大到整个工作面，也可能始终局限在某些地段而扩大，当然也有全工作面一起来压的情况。

采煤工必须熟悉顶板来压的规律、大小及区段范围。在周期来压期间，由于压力大，顶板破碎，还必须学会从各种矿压显现来辨别顶板压力的大小，搞清支柱或放顶是不是安全。在不用测力计的情况下判别顶板压力大小的方法主要有如下几种：

（1）观察支柱受力大小。这主要分两种情况。对于木支柱，判别顶板压力大小的方法就是木柱的折损率，即被压断的支柱占总支柱的百分比。折损率大，说明压力大；折损率小，压力也小。在压力大时，回柱前必须在折损柱旁打好替换柱，防止回柱时顶板活动引起冒顶事故。若回柱时顶板正在来压，木支柱会发出折断的声音，响声越多，说明折断的柱子越多。在这种情况下应暂停回柱，采取安全措施。情况再严重时，应及时将人员撤出危险区域。金属支柱受压大小就不能简单地以折损率来判断，可以采用敲打柱子的方法来判断。如果柱子发出的声音沉闷，说明受力很大，回柱时应十分注意。如果受力不均匀，其中只有某一根柱子受力大，回这根柱子时就要采取相应的安全措施。有时顶板下沉压力大时造成金属支柱的活柱突然下沉一截，并随着发出“嘣嘣”响，如果该声音普遍发生，说明顶板正在来压，而且来压激烈，应暂停回柱，等压力趋于缓和时再进行工作。

（2）观察采空区情况。基本顶折断时，采空区往往发出巨大的响声。直接顶大块折断时，采空区有“碰碰”的声音。这两种情况都说明来压激烈，支柱放顶时要特别注意安全。必要时也可暂停回柱工作，采取措施加强工作面支护。

采空区被破碎矸石充填后，工作面的压力一般不大，上面大块矸石垮落时对工作面的影响也小。如果采空区有大量悬壁，顶板没有冒落，一定要采取措施进行放顶，以确保生产的顺利进行。

（3）观察煤壁。煤壁片帮面积和片帮深度大量增加，煤壁处大量落粉、落碴，是顶板来压的征兆，放顶时顶板压力可能突然增大，甚至可能使顶板沿煤壁切断，出现台阶下沉以至冒顶。在这种情况下应停止出煤，加强煤壁的支护，维护好顶板，待来压稳定后再进行回柱放顶。

（4）观察顶板情况。一是看顶板破碎情况，其裂隙和顶板下沉量是否有明显的变化，如果变化明显说明顶板活动继续加剧，支柱和放顶时要采取安全措施；二是看裂隙和节理的存在状况，采取相应措施保障安全。

总之，顶板压力的大小对顶板控制工作有直接的关系。掌握了顶板活动的规律，能辨别顶板压力的大小，这样就可以保障安全，提高生产效率。

第三节　采　煤　方　法

一、采煤方法的概念

采煤方法主要包括两大工序，一是采区巷道布置，是指与回采有关的巷道布置方式、掘进和回采工作的安排顺序，以及由此建立的通风、运输、供电、排水等生产系统。根据巷道布置的特点，可分为长壁式采煤法和柱式采煤法。前者的特点是采煤工作面长度大，一般为 100 ~ 200 m，后者的工作面长度比较短，一般为 20 m。我国主要采用长壁式采煤法。它又可分为走向长壁采煤法（工作面沿倾斜布置，沿走向推进）和倾斜长壁采煤法

（即工作面沿走向布置，倾斜推进）。二是采煤工艺，主要是指采煤工作面内所进行的落煤、装煤、运煤、支护和采空区处理等工作，及其相互配合方式。不同的巷道系统和采煤工艺相配合，就可形成不同的采煤方法。

二、采煤方法的分类

1. 按巷道布置方式分

（1）壁式体系采煤方法。根据煤层厚度不同，对薄及中厚煤层，按煤层全厚一次采出，即所谓单一长壁式采煤法。对厚煤层，一般把它分为若干中等厚度的分层来开采，即所谓分层长壁式采煤法。按照回采工作面推进方向的不同，又可分为走向长壁和倾斜长壁两种。其中，倾斜长壁采煤法又可分为向上回采和向下回采两种。

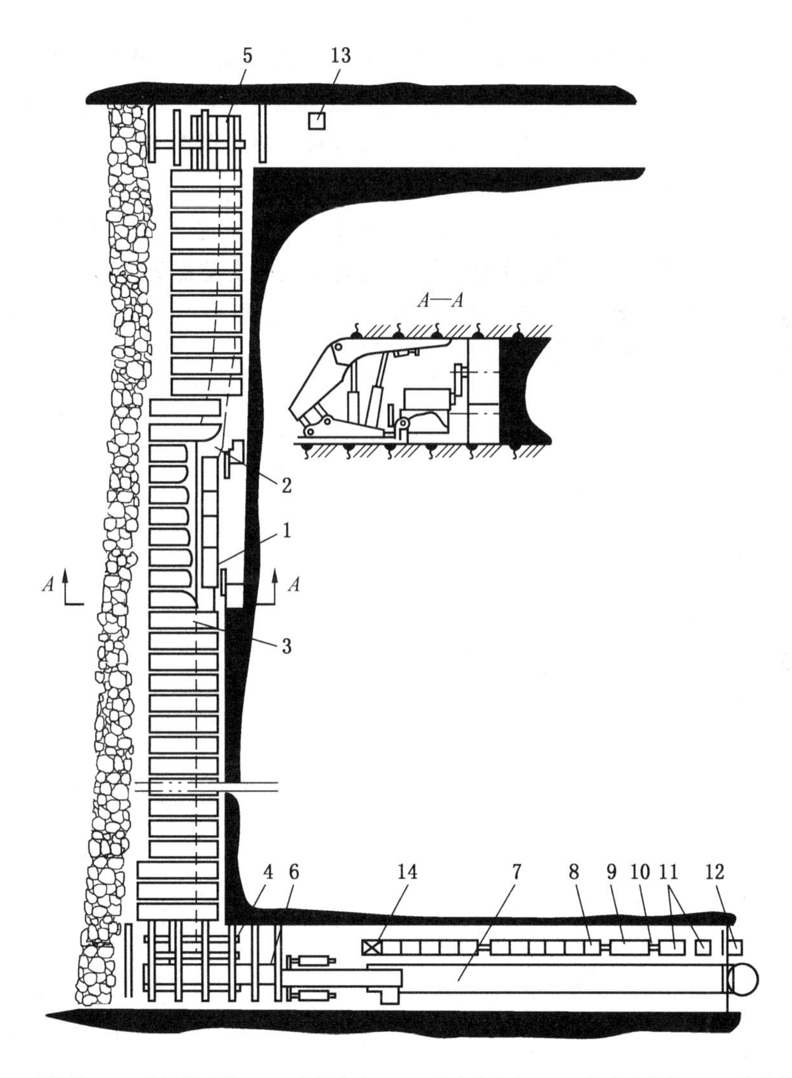

1—采煤机；2—刮板输送机；3—液压支架；4—下端头支架；5—上端头支架；6—转载机；7—可伸缩带式输送机；8—配电箱；9—移动变电站；10—设备列车；11—乳化液泵站；12—喷雾泵站；13—液压安全绞车；14—集中控制台

图3-3 综采面设备布置

（2）柱式体系采煤方法。柱式体系采煤方法可分为房式、房柱式和巷柱式。房式及房柱式采煤方法的实质是在煤层内开掘一些煤房，煤房之间以联络巷相通。回采在煤房中进行，煤柱可留下来不采或等煤房采完后再采。巷柱式采煤法的实质是在采区范围内，预先开掘大量的巷道，将煤层切割成6 m×6 m～20 m×20 m的方形煤柱，然后进行回采。

2. 按采煤工艺分

（1）炮采。采煤工作面用爆破落煤、人工装煤、输送机运煤、摩擦式金属支柱支护顶板、垮落法处理采空区。其特点是劳动强度大、生产效率低、安全条件差。

（2）机械化采煤法。采煤工作面用单滚筒采煤机落煤、可弯曲刮板输送机运煤、摩擦式金属支柱或单体液压支柱支护顶板、垮落法处理采空区。这种采煤方法以机械落煤、装煤和运煤为主要特征，从而减轻了工人的劳动强度，但顶板支护及采空区处理还要人工操作。

（3）综合机械化采煤方法。采煤工作面采用双滚筒采煤机落煤和装煤、可弯曲刮板输送机运煤、液压支架支护顶板、全部工序实现机械化，称为综合机械化采煤。其特点是：减轻了工人的劳动强度；使用液压支架管理顶板，安全性比较好，减少了冒顶事故；提高了生产能力和生产效率；降低了材料消耗和生产成本。

综合机械化采煤工作面的布置如图3－3所示。按照及时支护方式采煤工艺的要求，刮板输送机应紧靠煤壁，采煤机骑在刮板输送机上，液压支架滞后刮板输送机一个移架步距（一般为600 mm）。工作时，采煤机行走割煤一段距离后，及时移架（降柱、移架、升柱），然后进行推移刮板输送机，完成一个循环。

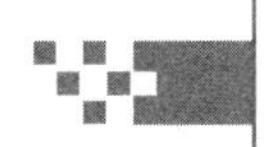

第四章

液 压 支 架

第一节 液压支架基础知识

液压支架是在金属摩擦支柱和单体液压支柱的基础上发展起来的工作面机械化支护设备，它与滚筒式采煤机（或刨煤机）、可弯曲刮板输送机、转载机及带式输送机等形成一个有机的整体，实现了落煤、装煤、运煤、支护和采空区处理等主要工序的综合机械化采煤，从而使采煤技术进入一个新的阶段。

一、液压支架的发展历程

液压支架是以高压液体为动力，由若干金属构件与液压元件组成的一种支撑和控制顶板的设备，它能可靠而有效地支撑和控制工作面顶板，隔离采空区，防止矸石窜入工作面，保证作业空间，并且能够随工作面的推进而自动前移，不断将采煤机和输送机推向煤壁，从而满足了工作面高产、高效和安全生产的要求。液压支架的总重量和初期投资费用占工作面整套综采设备的60% ~70%，因此液压支架成了现代采煤技术中的关键设备之一。

我国液压支架的发展历程大致可以分为4个阶段。

1. 学习起步阶段

我国从20世纪70年代初开始进行液压支架的研制工作，基础条件很差，一切都是从零开始，所需的板材、管材及液压胶管等都需要研制及试验。1964年，我国设计了70型迈步式自移支架，从此开始了液压支架的国产化道路。在广大科研工作者的辛勤努力下，先后研制出了垛式、节式及掩护式支架。尽管支架的性能及可靠性都较差，但为我国液压支架的研制和发展奠定了基础并积累了宝贵经验。

2. 引进、消化、吸收、发展阶段

20世纪70年代末80年代初，我国分三次大规模地引进国外支架，尤其是第三批引进了当时西方国家较为先进的综采设备共100套，其中的液压支架主要以二柱掩护式和四柱支撑式为主，支架的参数和性能比以往进口支架有明显提高。1984年，在沈阳蒲河矿进行我国第一套放顶煤液压支架的工业性试验，继而研制了多种低位、中位和高位放顶煤支架，成功地在缓倾斜厚煤层和急倾斜厚煤层水平分层工作面使用。通过消化吸收国外先进技术，科研人员自主开发了多种不同用途的液压支架，具有代表性的支架有QY系列和

ZY 系列支架，其中 OY31 和 ZY35 支架在较大范围内得到了推广使用。这一时期开发出的支架重量普通较轻，如 QY31 经济型支架重量仅 6 t；支架的工作阻力也偏小，二柱支架一般在 2000 ~ 3500 kN，四柱支架一般在 3000 ~ 4600 kN。支架的可靠性比较差，寿命试验仅 8000 次，与国外的差距较大。在支架的控制方面，操纵阀主要以 ZC 片阀为主，流量只有 80 L/min。乳化液泵站流量一般为 80 ~ 200 L/min，支架的移架速度较慢，一般在 20 ~ 30 s/架，立柱千斤顶的密封圈全部为橡胶件，寿命较短。

3. 完善和提高阶段

从 20 世纪 90 年代中期开始，我国液压支架进入了快速发展阶段，全国综采工作面数量大幅度提高，液压支架的性能、参数、可靠性有了明显提高，架型不断丰富。尤其是放顶煤开采技术在我国的成功应用，极大地推动了放顶煤支架快速发展。架型按放煤位置分有高位、中位、低位放顶煤支架，按四连方向分有正四连杆和反四连杆放顶煤支架等。各煤机厂家先后生产出了 5.5 m、6.3 m 高端液压支架。

4. 高速发展阶段

近年来，随着国内高端液压支架需求量的不断增加和液压支架国产化进程的高速发展，国内液压支架进入高速发展阶段。2023 年，郑煤机 10 m 超大采高智能化液压支架，是继 8.8 m 支架之后的又一力作。从 8.8 m 到 10 m，不仅仅是支护高度上 1.2 m 的提升，更是基础材料、加工设备、技术工艺、认知理念等全方位的提升。该套设备将应用于陕煤曹家滩矿业超大采高工作面，工作面长 299.5 m，走向长度 6000 m，预计投入使用后，年生产原煤将不低于 20 Mt。还有应用于极薄煤层的，支架高度低至 0.5 m。

二、液压支架的分类

液压支架型式的分类见下页。

液压支架分类示意图如图 4－1 所示。

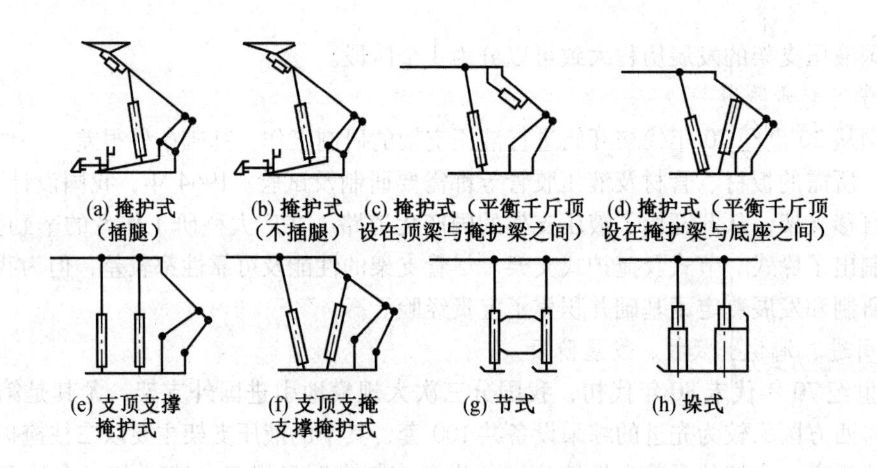

图 4－1　液压支架分类示意图

三、液压支架产品型号命名及意义

根据《液压支架产品型号编制和管理方法》规定：液压支架产品型号主要由产品类型代号、第一特征代号和主要参数代号组成，如果难以区分，再增加第二特征代号和设计修改序号。

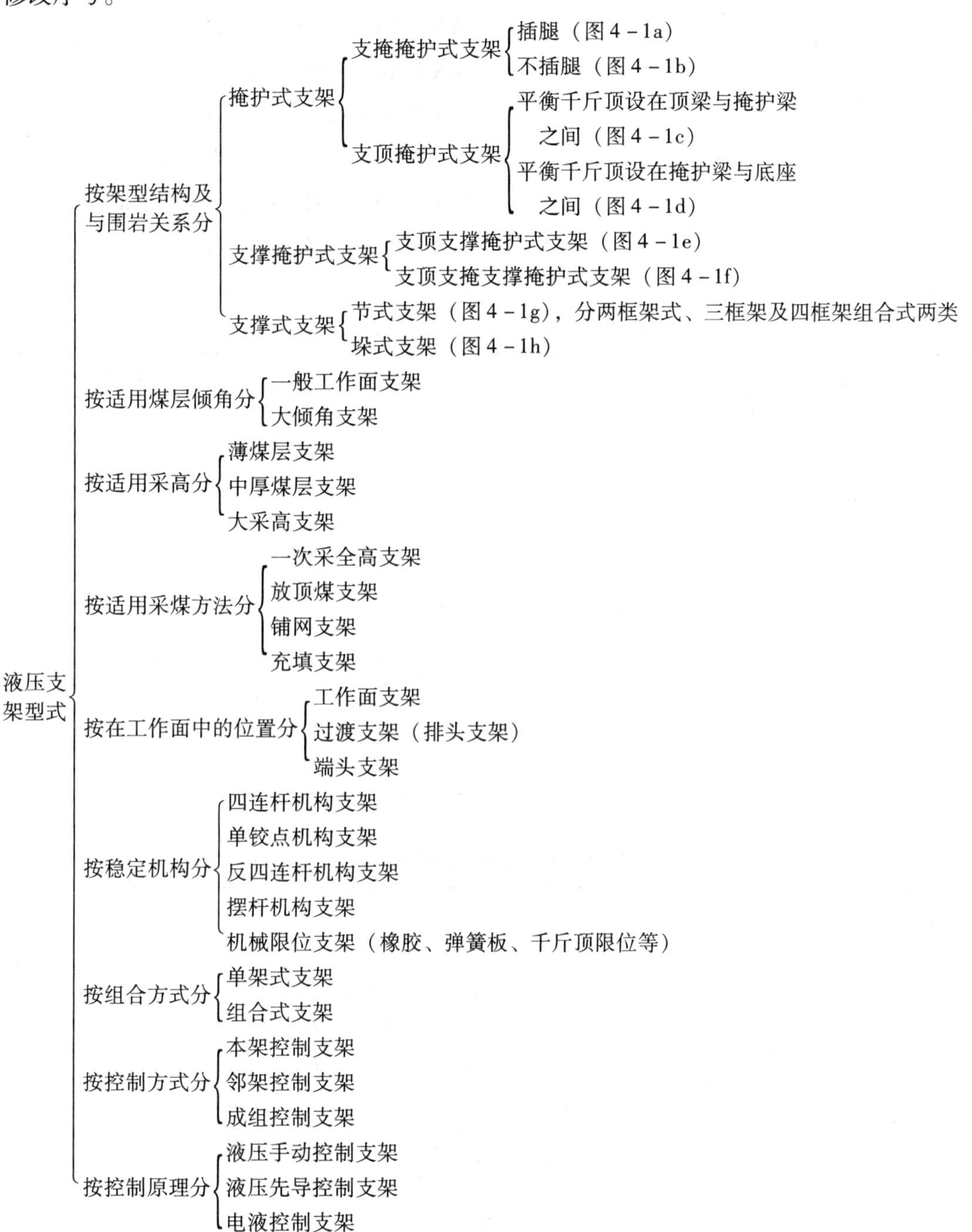

液压支架型号的组成和排列方式如下：

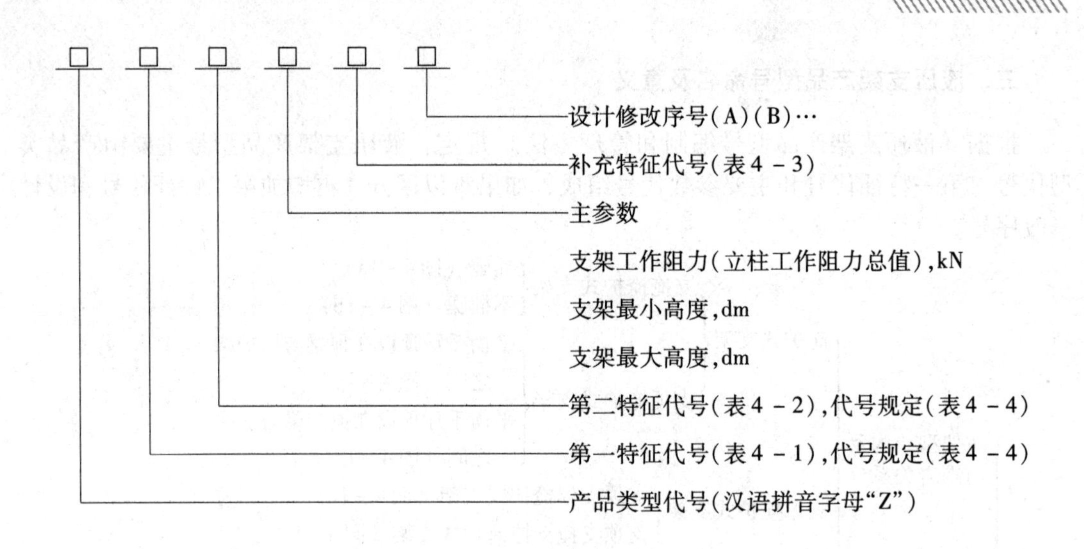

表4－1 液压支架第一特征代号表

用　途	产品类型代号	第一特征代号	产品名称
一般工作面支架	Z	Y	掩护式支架
		Z	支撑掩护式支架
		D	支撑式支架
特殊用途支架	Z	Q	大倾角式支架
		F	放顶煤支架
		P	铺网支架
		C	充填支架
		G	过渡支架
		T	端头支架

表4－2 液压支架第二特征代号表

用　途	产品类型代号	第一特征代号	第二特征代号	注　解
一般工作面支架	Z	Y	Y	支掩掩护式支架
			省略	支顶掩护式支架，平衡千斤顶设在顶梁与掩护梁之间
			Q	支顶掩护式支架。平衡千斤顶设在底座与掩护梁之间
		Z	省略	四柱支顶支撑掩护式支架
			Y	二柱支顶二柱支掩支撑掩护式支架
			Z	立柱“X”形布置的支撑掩护式支架
		D	省略	垛式支架
			B	稳定机构为摆杆的支撑式支架
			J	节式支架

表4-2（续）

用　途	产品类型代号	第一特征代号	第二特征代号	注　　解
特殊用途支架	Z	F	D	单输送机高位放顶煤支架
			Z	中位放煤
			省略	低位放煤
			G	放顶煤过渡支架
			T	放顶煤端头支架
		P	省略	支撑掩护式铺网支架
			Y	排斥式铺网支架
			G	铺网过渡支架
			T	铺网端头支架
		G	省略	支撑掩护式过渡支架
			Y	排斥式过渡支架
		T	省略	偏置式端头支架
			Z	中置式端头支架
			H	后置式端头支架
		Q	省略	支撑掩护式大倾角支架
			Y	掩护式大倾角支架

表4-3　液压支架补充特征代号表

补充特征代号	说　　明
R	用于支掩掩护式支架，表示插腿式
C	用于工作面支架，表示长框架推移装置
L	整体顶梁
G	固定侧护板
F	用于工作面支架，表示底分式刚性底座或分式铰接底座；用于放顶煤过渡支架或端头支架，表示具有放煤功能
K	表示中心距为1.75 m的宽型支架
T	抬底座装置
D	用于一般工作面支架，表示电液控制系统
H	反四连杆机构
B	摆杆机构
W	用于放顶煤支架，表示大尾梁形式
Q	用于铺网支架，表示铺设宽网
J	架前铺网

表4-3（续）

补充特征代号	说　　明
X	用于工作面支架，表示楔形顶梁 用于放顶煤过渡支架，表示悬臂式
Z	用于各种工作面支架，表示中心距为1.2 m的窄型支架
S	用于工作面放顶煤支架，表示四连杆机构 用于端头支架，表示三列式
Y	两柱放顶煤支架
M	配套采煤机截深为700 mm
E	配套采煤机截深为800 mm
N	配套采煤机截深为900 mm以上

表4-4　液压支架代号规定

产品类型代号	第一特征代号	第二特征代号	补充特征代号	备　　注	
Z	D			垛式液压支架	
	J			节式液压支架	
	J	H		节式滑移顶梁液压支架	
	Z			支撑掩护式液压支架	
	Z	X		支撑掩护式液压支架	立柱“X”形布置
	Z	P		支撑掩护式铺网液压支架	手工联网
	Z	P	L	支撑掩护式铺网液压支架	机械联网
	Y			掩护式液压支架	两立柱支在顶梁上
	Y	T		掩护式液压支架	两立柱支在掩护梁上
	Y	T	C	掩护式液压支架	两立柱支在掩护梁上插腿式
	Y	Y		掩护式液压支架	两立柱支在顶梁上，后立柱支在掩护梁上
	Y	P		掩护式铺网液压支架	手工联网
	Y	P	L	掩护式铺网液压支架	机械联网
	F	S		放顶煤液压支架	双输送机天窗式放煤
	F	S	B	放顶煤液压支架	双输送机插板式放煤
	F	D		放顶煤液压支架	单输送机天窗式放煤
	C	S		充填液压支架	水沙充填
	C	F		充填液压支架	风力充填
	X			倾斜煤层液压支架	沿倾斜开采
	Y	X		倾斜煤层掩护式液压支架	沿走向≤35°
	Y	J		急倾斜煤层掩护式液压支架	45°≤沿走向<60°
	T			工作面端头支架组	

【例 4-1】ZZ5600/17/35 为支撑掩护式支架，各代号的意义是：

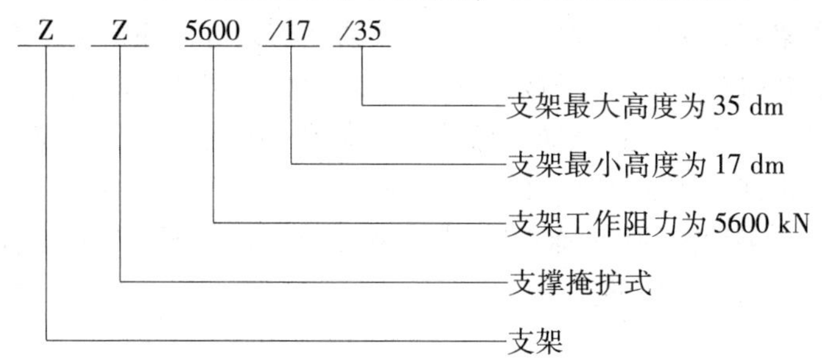

【例 4-2】ZFZ4400/16/28ST 为有四连杆机构、抬底座装置的中位放顶煤支架，各代号的意义是：

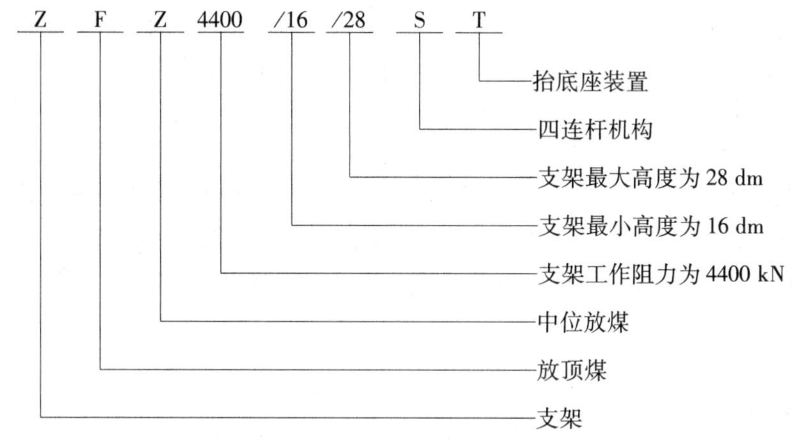

【例 4-3】ZY3200/17/38 为掩护式支架，各代号的意义是：

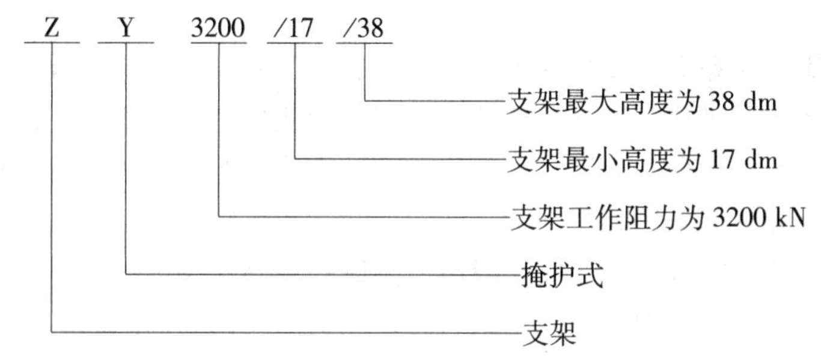

四、液压支架的组成及工作原理

（一）液压支架的组成

液压支架一般由承载结构件、执行元件、控制元件和辅助装置 4 部分组成。

1. 承载结构件

承载结构件包括顶梁、底座梁、掩护、连杆和侧护板等金属构件。

1）顶梁

直接与顶板相接触承受顶板载荷的支架部件叫顶梁。支架通过顶梁实现支撑、控制顶板的功能。顶梁一般有两种结构形式，一种是整体顶梁，这种顶梁的梁体较长，结构简单，能顺利通过顶板局部垮落凹坑，但对顶板台阶的适应能力差。另一种是分段顶梁，即顶梁分为前梁和后梁两部分，前梁又可分为伸缩式活动前梁、铰接式活动前梁或两者兼而有之的活动前梁。由于分段顶梁铰接处的纵向间隙和销轴可以允许各段之间相互有稍许扭转，因而比整体顶梁容易满足刚度要求。伸缩式活动前梁可在伸缩千斤顶的作用下向煤壁方向伸出和收回，及时支护采煤机割煤后所暴露的顶板，实现立即支护。当采煤工作面出现较严重的片帮时，伸缩梁可直接插入煤壁进行支护。因此，在顶板破碎、片帮现象严重的工作面，多采用带伸缩式活动前梁的支架。铰接式活动前梁又称摆梁，即在前梁千斤顶的作用下，可沿与顶梁铰接的铰接轴向上或向下摆动一定角度，以改善支架的接顶情况，从而提高支架对靠近煤壁顶板的支撑能力。

2）掩护梁

阻挡采空区垮落的矸石窜入工作面并承受采空区垮落矸石的载荷和承受顶板通过顶梁传递的水平推力的部件叫掩护梁。掩护梁是掩护式和支撑掩护式支架的特征部件之一。掩护梁与前后连杆、底座共同组成四连杆机构，承受支架的水平分力。当底板不平时，掩护梁还将承受扭转载荷。掩护梁一般做成箱形整体结构，也有做成左、右对分结构的。

3）前后连杆

前后连杆只有掩护式和支撑式支架才安设。前后连杆与掩护梁、底座组成的四连杆机构，既可承受支架的水平分力，又可使顶梁与掩护梁的铰接点在支架调高范围内做近似直线的运动，使支架的梁端距基本保持不变，从而提高了支架控制顶板的可靠性。前后连杆一般采用箱形分体式结构，即左、右各一件。后连杆常常用钢板将两个箱形结构连接在一起。

4）底座

直接与底板相接触，承受立柱传来的顶板压力并将其传递至底板的部件叫底座。支架通过底座与推移装置相连，以实现自身前移和推移输送机前移。

5）侧护板

目前生产的掩护式和支撑掩护式支架都有较完善的侧护装置，不仅掩护梁两侧有侧护板，而且主梁或整体顶梁从前排立柱到顶梁后端的两侧也有侧护板。按侧护板与掩护梁或顶梁上板面的关系，侧护板有上复式、埋伏式、抽出式和折页式等几种结构型式。侧护板的作用是：消除相邻支架掩护梁和顶梁之间的架间间隙，防止垮落矸石进入支护空间；作为支架移架过程中的导向板；防止支架降落后倾倒；调整支架的间距。

支架工作时，一侧的侧护板是固定的，另一侧为活动的。制造时，通常将两侧护板做成对称的；安装时，可按需要将一侧的侧护板用螺栓或销子固定在顶梁和掩护梁上。

2. 执行元件

执行元件包括立柱和各种千斤顶。

1）立柱

支架上凡是支撑在顶梁（或掩护梁）和底梁之间直接或间接承受顶板载荷、调整支护高度的液压缸称为立柱。立柱是液压支架的主要动力元件，可分为单伸缩和双伸缩两种。单伸缩立柱调高范围比较小，但结构简单、成本低；双伸缩立柱则与之相反。有的立柱上端还有机械加长段。立柱两端一般采用球面结合形式与顶梁和底座铰接。

2）千斤顶

液压支架中除立柱以外的液压缸均称为千斤顶，依其功能分为前梁千斤顶、推移千斤顶、侧推千斤顶、平衡千斤顶、护帮千斤顶和复位千斤顶等。由于前梁千斤顶也承受由铰接前梁传递的部分顶板载荷，所以结构上与立柱基本相同，只是长度和行程较短，也有人称它为短柱。平衡千斤顶是掩护式支架独有的，其两端分别与护梁和顶梁铰接，主要用于改善顶梁的接顶状况，改变顶梁的载荷分布。当支架设置防倒、防滑装置时，还设有各种防倒、防滑千斤顶和调架千斤顶。

3. 控制元件

液压支架的液压系统中所使用的控制元件主要有两大类：压力控制阀和方向控制阀。压力控制阀主要有安全阀；方向控制阀主要有液控单向阀、操纵阀等。

1）安全阀

安全阀是支架液压控制系统中限定液体压力的元件。它的作用是保证液压支架具有可缩性和恒阻性。立柱和千斤顶用的安全阀，可按照立柱和千斤顶的额定工作阻力调整开启压力。当立柱和千斤顶工作腔内的液体压力在外载荷作用下超过额定工作阻力，即超过安全阀的调定压力时，工作腔内的压力液可通过安全阀释放，达到卸压的目的。卸载以后工作腔内的液体压力低于调定压力时，安全阀自动关闭。在此过程中，可使立柱和千斤顶保持恒定的工作阻力，避免立柱、千斤顶过载损坏。

2）液控单向阀

液控单向阀是支架的重要液压元件之一。它的作用是闭锁立柱、千斤顶的某一腔中的液体，使之承受外载产生的增加阻力，使立柱或千斤顶获得额定工作阻力。液控单向阀往往和安全阀组合在一起，组成控制阀。

3）操纵阀

在支架液压控制系统中用来使液压缸换向，实现支架各个动作的换向（分配）阀，习惯上称为操纵阀。操纵阀有转阀和滑阀两种类型。

4. 辅助装置

辅助装置包括推移装置、挡矸装置、复位装置、护帮装置、防滑防倒装置等。

1）推移装置

推移装置是实现支架自身前移和刮板输送机前移的装置，由连接头、框架、推移千斤顶组成。推移千斤顶一端与支架底座相连，另一端通过框架、连接头与刮板输送机相连。

2）挡矸装置

挡矸装置由悬挂在顶梁后端的挡矸帘构成。其作用是防止矸石从采空区涌入工作面。

3）复位装置

复位装置是支撑式支架的特征装置。这是由于支撑式支架的顶梁、前后立柱和底座恰好形成四连杆双曲柄机构，因而支架的结构是不稳定的，在侧向力作用下，容易发生立柱倾斜现象。安设复位装置的目的就是为了使支架立柱保持在垂直于顶板的正确位置，使支架的结构稳定，具有抵抗顶板水平分力的能力。

4）护帮装置

煤层较厚或煤质松软时，工作面煤帮（壁）容易在矿山压力下崩落，这种现象称为片帮。工作面片帮使支架顶梁前端的顶板悬露面积增大，引起架前冒顶。我国规定，煤层采高超过 2.5 ~2.8 m 支架就安设护帮装置，其目的在于防止煤壁片帮或在片帮时护帮板起到遮蔽作用，避免砸伤工作人员或损坏设备。护帮装置安设在支架顶梁前端，由护帮板和护帮千斤顶组成。

5）防滑防倒装置

在煤层倾角较大（一般在15°以上）时，支架需要加设防滑防倒装置，以免支架降落或前移时下滑或倾倒。防滑装置一般安设在两相邻支架的底座侧面，防倒装置一般安设在两相邻支架的顶梁侧面。

（二）液压支架的工作原理

根据回采工艺对液压支架的要求，液压支架不仅要能够可靠地支撑顶板，而且应能随着采煤工作面的推进向前推动。这就要求液压支架必须具备升降和推移两个方面的基本动作，这些动作是利用乳化液泵站供给的高压液体，通过立柱和推移千斤顶来完成的，如图4-2所示。

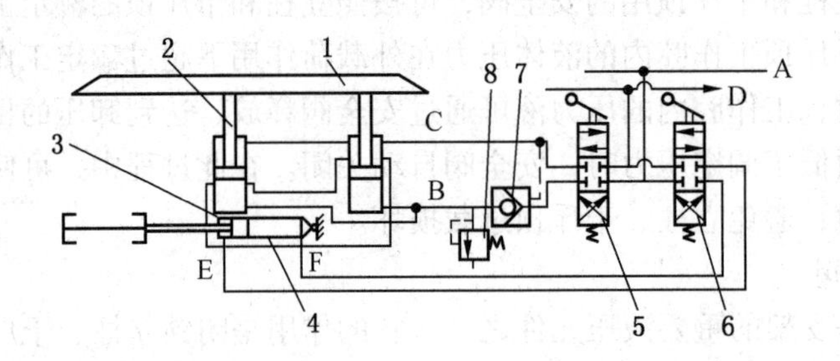

1—顶梁；2—立柱；3—底座；4—推移千斤顶；5—立柱操纵阀；
6—推移千斤顶操纵阀；7—液控单向阀；8—安全阀

图4-2　液压支架的工作原理

1. 升降

升降指液压支架升至支撑顶板到下降脱离顶板的整个工作过程。这个工作过程包括初撑、承载、降架3个动作阶段。

1）初撑阶段

将操纵阀5放到升架位置，由乳化液泵站供给的高压液体经主进液管A、操纵阀5打开液控单向阀7，经管路B进入立柱下腔；与此同时，立柱上腔的乳化液经管路C、操纵阀5回到主回液管D。在压力液的作用下，活柱伸出使顶梁升起支撑顶板。顶梁接触顶板后，立柱下腔液体压力逐渐增高，压力达到泵站供液压力（泵站工作压力）时，泵站自动卸载，停止供液，液控单向阀关闭，立柱下腔的液体被封闭，这一过程被称为液压支架的初撑阶段。此时，立柱或支架对顶板产生的支撑力称为初撑力。按下式计算：

立柱初撑力
$$p_{zc}=\frac{\pi D^2}{4}p_b\times 10^{-3}$$

支架初撑力
$$p_{jc}=\frac{\pi D^2}{4}p_b n\eta\times 10^{-3}$$

式中　p_{zc}——支柱的初撑力，kN；

D——立柱缸体内径或活塞直径，mm；

p_b——泵站工作压力，MPa；

n——每架支架的立柱数；

p_{jc}——支柱的初撑力，kN；

η——支护效率，架型不同，支护效率也不同，支护效率主要取决于立柱的倾斜程度，当立柱直立时，$\eta = 1$。

由此可见，支架的初撑力取决于泵站工作压力、立柱数目、立柱缸体内径以及立柱布置的倾斜程度。若要想提高支架的初撑力，可从以下几个方面着手改进：

（1）增加支架的立柱数目，即每架支架的立柱数越多，初撑力越大，但是增加立柱数目会使支架尺寸变大，结构变复杂，所以一般不用此办法来实现初撑力的提高。

（2）加大立柱缸体内径，即将立柱加粗，这种办法可以实现初撑力的提高。

（3）提高泵站工作压力，即泵站压力越高，初撑力越大。通过提高泵站工作压力来实现支架初撑力的提高，是目前发展的趋势。

相似材料模型试验及实践经验证实，初撑力的提高对顶板控制有下列好处，相反，则对顶板控制不利：

（1）提高初撑力，可以使支撑力与顶板压力较早地取得平衡，缩短顶板急速下沉的时间，从而减少顶板的下沉量。

（2）增加支柱的初撑力，可以迅速压缩浮煤和浮矸等中间介质，使支架的工作阻力较快地发挥作用，可以延长支柱在恒阻阶段的工作时间。

（3）提高初撑力，可以避免直接顶的离层。

在个别情况下，当直接顶、底板比较松软时，提高初撑力反而会招致顶底板的迅速破坏。

2）承载阶段

支架达到初撑力后，顶板随着时间的推移缓慢下沉从而使顶板作用于支架的压力不断增大，随着压力的增大，封闭在立柱下腔的液体压力也相应提高，呈现增阻状态。这一过程一直持续到立柱下腔压力达到安全阀动作压力为止，我们称之为增阻阶段。在增阻阶段由于立柱下腔的液体受压，其体积将减小以及立柱缸体弹性膨胀，支架要下降一段距离，我们把下降距离称为支架的弹性可缩值，下降的性质称为支架的弹性可缩性。

安全阀动作后，立柱下腔的少量液体将经安全阀溢出，压力随之减小，当压力低于安全阀关闭压力时，安全阀重新关闭，停止溢流，支架恢复正常工作状态，在这一过程中，支架由于安全阀卸载而引起下降，我们把这种性质称为支架的可缩性。支架的可缩性保证了支架不会被顶板压坏，随着顶板下沉的持续作用，上面的过程重复出现。由此可见，安全阀从第一次动作后，立柱下腔的压力便只能围绕安全阀的动作压力而上下波动，可近似地认为它是一个常数，所以称这一过程为恒阻阶段，并把这时的最大支撑力叫做支架的工作阻力。工作阻力表示了支架在承载状态下可以承受的最大载荷，按下式计算：

立柱的工作阻力 $$p_{zz} = \frac{\pi D^2}{4} p_a \times 10^{-3}$$

支架的工作阻力 $$p_{jz} = \frac{\pi D^2}{4} p_a n \eta \times 10^{-3}$$

式中 p_{zz}——立柱的工作阻力，kN；

p_a——安全阀动作压力，MPa；

D——立柱缸体内径或活塞直径，mm；

p_{jz}——支架工作阻力，kN。

同样，支架的工作阻力取决于安全阀的动作压力、立柱数目、立柱缸体内径以及立柱布置的倾斜程度。显然，工作阻力主要由安全阀的动作压力决定。所以，安全阀动作压力的调整是否准确和动作是否可靠，对液压支架的性能有决定性的影响。

液压支架承载中达到工作阻力后能加以保持的性质叫做支架的恒阻性。恒阻性保证了支架在最大承载状态下正常工作，即保证在安全阀动作压力范围内工作。由于这一性质是由安全阀的动作压力限定，而安全阀的动作伴随着立柱下腔少量液体溢出而导致支架下降，所以支架获得了可缩性，当工作面某些支架达到工作阻力而下降时（因顶板压力作用不均匀，工作面支架不会同时达到工作阻力），相邻的未达到工作阻力的支架便成为顶板压力作用的突出对象，即将压力分担到相邻支架上，我们把这种支架互相分担顶板压力的性质叫作支架的让压性，让压性可使支架均匀受力。

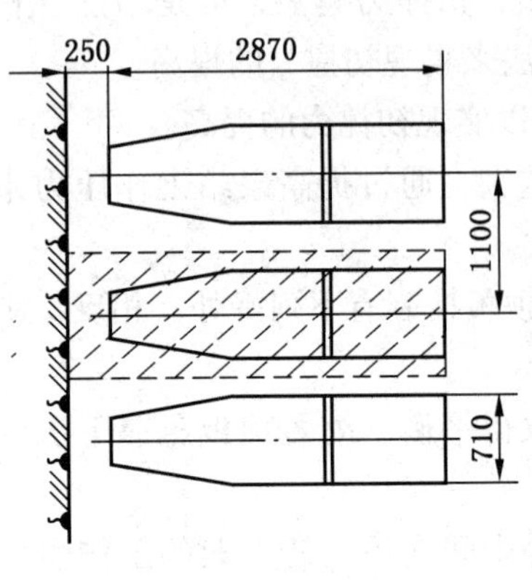

图 4－3　支护面积

反映液压支架工作特性的另一种表示方式就是液压支架的支护强度，即液压支架对单位面积顶板所承受的工作阻力，其计算方法如下：

$$W=\frac{p_{jz}}{A}$$

式中　W——液压支架支护强度，kN/m^2；

p_{jz}——液压支架工作阻力，kN；

A——支护面积（图 4－3），m^2。

【例 4－4】某支撑掩护式支架的立柱数目为 4 根，缸径为 230 mm，泵站压力为 31.4 MPa，安全阀动作压力为 43.2 MPa，试计算该支架的初撑力和工作阻力是多少？（$\eta=1$）

解：

初撑力

$$\begin{aligned}p_{jc}&=\frac{\pi}{4}D^2p_bn\eta\times10^{-3}\\&=\frac{\pi}{4}\times230^2\times31.4\times4\times1\times10^{-3}\\&=5218(kN)\end{aligned}$$

工作阻力

$$\begin{aligned}p_{jz}&=\frac{\pi}{4}D^2p_an\eta\times10^{-3}\\&=\frac{\pi}{4}\times230^2\times43.2\times4\times1\times10^{-3}\\&=7200(kN)\end{aligned}$$

【例 4－5】某支撑式支架，支撑力为 1800 kN，顶梁长度为 2.8 m，宽为 0.7 m，梁端距为 0.25 m，支架间距为 1.1 m，试计算该支架的支护强度是多少？

解：

支架的支护面积　$A=(2.87+0.25)\times1.1=3.43(m^2)$

支护强度 $$W=\frac{p_{jz}}{A}=\frac{1800}{3.43}=525(\text{kN/m}^2)$$

3）降架阶段

降架是指支架顶梁脱离顶板而不再承受顶板压力，当采煤机割煤完毕需要移架时，首先应使支架卸载，顶梁脱离顶板，把操纵阀5手把扳到降架位置，由泵站供给的高压液体经主进液管A、操纵阀5、管路C进入立柱上腔，与此同时，高压液体分路进入液控单向阀7的液控室，将单向阀推开，与立柱下腔构成回液通路，立柱下腔液体经管路B，被打开的液控单向阀7、操纵阀5向主回液管回液，此时，活柱下降，支架卸载，直至顶梁脱离顶板为止。

综上所述，液压支架的升降过程可以用坐标图上的曲线来表示，如图4－4所示，该曲线为液压支架的特性曲线，表示液压支架的支撑力，支架升起。顶梁开始接触顶板至液控单向阀关闭的这一阶段是初撑阶段 t_0，初撑阶段 ab 线的斜率决定于液压支架的性能，即 ab 线越陡，支架的支撑力增大到初撑力 p_{ic} 的速度越快，以后随着顶板下沉，支架的支撑力逐渐由初撑力增大到工作阻力 p_{iz}，这就是增阻阶段 t_1。增阻阶段 bc 线的斜率决定于顶板下沉的性质，bc 线的长短决定顶板下沉量的大小，即 bc 线越短，顶板下沉量越小，在一定的顶板条件下，提高初撑力可缩短 bc 线的长度，减小增阻阶段的弹性可缩值，从而有利于减小顶板下沉，这就是支架初撑力有不断提高趋势的原因。支架达到工作阻力后，安全阀便开始动作，支架进入恒阻阶段 t_2。由于安全阀的开启压力稍高于它的额定工作压力，所以正常工作时，恒阻线 cd 是一条近似平行于横坐标的波纹线，恒阻阶段直到支架卸载时结束。当顶板压力较小（工作面刚投入生产）或设计的支架工作阻力大于实际需要时，支架可能没有恒阻阶段。在卸载阶段 de，支架下降，支撑力很快减小。总之，液压支架在额定工作阻力值以下工作时具有增阻性，以保证支架对顶板的有效支撑；达到额定工作阻力值时具有恒阻性，以限制支架的最大支撑能力；超过额定工作阻力值时具有可缩性，使液压支架能够随着顶板的下沉而下缩。

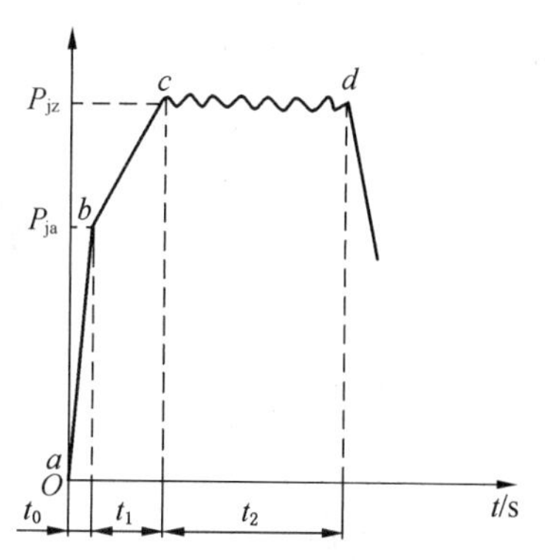

图4－4 液压支架的特性曲线

2. 推移

液压支架推移动作包括移支架和刮板输送机，根据支架型式的不同，移架和推溜方式各不一样，但其基本原理都相同，即支架的推移动作都是通过推移千斤顶的推、拉来完成的。图4－2为支架与刮板输送机互为支点的推移方式，移架和推溜共用一个推移千斤顶，该千斤顶2的两端分别与支架底座和输送机连接。

1）移架

支架降架后，将操纵阀6放到移架位置，从泵站来的高压液经主进液管A、操纵阀6、管路E进入推移千斤顶左腔，其右腔的液体经管路F、操纵阀6回到主回液管D。此时，千斤顶的活塞杆受输送机制约不能运动，所以千斤顶的缸体便带动支架向前移动，实现移架，支架移到预定位置后将操纵阀手把放回零位。

2）推移输送机

移到新位置的支架重新支撑顶板后，将操纵阀6放到推溜位置，推移千斤顶右腔压力液，左腔回液，因缸体与支架连接不能运动，所以活塞杆在液压力的作用下伸出，推动输送机向煤壁移动，当输送机移到预定位置后，将操纵阀手把放回零位。

采煤机采煤过后，液压支架依照降架—移架—升架—推溜的次序动作，称为超前（立即）支护方式，它有利于对新裸露的顶板及时进行支护，但缺点是支架有较长的顶梁，以及支撑较大面积的顶板，承受顶板压力大。与此不同，液压支架依照推溜—降架—升架的次序动作，称为滞后支护方式，它不能及时支护背后裸露的顶板，但顶梁长度可减小，承受顶板压力相应减小。上述两种支护方式各有利弊，为了保留对新裸露顶板及时支护的优点，以及承受较小的顶板压力、减小顶梁的长度，可采用前伸梁临时支护的方式。其动作次序为：采煤机采煤过后，前伸梁立即伸出，支护新裸露的顶板，然后依次推溜—降架—移架（同时缩回前伸梁）—升架。

第二节　液压支架的结构特点

一、支撑式液压支架

1. 支撑式液压支架的组成及结构特点

支撑式液压支架分为垛式和节式液压支架两种，目前由于节式液压支架稳定性、防护性能差，用的也比较少，趋向于淘汰。垛式液压支架如图4－5所示，由前梁、顶梁、立柱、推移千斤顶和底座箱等部件组成，其结构特点如下：

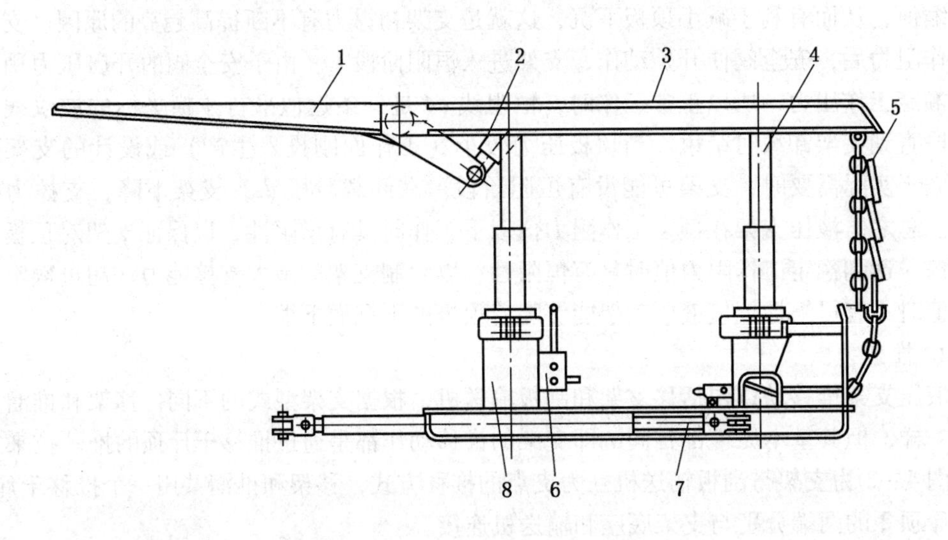

1—前梁；2—前梁短柱；3—顶梁；4—立柱；5—挡矸帘；6—操纵阀；7—推移千斤顶；8—底座箱

图4－5　垛式液压支架

（1）顶梁采用分式铰接结构，前梁由短柱控制，对顶板适应性好，梁端支撑力可达51.7 kN。

（2）底座箱采用左右座箱、后部连成整体的结构，支架稳定性好，对底板比压较小，座箱低，有利于行人、通风。

（3）顶梁后部设有挡矸帘，用以防止采空区矸石涌入座箱。

2. 支撑式液压支架的优点

（1）工作阻力大、支护效率高、性能好。

（2）结构简单、质量轻、造价低。

（3）支架内工作空间大，行人安全方便，通风断面大。

3. 支撑式液压支架的缺点

（1）支柱承受横向载荷时较易弯曲。

（2）顶梁长，移架时控顶面积大，同一段顶板受到垂直支撑的次数多，不利于顶板控制。

（3）架间有缝隙，防矸能力差，不适用于直接顶破碎的顶板。

垛式液压支架适用于周期来压强烈、顶板坚硬的缓倾斜中厚煤层。

二、掩护式液压支架

1. 基本特点

（1）支架支撑力集中作用点离煤壁较近，加之平衡千斤顶的作用，对端面顶板的支撑力较大，可以有效防止端面顶板的早期离层和破坏。

（2）控顶距小，顶梁较短，对顶板的反复支撑次数少，减少了对直接顶的破坏。

（3）可以承受顶板的水平分力，支架稳定性能好。

（4）掩护性好，一般都有掩护梁、活动侧护板等部件，能可靠地使工作面和采空区隔离。

（5）立柱一般呈倾斜布置，支架的调度范围大。

2. 适用范围

（1）直接顶。以不稳定和中等稳定的直接顶为主，也可用以稳定顶板。插腿支撑掩护式支架比较适用于不稳定顶板。

（2）基本顶。以来压不明显的基本顶为主，也可用于基本顶来压强烈的顶板。

（3）底板。插腿式支架适用于松软底板，一般支顶支掩式支架也能较好地适用松软底板。

（4）倾角。实际应用已达35°煤层倾角，新设计支架适应煤层倾角可达到55°。

3. 液压支架的结构特点

ZY2000/14/31型掩护式液压支架的结构特点如图4－6所示。

顶梁采用整体箱型结构，为了改善接顶性能，顶梁前端850 mm处上翘2°，顶梁前部设有防片帮装置。底座采用整体刚性底座，底座前部桥板除加强底座的抗扭强度外，还可用来连接调架座；底座后部两侧各焊有直径110 mm的套筒，当工作面倾角大于20°时，用来安装底座防滑千斤顶。前后连杆均采用分体式箱型结构，后连杆两侧加焊防翼板。推移装置采用浮动活塞式千斤顶和短推杆结构，以改变其推拉力。对于侧护板，顶梁活动侧护板为单侧嵌入式，侧推千斤顶与弹簧套筒在同一轴线上，弹簧套筒兼有导向支承作用。护帮装置采用下垂式。立柱采用带机械加长的单伸缩双作用立柱。

一般在煤层倾角大于15°时，需加设防倒防滑装置，由于每架支架直接与输送机相

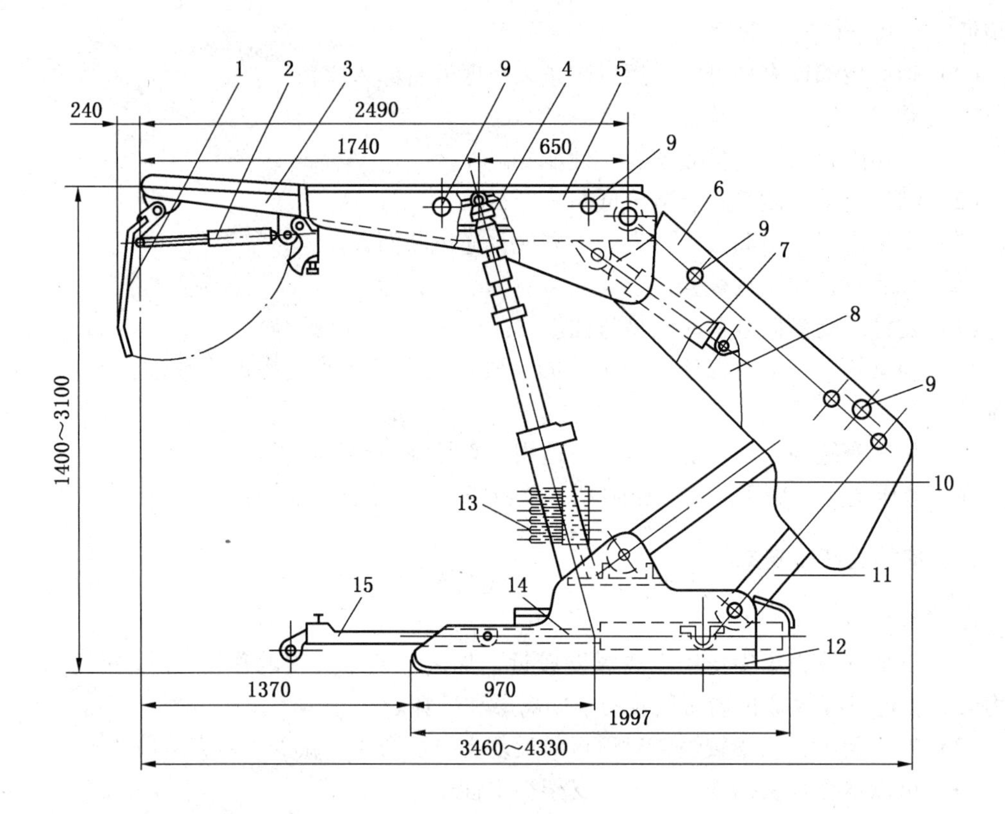

1—护帮装置；2—护帮千斤顶；3—顶梁；4—立柱；5—顶梁侧护板；6—掩护梁；7—平衡千斤顶；
8—掩护梁侧护板；9—侧推千斤顶；10—前连杆；11—后连杆；12—底座；13—操纵阀；
14—推移千斤顶；15—短框架

图 4－6　ZY2000/14/31 型掩护式支架的结构

连，侧推千斤顶控制的侧护板具有防倒防滑问题就可以基本得到解决。

在该支架中附有比较完善的防倒防滑装置，包括：排头支架的防倒防滑装置、底座防滑装置和输送机防滑装置。

排头支架的防滑装置如图 4－7 所示。在工作面倾斜下方的①、②、③三架排头支架之间的底座前部装有两个调架千斤顶 4，用以调整支架的架间距，使下滑的支架可以得到复位。在第一架支架的底座下侧安装防止底座下滑的防滑千斤顶 7，并用下圆环链 8 与第三架支架的尾部连接，用以调整支架尾部的距离。

排头支架的防倒装置如图 4－8 所示。在工作面倾斜下方的①、②、③三架端头支架之间的顶梁下面装有两个防倒千斤顶 2，当支架发生倾倒时，可用其调整复位。

为了防止输送机下滑，设有输送机防滑装置。输送机防滑装置包括输送机防滑千斤顶、调架座和圆环链，当工作面倾角大于 15°时，每个工作面须配备 15 组输送机防滑装置；倾角在 8°～15°时，配备 10 组输送机防滑装置；倾角小于 8°时，可不配备输送机防滑装置；倾角为 25°～30°时，应在每架支架后部的倾斜下方安设底座调架装置，并在另侧安设顶盖。底座调架装置包括调架千斤顶和圆推杆。

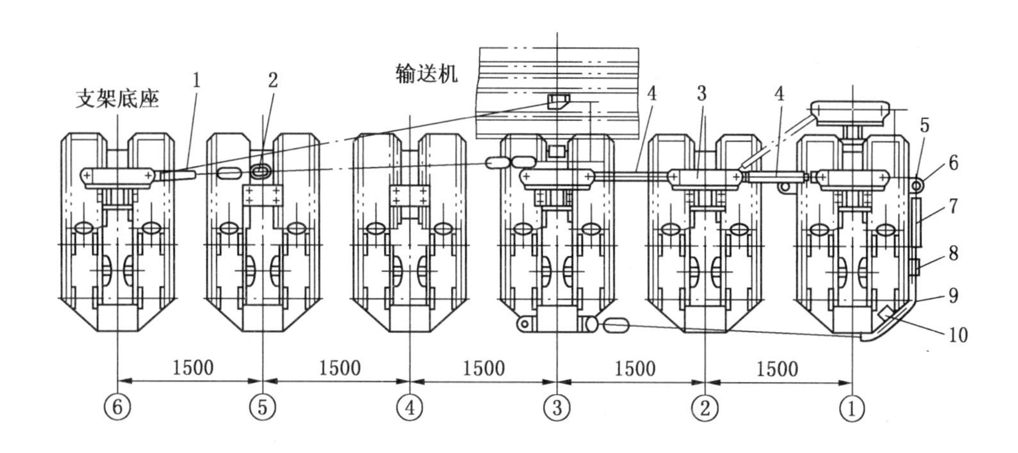

1—输送机防滑千斤顶；2—上圆环链；3—调架座；4—调架千斤顶；5—双耳座；6—连接卡；7—防滑千斤顶；8—下圆环链；9—防滑链导向筒；10—弯座

图4－7 排头支架的防滑装置

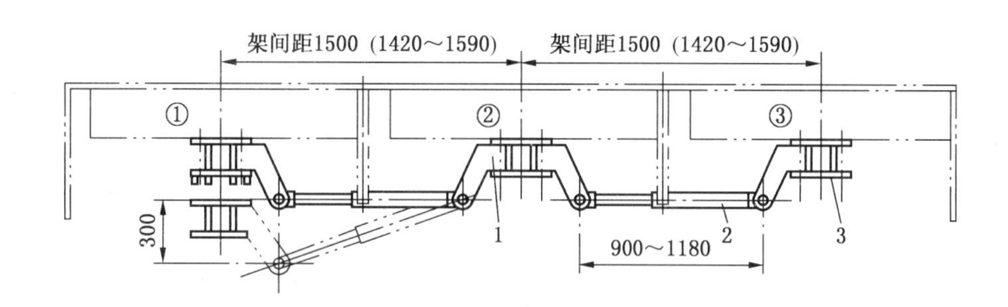

1—十字头；2—防倒千斤顶；3—支座

图4－8 排头支架的防倒装置

三、支撑掩护式液压支架

1. 基本特点

（1）通常为两排立柱（少数为三排）支撑。支架支撑力的集中作用区（或称力平衡区）离煤壁较远，总支撑力高，切顶能力强。

（2）具有掩护梁、连杆等稳定机构，可以承受顶板水平力，支架稳定性好。

（3）挡矸、掩护性能好，一般都有掩护梁、活动侧护板等挡矸掩护部件，能可靠地使工作面与采空区隔离、阻止窜矸。

（4）控顶距较大，顶梁较长，对顶板的反复支撑次数相对较多，易使直接顶破坏，作业空间和通风断面较大。

2. 适用范围

（1）直接顶。以中等稳定（2类）以上顶板为主。

（2）基本顶。主要适应来压明显（Ⅱ级以上），甚至来压极强烈（Ⅳ级）的基本顶。

（3）对底板的适应性比较好。

（4）通风断面大，适于高沼气矿井。

（5）目前我国研制的支撑掩护式支架最低高度为0.7 m，最大高度达4.7 m。X形支撑掩护式支架适用于薄或中厚煤层。

（6）一般用于小于或等于25°的工作面。采取防倒防滑措施后，还可扩大适用范围。

3. 结构特点、液压系统及主要配套设备

ZZX2800/7/18型支撑掩护式液压支架的支架外形、液压系统、配套关系如图4－9、图4－10所示。结构特点如下：

（1）前后排立柱呈X形交叉布置，调高范围大，支架结构紧凑。

（2）顶梁采用整体顶梁，箱形结构。

（3）底座为整体式箱形焊接结构。

（4）前、后连杆均为合金铸钢件。前连杆为单连杆，后连杆为整体连杆。

（5）推移装置采用浮动活塞千斤顶，推杆上下重叠方式，千斤顶过十字头与底座连接，可在保证推杆活动性能的情况下不使千斤顶承受侧向力。

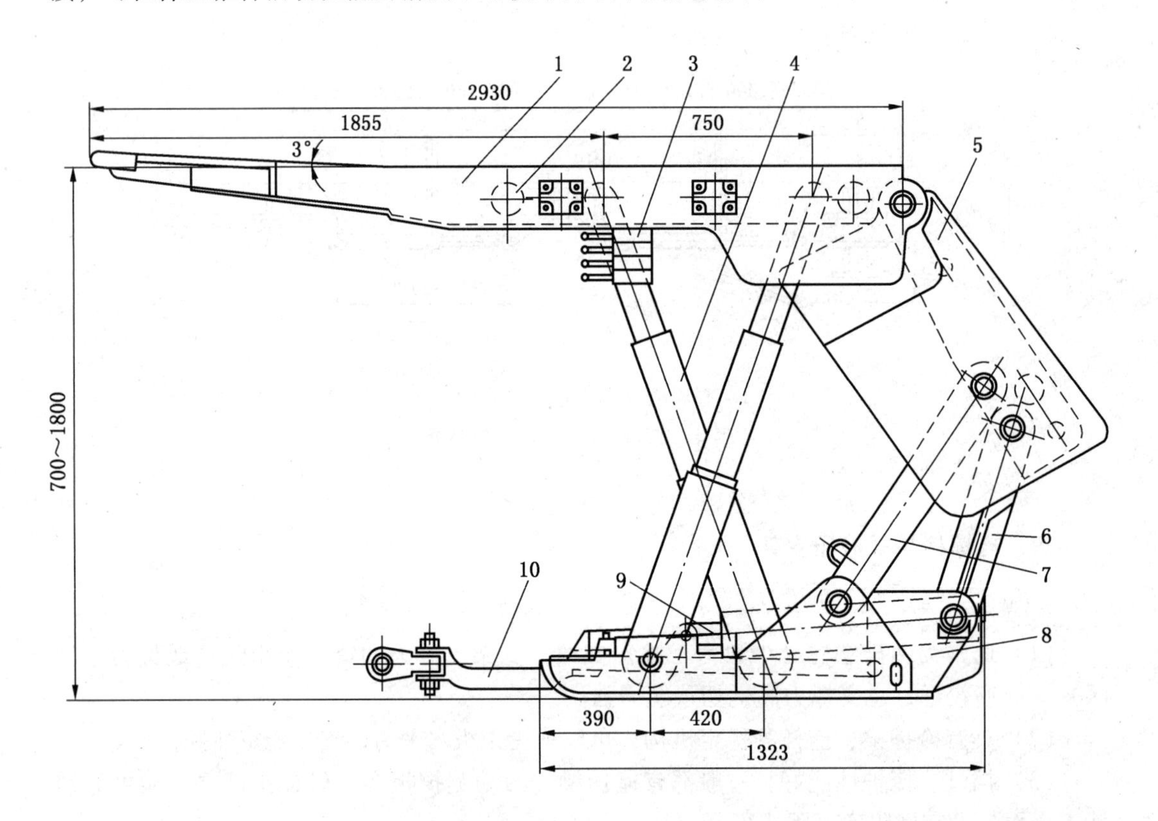

1—顶梁及侧护板；2—侧推千斤顶；3—操纵阀；4—立柱；5—掩护梁及侧护板；6—后连杆；7—前连杆；8—底座；9—推移千斤顶；10—推杆及连接头

图4－9 ZZX2800/7/18型支撑掩护式液压支架

（6）顶梁上设直角嵌入式单侧活动侧护板，侧护板除了用弹簧支撑筒支撑外，另设两个支撑杆，增加了侧护板的强度。

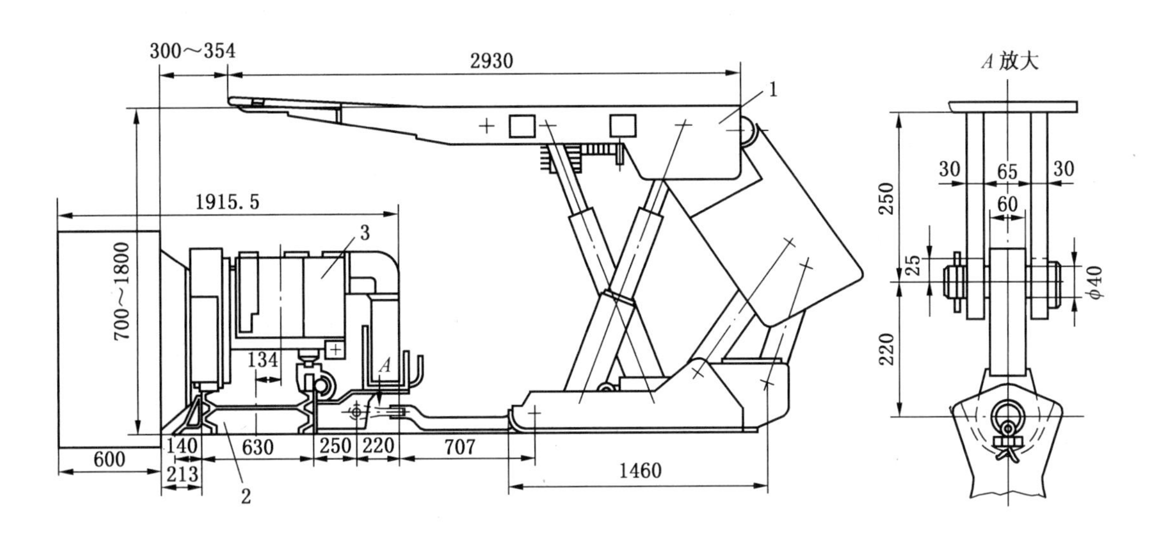

1—ZZX2800/7/18 型液压支架；2—SGD—630/180 型刮板输送机；3—MLS—170 采煤机

图 4－10 ZZX2800/7/18 型支架配套

(7) 立柱为双伸缩式。

(8) 支护方式为即时支护。

(9) 控制方式为邻架控制。

四、放顶煤液压支架

按与液压支架配套的输送机的台数，放顶煤液压支架可分为：

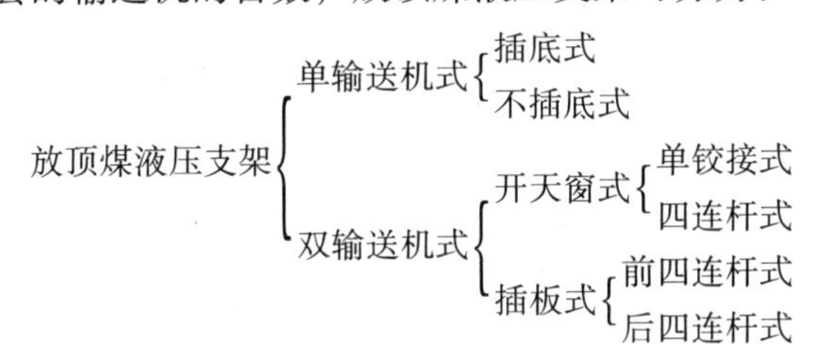

按放煤口位置，放顶煤液压支架可分为：

放顶煤液压支架
- 高位（单输送机开天窗式）
- 中位（双输送机开天窗式）
- 低位（双输送机插板式）

1. 低位放顶煤液压支架

放煤口设在掩护梁下部，使用两部输送机，其后部输送机直接放在底板上或支架底座后方的托板上，通过放煤板进行放煤的支架称低位放顶煤液压支架，又叫插板式放顶煤液压支架，如图 4－11 所示。

低位放顶煤液压支架的结构特点：

(1) 架型为支撑掩护式双输送机放顶煤液压支架，四连杆机构布置在前后排立柱之间，可承受顶板的水平分力。

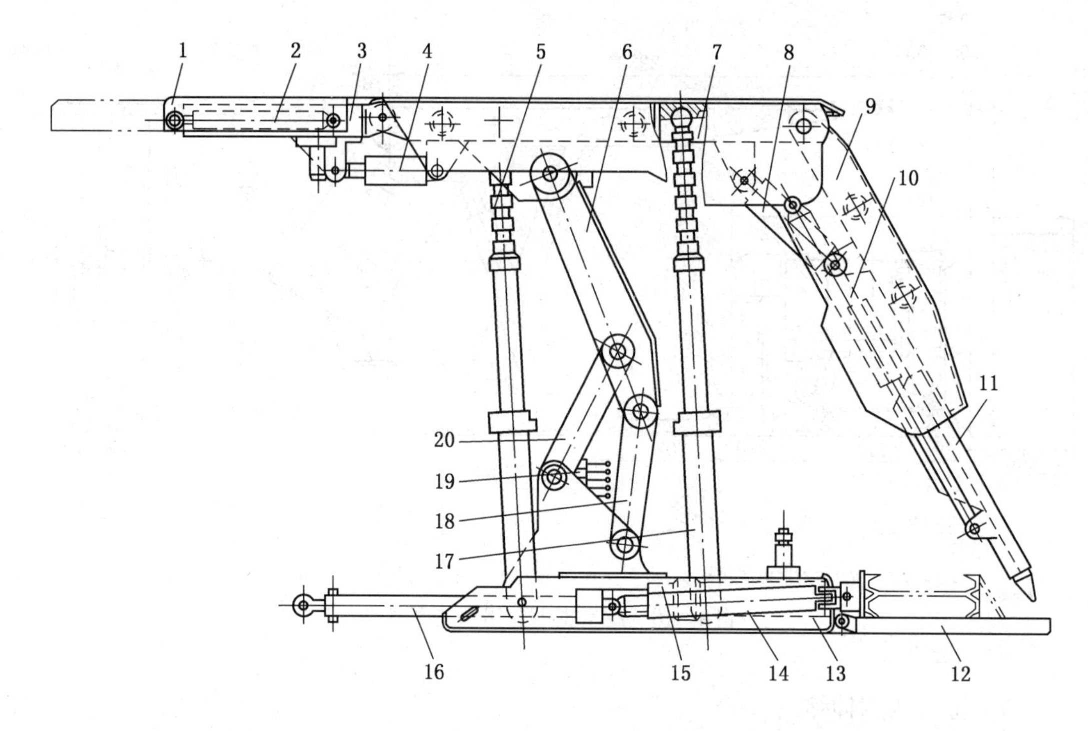

1—伸缩梁；2—伸缩梁千斤顶；3—前梁；4—前梁千斤顶；5—前立柱；6—上连杆；7—顶梁；
8—尾梁千斤顶；9—尾梁；10—放顶煤千斤顶；11—放顶煤板；12—托板；13—底座；
14—移后部输送机千斤顶；15—推移千斤顶；16—推杆；17—后立柱；
18—后连杆；19—操纵阀；20—前连杆

图 4－11　ZFS2800/14/28 型低位放顶煤液压支架

（2）顶梁前端铰接前梁，其上有外伸式缩梁；顶梁上有一个 100 mm × 120 mm、倾角为 65°的窗口，平时封闭，可用于煤不易垮落时进行打眼，人工强制放顶或注水处理火情，顶梁下部设有喷水装置。

（3）掩护梁又称尾梁，只与顶梁后部铰接，不与底座相连；它受尾梁千斤顶控制，可以上下摆动 30°角，以松动顶煤；其下部有液压控制的伸缩式放顶煤插板，可控制煤的排放和大块煤的破碎。

（4）底座为整体刚性底座，后部铰接有托板，用以铺设后部刮板输送机，以适应底板的起伏。

（5）顶梁和掩护梁都设有侧护板，用于架间密封和调架。

2. 中位放顶煤液压支架

中位放顶煤液压支架的放煤口设在掩护梁上，使用两部刮板输送机，且后部刮板输送机置于支架底座上。

中位放顶煤液压支架按其结构型式可分为两类，即单铰点中位放顶煤液压支架与四连杆中位放顶煤液压支架。

单铰点中位放顶煤液压支架的掩护梁通过销轴直接与底座连接，如图 4－12a 所示。目前这类产品主要有：FYS3000/19/28、ZFS4400/16/26、ZFS4000/19/28、ZFS5400/17/

26.5、ZFS6000/20/30 等。

四连杆中位放顶煤液压支架的掩护梁与底座采用四连杆连接，后输送机的纵向运动和放煤空间位于前后连杆之间，如图 4－12b 所示。目前这种产品主要有：ZFS4000/16/28、ZFS4400/19/28、ZFS4500/16/28 等。

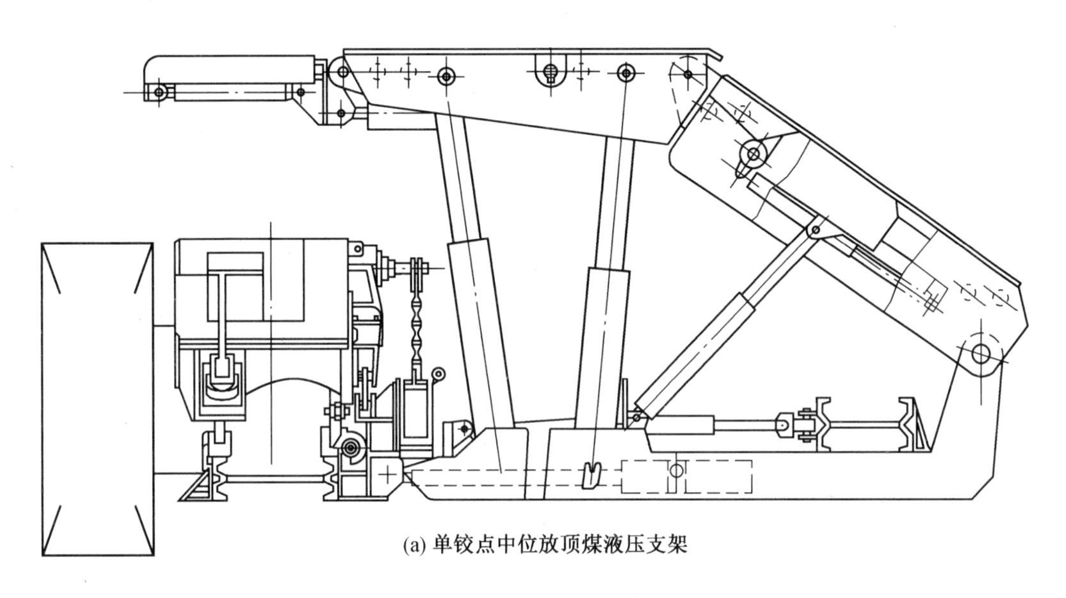

(a) 单铰点中位放顶煤液压支架

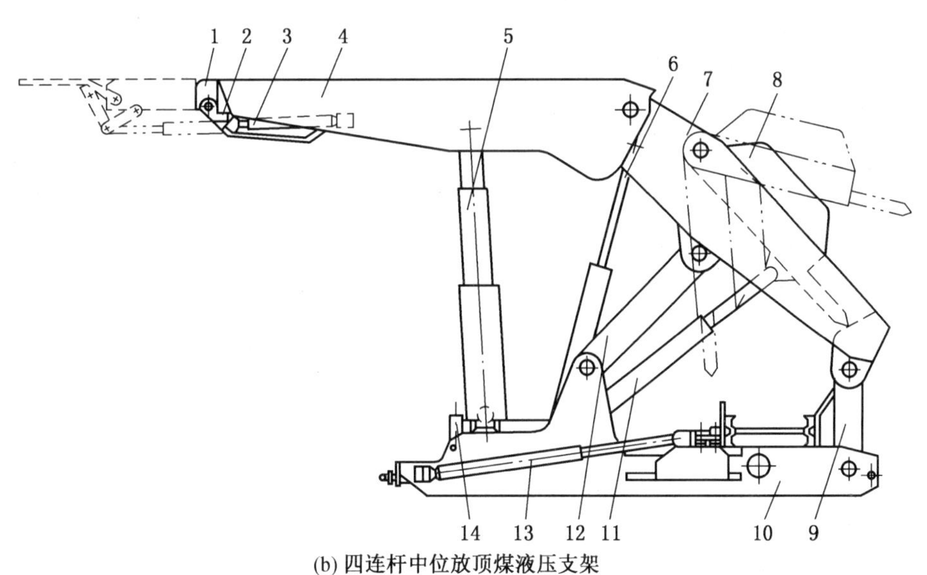

(b) 四连杆中位放顶煤液压支架

1—伸缩梁；2—护帮装置；3—护帮千斤顶；4—顶梁；5—立柱；6—后千斤顶；7—掩护梁；8—放煤槽；9—后连杆；10—底座；11—放顶煤千斤顶；12—前连杆；13—移后部输送机千斤顶；14—抬底座千斤顶

图 4－12 中位放顶煤液压支架

3. 高位放顶煤液压支架

高位放顶煤液压支架的放煤口设在掩护梁上，顶煤从放煤窗口通过滑槽流入输送机。

这种支架放顶煤与采煤机割煤共用一台输送机，如图 4 - 13 所示。

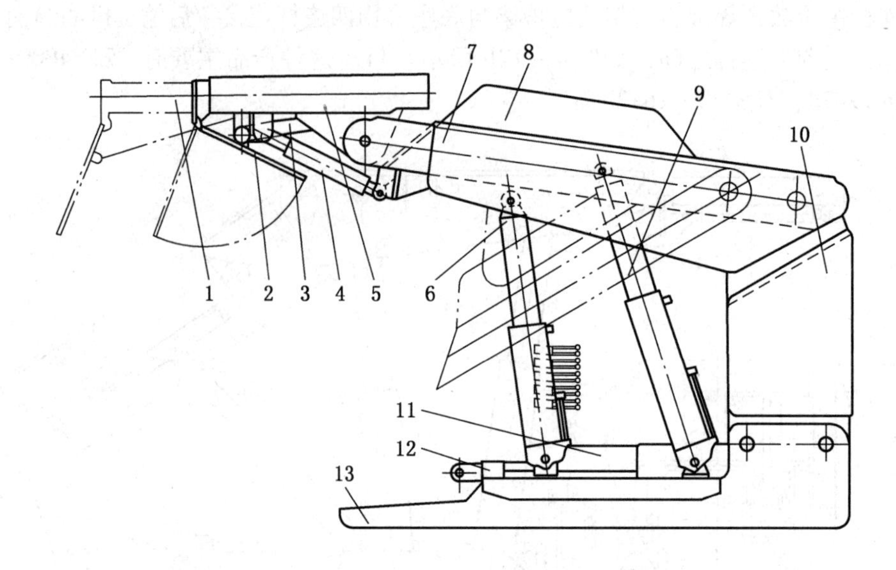

1—伸缩梁；2—护帮装置；3—护帮千斤顶；4—顶梁千斤顶；5—顶梁；6—前立柱；7—掩护梁；8—放顶煤天窗；9—后立柱；10—立梁；11—推移千斤顶；12—推杆；13—底座

图 4 - 13　ZFD4400/26/32 型高位放顶煤液压支架

高位放顶煤液压支架的结构特点：

（1）架型为单铰点插腿支撑掩护式支架，支架顶梁较短，有利于维护不稳定顶板，支架底座较长，对底板比压较小，只设置 1 台输送机。

（2）顶梁仅 1.5 m 长，整体箱形结构，为保持平衡安设平衡千斤顶，前端有内伸式伸缩前梁，可弥补单铰点支架梁端的变化，及时保护顶板，伸缩梁前端有护帮装置。

（3）底座为整体刚性底座。

（4）推移装置为反向框架式。

（5）在掩护梁上端有放顶煤窗口，由后立柱控制上下摆动，挤压垮落的顶煤，控制放顶煤窗口的大小。

（6）放顶煤天窗设有 3 个 ϕ140 mm 的钻孔口，当出现悬顶煤不落时，可打眼爆破强制放顶。

（7）掩护梁和底座后部有单侧直角式可活动侧护板，由千斤顶和弹簧控制，用于架间密封和调架。

第三节　液压支架的液压系统

下面以 ZY2000/14/31 型支架为例说明液压支架的液压系统。ZY2000/14/31 型支架的液压系统如图 4 - 14 所示。

一、液压系统的特点

（1）控制方式为手动全流量本架控制。

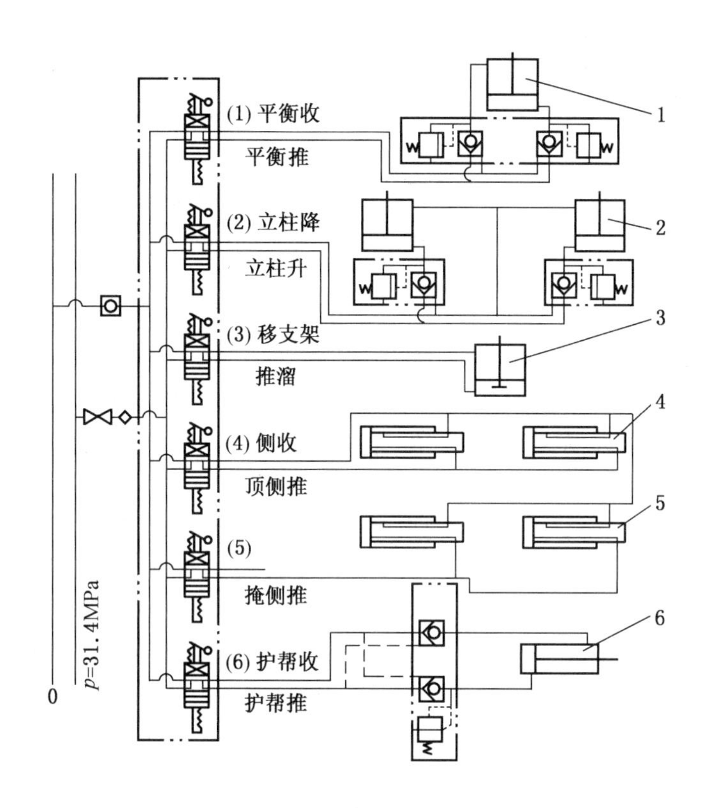

1—平衡千斤顶；2—立柱；3—推移千斤顶；4—顶梁侧推千斤顶；
5—掩护梁侧推千斤顶；6—护帮千斤顶

图 4－14 ZY2000/14/31 型支架液压系统

（2）液压主管路采用二线整段供液，供液压力管路 p 的压力为 31.4 MPa。

（3）各立柱和千斤顶由片式组合操纵阀构成简单换向回路，可以机动动作。

（4）立柱采用单向锁紧限压回路，平衡千斤顶采用双向锁紧限压回路，护帮千斤顶采用双向锁紧单侧限压回路。

二、支架的各个动作及其液路

该系统可完成立柱升降、推溜、移架、护帮板推出和收回、顶梁与掩护梁角度调整、侧护板推出和收回等动作。

1. 升柱

扳动立柱操纵阀（2）的手把，使其处于图示下部位置。这时，压力液直接打开两立柱液控单向阀，进入两立柱 2 的下腔，两立柱上腔的液体经操纵阀向主回液管回液，两立柱同时升起。

2. 降柱

扳动立柱操纵阀（2）的手把，使其处于图示上部位置，这时，压力液到两立柱液控单向阀后分两路：一路直接进入两立柱上腔，强迫两立柱下降；另一路打开闭锁下腔液路上的液控单向阀，使下腔液体经操纵阀回液，两立柱同时下降。

3. 推溜

扳动推移千斤顶操纵阀（3）的手把，使其处于图示下部位置。这时，压力液进入推移千斤顶 3 的活塞腔，推动活塞杆伸出推溜；活塞杆腔的液体经操纵阀回液。

4. 移架

扳动推移千斤顶操纵阀（3）的手把，使其处于图示上部位置。这时，压力液进入推移千斤顶的活塞杆腔，迫使活塞杆缩回移架；活塞腔的液体经操纵阀回液。

5. 推出护帮板

扳动护帮千斤顶操纵阀（6）的手把，使其处于图示下部位置。这时，压力液到液控双向锁，打开锁紧护帮千斤顶 6 活塞腔的单向阀，进入护帮千斤顶的活塞腔，推动千斤顶伸出；同时，压力液还将锁紧护帮千斤顶活塞杆腔的单向阀并打开，接通千斤顶的回液路，使活塞杆腔的液体经操纵阀回液，护帮千斤伸出，带动护帮板贴紧煤壁。

6. 收回护帮板

扳动护帮千斤顶操纵阀（6）的手把，使其处于图示下部位置。这时，压力液到液控双向锁，打开锁紧护帮千斤顶活塞杆腔的单向阀，进入护帮千斤顶的活塞杆腔，迫使千斤顶缩回；同时，压力液还将锁紧护帮千斤顶活塞杆腔的单向阀打开，接通千斤顶活塞杆腔的回液路，使活塞杆腔的液体经操纵阀回液，护帮千斤顶缩回，将护帮板收回。

7. 顶梁与掩护梁角度调整

（1）角度增大：扳动平衡千斤顶操纵阀（1）的手把，使其处于图示下部位置。这时，压力液到液控双向锁，打开锁紧平衡千斤顶活塞杆腔的单向阀，接通千斤顶活塞杆腔的回液路，使活塞杆腔的液体经操纵阀回液，平衡千斤顶伸出，使顶梁与掩护梁之间的角度增大。

（2）角度减小：扳动平衡千斤顶操纵阀（1）的手把，使其处于图示上部位置，这时，压力液到液控双向锁，打开锁紧平衡千斤顶活塞杆腔的单向阀，进入平衡千斤顶活塞杆腔，使平衡千斤顶缩回；同时，压力液还将平衡千斤顶活塞杆腔的单向阀打开，接通千斤顶活塞杆腔的回液路，使活塞杆腔的液体经操纵阀回液，平衡千斤顶缩回，使顶梁与掩护梁之间的角度减小。

8. 推出侧护板

推出侧护板必须在支架降下后进行，也就是说通过侧护板向上山或下山方向调整支架，须在该支架降下后进行。

扳动侧推千斤顶操纵阀（4）的手把，使其处于图示下部位置。这时，压力液直接进入顶梁两侧侧推千斤顶 5 的活塞腔，使千斤顶伸出；千斤顶活塞杆腔的液体经操纵阀（4）回液，掩护梁侧推千斤顶伸出，推出掩护梁侧护板。

9. 收回侧护板

扳动侧推千斤顶操纵阀（4）的手把，使其处于图示上部位置。这时，压力液同时进入顶梁和掩护梁侧推千斤顶的活塞杆腔，使四个侧推千斤顶缩回；千斤顶活塞杆腔的液体分别经操纵阀（4）和（5）回液，顶梁和掩护梁侧推千斤顶同时缩回，收回侧护板。

第二部分
初级液压支架工技能要求

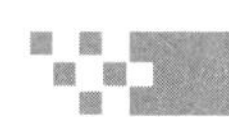

第五章

液压支架的使用与维护

第一节　液压支架的安装

液压支架体积大，部件重，占据通风断面大，一个综采工作面使用的架数又较多，因此，液压支架的下井准备、下井运输和工作面的安装等工作量十分繁重。其安装工期较长，对工程质量的要求也比较严格。

一、液压支架下井安装前的准备工作

（1）液压支架下井安装前，应设置专门的调度指挥机构，建立和培训安装队伍，并制订详细的安装计划，包括拆装搬运的方案、程序、人员分配、完成工期及技术措施等。

（2）检查液压支架的运送路线，即检查运送轨道的铺设质量、各井巷的断面尺寸、架线高度、巷道坡度、转弯方向、转弯半径等，以便设备运送时顺利通行。必要时应做模型车试行，以减少运送过程中的掉道、卡车、翻车等事故发生。

（3）新型支架下井前，必须在地面进行试组装，并和采煤机、刮板输送机、转载机、破碎机、液压支架联合运转；检查支架的零部件是否完整无缺，支架的立柱、各种用途的千斤顶、各种阀件是否动作灵活、可靠，有无渗漏现象等；验证支架与刮板输送机、采煤机的配合是否得当，以便采取相应的措施。

（4）准备好运送车辆、设备、安装工具等。

（5）检查工作面的安装条件，宽度不够要扩帮，高度不够应挑顶或卧底，并清扫底板。

二、液压支架的装车和井下运送

（1）液压支架下井一般应整体运输，当顶梁较长时也可将前梁分开运输。首先将支架降到最低位置，拆下前梁千斤顶；然后，将支架主进、回液管的两端插入本架断路阀的接口内，使架内管路系统成为封闭状态。凡需要拆开运送的零、部件应将其装箱编号运送，以防丢失或混乱。

（2）液压支架装车时应轻吊轻放，然后捆紧系牢。不得使软管或其他零部件露出架体外，以防运送过程中损坏。

（3）液压支架运送过程中应设专人监视。在倾斜巷道和弯道搬运时要注意安全，防

止出现跑车、掉道、卡车等运送事故。

（4）运送过程中，不得以支架上各种液压缸的活塞杆、阀件以及软管等作为牵引部位，不得将溜槽、工具等相互紧靠，以防碰坏这些部件。

三、液压支架的工作面安装

液压支架一般从工作面回风巷运入工作面。在工作面回风巷与工作面连接处应根据支架结构及安装要求适当扩大其巷道断面，以利于支架转向。当采用分体运输需在连接处安装前梁时，还需适当挑顶以便安装起重设备。液压支架送入工作面的方法主要有4种：

（1）利用工作面的刮板输送机运送液压支架。工作面先安装好刮板输送机，此时输送机先不安装挡煤板、铲煤板和机尾传动装置。在输送机中部槽上设置滑板，把液压支架用起重设备移放在滑板上，开动刮板输送机带动滑板至安装地点；再用小绞车将液压支架在滑板上转向，拉至安装处调整好位置，并与刮板输送机连接；然后，接上主进液管和主回液管，升起支架支撑顶板。第一架支架至此安装完毕。按此方法继续安装其他支架，待支架全部运送安装完毕后再逐步装好刮板输送机挡煤板、铲煤板、机尾传动装置等。应注意，利用工作面刮板输送机运送液压支架时会产生振动，使运送平稳性差，在倾斜工作面不能使用。

（2）利用绞车在底板上拖移液压支架。在工作面上下出口处，各设置一台慢速绞车。用起重设备将支架吊起后放到底板上并转向（当底板较硬时可直接用绞车拖拽；当底板较软时可在底板上铺设轨道，轨道上设置导向滑板）；用绞车将液压支架拖至安装地点；再用两台绞车进行转向，调整好位置；接通液压管路，将液压支架升起支撑顶板。这种运送方法简单，运送支架高度低，运送平稳，适用于各种工作面的运送，但运送设备较多，操作较复杂，运送速度慢。

（3）利用平板车和绞车运送液压支架。在工作面回风巷与工作面连接处设轨道转盘，并在工作面铺设轨道。当装有液压支架的平板车被拉入转盘后在其上进行转向，使其对准工作面轨道，利用绞车拉入工作面安装地点；然后通过两台绞车卸车并调好支架位置，接好液压管路，升起支架支撑顶板。这种运送方法适应性广，支架在工作面回风巷与工作面连接处转向时不需起吊，所用设备少，运送平稳，但运送高度较高，操作较难，并且要求工作面宽度大，以便平板车退出。

（4）利用船车和胶轮车运送支架及换车方式。根据目前采用的运送方式，除了上述几种方式以外，又设计了一种船车来运送支架，这种方式简化了液压支架在运送车上的固定，但要在井下设置组装硐室，支架送入硐室后进行组装或换车，整体下井的支架在组装硐室内通过起重设备进行换车，解体运送的支架须在硐室内进行组装，然后换车进行运送。此外，还可利用有轨胶轮车或无轨胶轮车（在近水平工作面也采用铲车）将液压支架送入工作面。

第二节　液压支架的使用与操作

为了保证综采工作面的稳产、高产，延长液压支架的使用寿命，必须由经过培训的专职支架工来操作液压支架。

一、操作前的准备

操作液压支架前，应先检查管路系统和支架各部件的动作是否有阻碍，要清除顶、底板的障碍物。注意管件不要被矸石挤压或卡住，管接头要用U形销插牢，不得漏液。

开始操作液压支架时，应提醒周围工作人员注意或让其离开，以免发生事故，并观察顶板情况，发现问题及时处理。

二、操作方式与顺序

综采工作面支护有立即支护和滞后支护两种方式，根据两种不同的支护方式，操作顺序为先移架后推溜或先推溜后移架。目前大多数综采工作面采用先移架、后推溜的立即支护方式。

1. 移架

在顶板条件较好的情况下，移架工作要在滞后采煤机后滚筒约1.5 m处进行，一般不超过3～5 m。当顶板较破碎时，移架工作应在采煤机前滚筒切割顶煤后立即进行，以便及时支护新暴露的顶板，减少空顶时间，防止发生顶板局部冒顶。对于高瓦斯矿井和较低的综采工作面，为了保证其通风断面，也可采用先推溜，后移架的滞后支护方式。此时，应特别注意与采煤机司机密切联系和配合，以免发生挤人、顶板垮落和割前梁等事故。

移架的方式与步骤首先根据支架结构来确定，其次是工作面的顶板状况和生产条件。

在一般情况下，液压支架的移架过程分为降架、移架和升架三个动作。为尽量缩短移架时间，降架时，当支架顶梁稍离开顶板就应立即将操纵阀扳到移架位置使支架前移；当支架移到新的支撑位置时，应调整支架位置，使之与刮板输送机垂直且架体平稳。然后，操作操纵阀，使支架升起支撑顶板。升架时，注意顶梁与顶板接触状况，尽量保证全面接触，防止点接触破坏顶板。当顶板凸凹不平时应先塞顶后升架，以免顶梁接顶状况不好，导致局部受力过大而损坏。支架升起支撑顶板后，也应蹩压一下，以保证支架对顶板的支撑力达到初撑力。

在移架过程中，如发现顶板卡住顶梁，不要强行移架，可将操纵阀手把扳到降架位置，待顶梁下降之后再移架。

根据顶板情况和支架所用的操纵阀结构，可采用下列方法移架：

（1）如果顶板平整，较坚硬，支架操纵阀有降移位置，可操作支架边降边移，等降移动作完成后，再进行升柱动作。这种方法降移时间短，顶板下沉量少，有利于顶板控制，但要求移架力较大。如果有带压移架系统，操作就更方便，控顶也更有效。

（2）如果顶板坚硬、完整，顶底板起伏不平时，可选择先降下支架后移架的方式。此方法使顶梁脱离顶板一定距离，拉架省力，但移架时间长。

总之，移架过程要适应顶板条件，满足生产需要，加快移设速度，保证安全。

2. 推溜

当液压支架移过8～9架后，约距采煤机后滚筒10～15 m时，即可进行推溜。推溜可根据工作面的具体情况，采用逐架推溜、间隔推溜或几架支架同时推溜等方式。为使工作面刮板输送机保持平直状况，推溜时，应注意随时调整推溜步距，使刮板输送机除推溜段有弯曲外，其他部分保证平直，以利于采煤机正常工作，减小刮板输送机运行阻力，避免卡链、掉链事故的发生。在推溜过程中，如出现卡溜现象，应及时停止推溜，待检查出原因并处理完毕后再进行推溜。不许强行推溜，以免损坏中部槽或推移装置，影响工作面正常生产。

三、液压支架使用中的注意事项

液压支架在使用中应注意如下事项：

（1）在操作过程中，当支架的前柱和后柱作单独升降时，前、后柱之间的高差应小于400 mm。还应注意观察支架各部分的动作状况是否良好，如管路有无出现死弯、蹩卡与挤压、破损等；相邻支架间有无卡架及相碰现象；各部分连接销轴有无拉弯，发现问题应及时处理，以避免发生事故。操作完毕后，必须将操作手把放到停止位置，以免发生误动作。

（2）在支架前移时，应清除掉支架内、架前的浮煤和碎矸，以免影响移架。如果遇到底板出现台阶时，应积极采取措施，使台阶的坡度减缓。若底板松软，支架底座下陷到刮板输送机溜槽水平面以下时，要用木楔垫好底座，或用抬架机构调正底座。

（3）移架过程中，为避免控顶面积过大，造成顶板冒落，相邻支架不得同时进行移架。但是，当支架移架速度跟不上采煤机前进的速度时，可根据顶板与生产情况，在保证设备正常运转的条件下，进行隔架或分段移架。但分段不易过多，因为同时动作的支架架数过多会造成泵站压力过低而影响支架的动作质量。

（4）移架时要注意清理顶梁上面的浮煤和矸石，以保证支架顶梁与顶板有良好的接触，保持支架实际的支撑能力，有利于管理顶板。若发现支架有受力不好或歪斜现象，应及时处理。

（5）移架完毕支架重新支撑顶板时，要注意梁端距离是否符合要求。如果梁端距太小，采煤机滚筒割煤时很容易切割前梁；如果梁端距太大，不能有效地控制顶板，尤其当顶板比较破碎时，管理顶板更为困难，这就对梁端距提出更高的要求。

（6）操作液压支架手把时，不要突然打开和关闭，以防液压冲击损坏系统元件或降低系统中液压元件的使用寿命。要定期检查看各安全阀的动作压力是否准确，以保证支架有足够的支撑能力。

（7）当支架正常支撑顶板时，若顶板出现冒落空洞，使支架失去支护能力，则需及时用坑木或板皮塞顶，使支架顶梁能较好地支撑顶板。

（8）液压支架使用的乳化液，应根据不同的水质选用适宜牌号的乳化油，并按5%的乳化油与95%的中性清水的比例配制乳化液。同时，应对所有水质进行必要的测定，不符合要求的要进行处理，合格后才能使用，以防腐蚀液压元件。在使用过程中，应经常对乳化液进行化验，检查其浓度及性能，把浓度控制在3%～5%之内。支架液压系统中，必须设有乳化液过滤装置。过滤器应根据工作面支架使用的条件，定期进行更换与清洗，以免脏物堆积造成阻塞。尤其在液压支架新下井运行初期，更应注意经常更换与清洗过滤器。

（9）液压支架在进行液压系统故障处理时，应先关闭进、回液断路阀，以切断本架液压系统与主回路之间的连接通路。然后将系统中的高压液体释放，再进行故障处理。故障处理完毕后，再将断路阀打开，恢复供液。主管路发生故障需要处理时，必须与泵站司机取得联系，待停泵后才可进行。

当工作面刮板输送机出现故障，需要用液压支架前梁起吊中部槽时，必须将该架及左、右邻架影响的几个支架推移千斤顶与刮板输送机连接销脱开，以免在起吊过程中将千斤顶的活塞杆蹩弯（垛式支架还应将本架与邻架的防倒千斤顶脱开），起吊完毕后将推移装置和防倒装置连接好。

（10）液压支架在使用过程中，要随时注意采高的变化，防止支架被“压死”，就是说活柱完全被压缩而没有行程，支架无法降柱，也不能前移。使用中要及早采取措施，进行强制放顶或加强无立柱空间的维护。一旦出现“压死”支架情况，有以下两种处理方法：

一是爆破挑顶。在用上述方法仍不能移架时，在顶板条件允许的情况下，可采用放小炮排顶的办法来处理。爆破要分次进行，每次装药量不宜过大。只要能使顶板松动，立柱稍微升起，就可拉架前移。

二是爆破拉底。在顶板条件不好，不适于挑顶时，可采用拉底的办法。它是在底座前的底板处打浅炮眼，装小药量进行爆破，将崩碎的底板岩石块掏出，使底座下降。当立柱有小量行程时，就可拉架前移。在顶板破碎的情况下，用拉底的办法处理压架时，为了防止局部冒顶，可在支架两侧架设临时抬棚。

（11）如果工作面出现较硬夹石层、断层或有火层岩侵入而必须爆破时，应对爆破区域内受影响的支架进行检查，爆破后应认真检查崩架情况。

第三节　操作规程及标准规定

一、液压支架工操作规程

（1）液压支架工必须熟悉液压支架的性能及构造原理和液压控制系统，能够按完好标准维护液压支架，懂得管理方法和本工作面作业规程，经培训考试合格并持证上岗。

（2）液压支架工要与采煤机司机密切合作。移架时如支架与采煤机距离超过作业规程规定，应要求停止采煤机。

（3）掌握好支架的合理高度：最小支撑高度应大于支架设计最小高度的 0.1 m，最大支撑高度应小于设计最大高度的 0.2 m。

（4）支架所用的阀组、立柱、千斤顶，均不准在井下拆检，可整体更换。更换前尽可能将缸体缩到最短，接头处要及时装上防尘帽。

（5）备用的各种液压软管、阀组、液压缸、管接头等必须用专用堵头堵塞，更换时用乳化液清洗干净。

（6）更换胶管和液压件时，只准在“无压”状态下进行，而且不准将高压出口对人。

（7）不准随意拆除和调整支架上的安全阀。

（8）操作时要掌握 8 项要领，要做到快、匀、够、正、直、稳、严、净。

二、液压支架操作质量标准

（1）初撑力不低于规定值的 80% 。

（2）支架要排成一条直线，其偏差不得超过 ±50 mm。中心距按作业规程要求，偏差

不超过 ±100 mm。

（3）支架与输送机垂直误差小于 ±5°。

（4）支架要垂直于顶底板，支架倾斜小于 ±5°，与顶板接触严密，不许空顶，如有空顶必须背好顶板。

（5）要及时移架，端面距最大值不大于 340 mm。

（6）支架顶梁与顶板平行支设，其最大仰、俯角小于 7°。

（7）支架完好，无漏液，不窜液，密封不失效。

（8）支架编号管理，两端有单体柱的也要编号管理。

（9）支架内无浮煤、浮矸堆积。活柱、柱缸上端平台和阀体无煤尘。

（10）相邻支架间不能有明显错差（不超过顶梁侧护板高的 2/3）。

第四节　液压支架常见故障分析

液压支架常见故障见表 5－1。

表 5－1　液压支架常见故障及其处理方法

部位	故障现象	故障原因	处理方法
管路系统	管路无液压，操作无动作	1. 断路阀未打开 2. 软管被堵死，液路不通，或软管被砸挤破裂泄液 3. 软管接头脱落或扣压不紧，接头密封件损坏，漏液 4. 进液侧过滤器被堵死，液路不通 5. 操纵阀内密封环损坏，高低压腔窜通	1. 打开断路阀 2. 排除堵塞物，更换损坏部分 3. 更换，检修 4. 更换，清洗 5. 更换，检修
立柱或前梁千斤顶	供液后不伸不降，或伸出太慢	1. 供液软管或回液管打折、堵死 2. 管路中压力过低或泵的流量较小 3. 缸体变形，上下腔窜液 4. 活塞密封圈破坏、卡死 5. 活塞杆弯曲变形、卡死 6. 操纵阀漏液 7. 液控单向阀顶杆密封损坏，泄漏	1. 排除障碍，畅通液路 2. 检修乳化液泵 3. 检修缸体 4. 更换密封圈 5. 更换活塞杆 6. 检修操纵阀 7. 更换，检修
	供液时活塞杆伸出，停止供液后自动收缩	1. 操纵阀关闭太早，初撑力不够，低压渗漏 2. 活塞密封件损坏，高低压腔窜通，失去密封性能 3. 缸体焊缝漏液或有划伤 4. 液控单向阀密封不严，阀座上有脏物或密封件损坏 5. 安全阀未调整好或密封件损坏 6. 高压软管或高压软管接头密封件损坏，漏液	1. 按操作规程操作 2. 更换密封件 3. 检修焊缝或缸体 4. 用操纵阀动作冲洗，无效时更换或检修 5. 重新调整或更换、检修 6. 检修该部位管道

表5－1（续）

部位	故障现象	故障原因	处理方法
立柱或前梁千斤顶	不能卸载或卸载后不收缩或收缩困难	1. 活塞杆或缸体弯曲变形憋死或划伤 2. 柱内密封圈反转损坏，或相对滑动表面间被咬死 3. 液控单向阀顶杆折断，弯曲变形，或顶端粗缩，阀门打不开 4. 液控单向阀顶杆密封件损坏，泄漏 5. 高压液路工作压力低或阻力大，单向阀打不开 6. 回液路截止阀未打开，或回液路堵塞 7. 回液管截止阀、顶杆或密封圈损坏 8. 立柱内导向套损坏	1. 更换，检修 2. 更换，检修 3. 更换，检修 4. 更换密封件 5. 检查泵站及液压系统，找出原因，进行处理 6. 打开截止阀或找出堵塞处，进行处理 7. 更换损坏件 8. 更换导向套
	缸体变形	1. 安全阀堵塞，缸体超载 2. 外界碰撞	1. 检修安全阀 2. 更换缸体
	导向套漏液	密封件损坏	更换，检修
推移千斤顶	供液后无动作或动作缓慢	1. 活塞密封件损坏，高低压窜液 2. 活塞杆弯曲变形或焊接处断裂 3. 控制阀、交替逆止阀或液控单向阀的密封不严，有脏物卡着或密封件损坏 4. 进液管路压力低、阻力大，或回液管路堵塞 5. 采煤机割出台阶，或支架、输送机靠煤壁侧有矸石、大块煤 6. 千斤顶与支架连接销或连接块折断	1. 在一定难以确定故障原因是阀还是缸的情况下，可将有疑问的千斤顶上的软管拆下，与邻架正常的阀组对调操作，进行判断 2. 确定故障原因后，拆换损坏件，进行检查，由外部原因引起时，则清除杂物
	导向套漏液	密封圈损坏	更换，检修
	邻架移架时，本架不供液的推移千斤顶随之动作	推溜回路的液控单向阀密封不严	更换密封零件或密封圈
操作阀	手把处于停止位置时，阀内能听到“咝咝”声响，或油缸有缓慢动作	1. 阀座等零件密封不好 2. 密封圈或密封弹簧损坏 3. 阀内有脏物卡住	1. 更换密封零件 2. 更换密封阀或弹簧 3. 先动作冲洗几次，无效时更换清洗
	手把打到任一动作位置时，阀内声音较大，但油缸动作缓慢或无动作	操纵阀高低压腔窜液	更换密封零件或密封圈

表5-1（续）

部位	故障现象	故障原因	处理方法
操纵阀	操纵阀手把周围漏液	阀盖螺钉松动，密封不严或密封件损坏	更换，检修
	手把转动费力	1. 滚珠轴承损坏 2. 转子尾部变形 3. 卸压孔堵塞	1. 更换，检修 2. 更换，检修 3. 清洗或疏通
安全阀	不到额定压力即开启	1. 未按额定压力调定或弹簧疲劳 2. 阀垫损坏或有脏物卡住，密封不严	1. 重新调定，更换弹簧 2. 更换，检修
	降到关闭压力不能及时关闭，立柱继续降缩	1. 内部有蹩卡现象或密封面黏住 2. 弹簧损坏	1. 检修 2. 更换弹簧
液控单向阀	阀门打不开，立柱不能收缩	阀内顶杆折断、弯曲变形或顶端粗缩	更换，检修
	渗液引起立柱自动下降	弹簧疲劳或顶杆歪斜，损坏了阀座	更换，检修
液压阀	测压阀滚花螺母打开时，漏液严重，立柱随着下缩	1. 钢球和阀座密封件间的密封面损坏 2. 阀座上有脏物卡着	1. 更换，检修 2. 检修

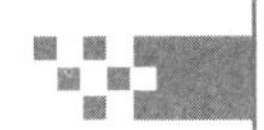

第六章

端头支护技术

第一节　端头液压支架

工作面两端及与工作面进风巷和回风巷连接处是综合机械化采煤工作面十分重要的顶板控制地段，对这一地段顶板控制的好坏直接影响综采工作面的正常生产。因此，发展和完善这一地段的支护设备是煤矿生产全部机械化、自动化的需要。

目前，在工作面两端及与工作面进风巷和回风巷连接处使用的支护设备有以下几种：

第一，工作面锚固支架与端头支架配合使用，即工作面头、尾各设置两架锚固支架，除支护工作面两端顶板外，兼有锚固和推移输送机机头、机尾的作用。端头支架支护工作面两端与工作面进风巷和回风巷连接处的顶板，也可设置推移转载机的装置。该支架移架由自身独立完成（或与转载机配合互为支点前移）。

第二，工作面锚固支架或端头支架独立完成支护顶板、锚固和推移输送机及转载机的任务。这要在工作面两端与工作面进风巷和回风巷连接处的顶板压力较小的情况下才适用。

第三，工作面锚固支架与单体液压支柱配合使用，即单体液压支柱支护工作面两端与工作面进风巷和回风巷连接处的顶板。

由于端头的支护设备工作在采煤工作面的上下出入口，此处设备多，顶板悬露面积大，采场压力集中，又是工作人员的安全出口。因此，要求支护设备能充分支护这一地段较大面积的顶板，要有较大的支撑能力，并要维护较大的工作空间，以确保工作面上下出入口的安全畅通。除此之外，还要求支护设备具有锚固和推移输送机及转载机的作用。

一、端头液压支架的结构型式

目前使用的端头液压支架有如下几种型式：

1. 垛式锚固支架

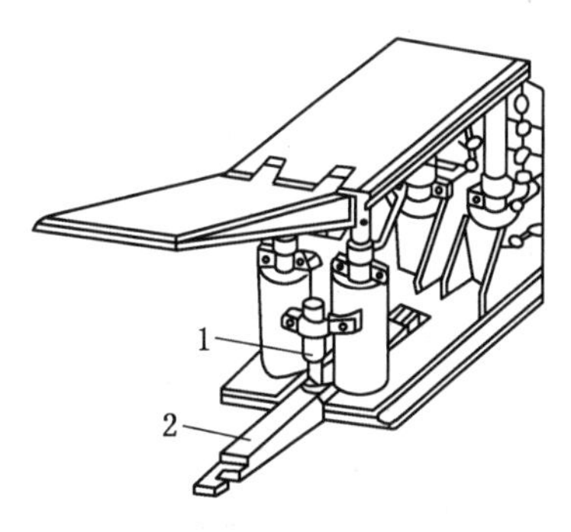

1—锚固千斤顶；2—推移千斤顶

图 6－1　垛式锚固支架

垛式锚固支架的结构如图 6－1 所示。其基本结构和工作原理与同类垛式支架相同，只是在支架前座箱中间位置增设了一个锚固千斤顶。锚固支架用于工作面两端头，每端各两架。工作时，利用锚固千斤顶压紧与刮板输送机头尾连接的推移千斤顶，从而使支架、推移千斤顶和刮板输送机的机头或机尾连成一个半刚性机构，以减少刮板输送机在移设机身时因工作面倾角大而产生下滑。为了使推移千斤顶与底板有较大的接触面积，提高摩擦力，增加防滑能力，在推移千斤顶缸体外套装了矩形缸套。

2. 框式锚固支架

框式锚固支架又称双柱锚固器，它由两根立柱、一个整体顶梁和一个整体底座组成，如图 6－2 所示。该支架布置在工作面刮板输送机机头或机尾处。刮板输送机的机头或机尾伸入锚固支架中间，用固定螺栓连接在底座的连接板 4 上。这种锚固支架本身没有设置推移装置，需与端部支架配合使用。当移设刮板输送机的机头或机尾时，将框式锚固支架降下，移设完毕后，框式锚固支架升起支撑顶板，使刮板输送机得以固定。利用框式锚固支架固定工作面刮板输送机比用垛式锚固支架靠锚固千斤顶压紧推移千斤顶的锚固效果好，并可减少推移千斤顶的损坏。

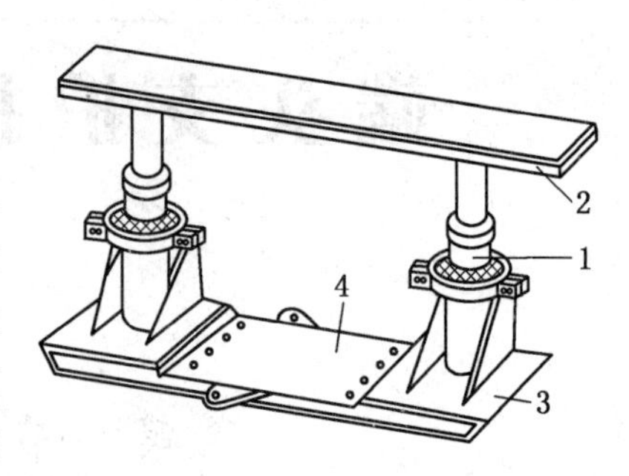

1—立柱；2—顶梁；3—底座；4—连接板

图 6－2　框式锚固支架

3. 迈步式端头支架

如图 6－3 所示为迈步式端头支架。该支架由两个框架并列支撑。两框架间上部装有导向装置 1，下部设有移架千斤顶 2，使两框架组合成一个支架。移架千斤顶的缸体与主架固定，活塞杆与副架固定。移架时，首先降副架，主架支撑顶板，操作千斤顶使其活塞杆伸出，以主架为支点，推动副架前移。导向装置和千斤顶限位装置限定了副架前移的方向。副架前移到新的工作位置后，升柱并支撑顶板。然后，降主架，使千斤顶活塞杆缩回，拉动主架沿导向装置前移。

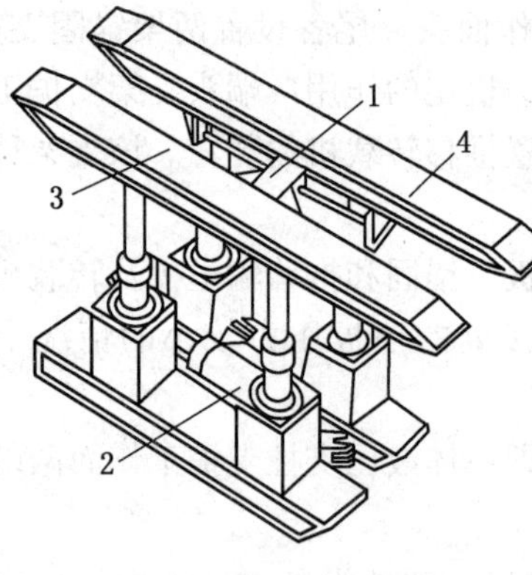

1—导向装置；2—移架千斤顶；
3—主架；4—副架

图 6－3　迈步式端头支架

这种迈步式支架用于工作面两端与工作面进风巷和回风巷的连接处，没有锚固和移设输送机的机构，只能起支撑顶板的作用，故在使用时常需与锚固支架配合。在顶板较破碎的情况下，这种支架常发生单框架支撑顶板现象，致使移架困难。实际上，由于端头顶板压力较大，出现顶板破碎的机会较多，所以该端头支架在实际使用中受到一定的限制。

4. 支撑掩护式端头支架

支撑掩护式端头支架如图 6－4 所示。该支架布置在工作面进风巷端，用于支护工作面进风巷与工作面连接处的顶板，以及隔离采空区，防止矸石进入工作区间，并能自动前移和推移转载机及刮板输送机机头。该支架每组由两架结构相同的支撑掩护式支架组成，两架支架并列布置。

该支架的顶梁是由前梁和主梁铰接而成的。前梁较长，由前排立柱 15 支撑，能够承

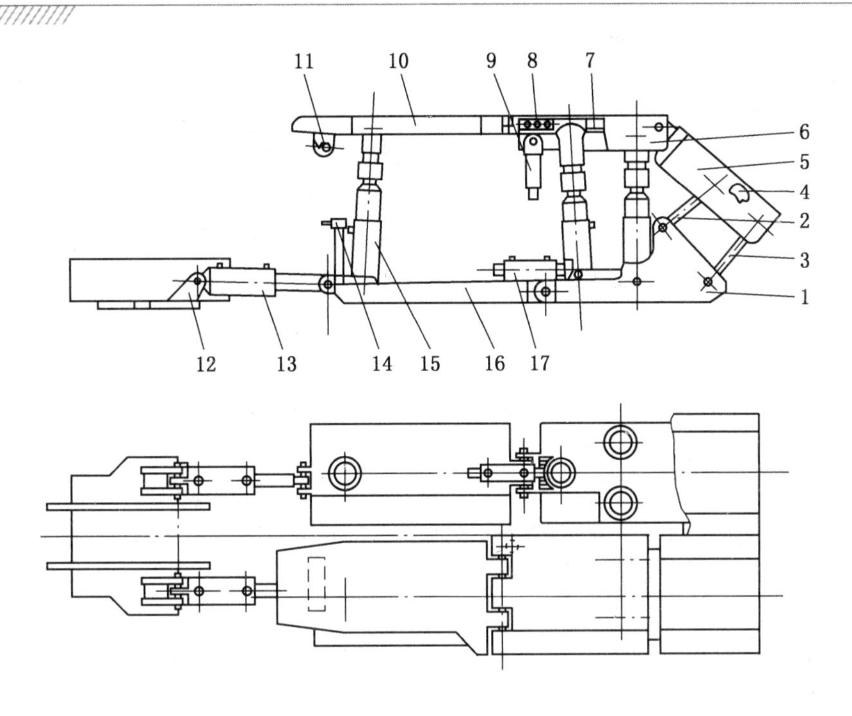

1—底座；2—前连杆；3—后连杆；4—掩护梁；5—掩护梁侧护板；6—顶梁侧护板；7—主梁；
8—侧推千斤顶；9—锚固千斤顶；10—前梁；11—调整千斤顶；12—前托座；
13—推移千斤顶；14—操纵阀；15—立柱；16—滑移底座；17—推机头千斤顶

图 6-4 支撑掩护式端头支架

受巷道内部超前压力，减小顶板的超前破碎，有效地维护巷道的顶板；并相对主梁上下摆动，以适应顶板的变化和便于回收工作面巷道内木棚梁。主梁由三根立柱支撑，其后端与掩护梁光滑铰接，具有较大的承载能力和一定的切顶性能。四连杆机构可使支架形成稳定结构，承受水平载荷，以防立柱受横向力而弯曲。掩护梁以及侧护板能有效地防止采空区矸石窜入支架内工作空间。支架底座由前、后两部分铰接而成，以适应底板的起伏变化。前端底座装有前立柱 15，并在其上面安放有转载机机尾和与转载机机尾搭接的工作面刮板输送机机头。为使在转载机移动时具有一定的导向作用和工作面刮板输送机机头保持一定的授煤高度，将两架支架的底座以中心对称制成凹形，构成中间凹槽。由于转载机机尾沿中间凹槽滑移，故称前端底座为滑移底座。滑移底座的前端连接有推移千斤顶 13，推移千斤顶的另一端与前托座 12 连接。转载机安置在前托座 12 上，并与之固定。后端底座上除安放中柱和后柱外，还在其中一架支架上安置了推机头千斤顶 17，用于推动工作面刮板输送机机头前移。为了防止刮板输送机在推移过程中下窜，不能与转载机正常搭接，在安置推机头千斤顶的支架顶梁上悬挂有锚固千斤顶 9，用以锚固刮板输送机机头。在左、右两架支架的前梁间安设有调架千斤顶 11，主要作用是调整顶梁之间的距离及支架顶梁与顶板的角度。

二、端头支架的作用与工作过程

端头支架是与工作面中间支架配套的综采支护设备。由工作面支架、工作面进风巷端头支架、工作面回风巷端头支架组成了工作面的全封闭支护。端头支架的主要作用是：支撑工作面端部的顶板，承受一定的超前压力，保证工作面上下出口的畅通和有足够的通风断面，保证行人和设备运送的安全，锚固工作面刮板输送机，有效地防止刮板输送机和工作面支架下滑，保证工作面刮板输送机与工作面巷道转载机的正常搭接关系，推移转载机前移。端头支架的工作过程由几个基本动作组成，即支架的升降、推移刮板输送机机头或支架自移和推移转载机等。现以图 6 - 4 所示端头支架为例进行说明。

1. 支架的升降

该支架的前柱、中柱、后柱各由一个操纵阀控制。通过操作各立柱的操纵阀，既可控制端头支架的升、降运动，还可以使前梁与主梁的支承面形成上凸或下凹，以适应顶板的变化以及回收巷道木棚架的要求。

当支架的顶梁接顶后，支架产生初撑力来支撑顶板，立柱液控单向阀关闭，将立柱活塞腔液体封闭。当顶板下沉时，立柱活塞腔液体受压，液压力增高，支架承载增阻。当压力超过安全阀的调定值后，安全阀便开启泄压，立柱回缩，直至回复到额定工作阻力为止。

2. 推移转载机

推移转载机时要求支架处于支撑顶板状态。以支架为支点，操作操纵阀向两支架的推移千斤顶同时供压力液，压力液通过两个液控单向阀分别进入两个推移千斤顶的活塞杆腔，两个推移千斤顶的活塞杆腔通过操纵阀回液。这时两个推移千斤顶活塞杆同时伸出，推动前托座连同转载机向前移动。由于两个推移千斤顶的推力相同，动作同步，因而可保证转载机运动平稳、前移可靠。

3. 推移工作面刮板输送机机头

工作面刮板输送机机头安装在左或右端头支架的底座上。当刮板输送机机头需要前移时，首先操作操纵阀使锚固千斤顶缩回，然后操作操纵阀向端头支架上的推机头千斤顶 17 供压力液，使推机头千斤顶的活塞杆伸出，推动输送机机头前移。输送机机头前移后，应立即前移端头支架，然后用锚固千斤顶将刮板输送机机头锚固，以防推移中部槽时输送机下滑。

4. 支架的前移

端头支架的前移是两架支架交替动作。动作过程如下：

（1）将左端头支架支撑顶板，由于左端头支架推移千斤顶活塞杆腔的液体被封闭，所以已伸出的活塞杆连同转载机固定不动。

（2）将右端头支架降架离顶，并操作右端头支架推移千斤顶的操纵阀，使推移千斤顶缩回，以转载机为支点，拉动右端头支架前移到新的位置。然后升起右端头支架，使其支撑顶板，作为左端头支架移架的支点。

（3）将左端头支架降架离顶，操作操纵阀使左端头支架的推移千斤顶活塞杆缩回，拉动左端头支架前移。在左端头支架移动过程中可用调架千斤顶随时调整支架位置。两架支架移完后，伸出锚固千斤顶将工作面刮板输送机机头固定住。

三、综采工作面端头支护工作业标准

1. 操作前的准备

（1）作业前检查作业现场顶帮是否稳定，用敲帮问顶来判断内外煤帮及支架前梁附

近顶板有无离层、片帮危险，周围环境有无影响售货员作业、安全等因素，发现问题及时处理。

（2）试验回柱绞车是否正常和信号性能是否可靠。

2. 使用绞车回撤端头支架

（1）回撤工字钢棚，应距工作面推进距离1～2架进行。

（2）人工将绳头拖至工字钢棚附近，注意绳道上是否有人员及障碍物。

（3）用40型小链或专用工具将所需回撤的工字钢棚内帮棚腿套住与绞车绳头连接。

（4）人工松动并抽掉所回撤工字钢棚的背帮、绞顶材料及棚间撑木，尽可能使棚周围松动。

（5）一名端头工站在安全位置，观察现场并负责指挥，另一名端头工站在安全地点，进行监护并操作绞车信号。

（6）由负责指挥的端头工发出口令，负责操作信号的端头工用规定铃语向绞车司机发出开车信号，绞车应点动启动，使钢丝绳由松到紧，逐渐将棚拉倒。

（7）拉棚时，每次只能拉倒一架，拉棚过程中发现所拉棚有可能带倒其他棚或顶住设备时，要立即打信号停车，由人工及时处理。

（8）回撤掉工字钢棚后，要根据顶帮情况做好临时支护和避帮措施。

3. 人工回撤

（1）巷道压力较小，工字钢棚易松动时，可用单体柱在靠近工字钢棚头处垂直升柱，将顶梁顶起，使棚接口脱开，人工回掉松动的棚腿，再用长把工具落下单体柱使顶梁掉下。

（2）作业时应先采用人工回撤工字钢棚，人工回撤困难或不可能时，再采用绞车拉棚或其他方法回棚。

4. 回撤单柱

（1）回撤单体柱应随工作面推进逐根回撤，内帮在超前工作面煤壁1～2 m处，外帮在端头支架前后1 m范围内进行。

（2）端头工用长把工具操作三用阀放液，使单体柱缓缓落下，一般要使单体柱活柱缩回后停止，另一名端头工双手扶柱以防倒柱。

（3）两名端头工配合将单体柱拔起，并抬到指定地点备用。

5. 回撤大板

根据作业规程要求决定是否回撤大板，回撤大板可与落柱同时进行，不回撤时应先用端头架或其他方法挑住大板，再落单体柱。

6. 移端头支架

（1）转载机推出后，端头工迅速清理底板浮煤杂物，检查整理受影响的各种管线，以便移端头架。

（2）按移架工作标准操作规程落架、移架。升架时要先升平前梁，再升后立柱。用普通架作端头架时，移完架后，应将防片帮板打平。

（3）工作面底板不平，端头架需吊架前移时，可先用单体柱将支架前梁顶住，再落架，等支架底座吊离底板达到所需高度，支垫好，回去单体柱，前移支架，最后升架。

（4）端头架移设时，要注意及时摆架，保证支架正常接顶。

（5）对于架间空隙较宽的要及时按照规程要求补架大板棚支护。

7. 打压溜柱

（1）机头（尾）推出并移出端头支架后，端头（尾）维护工及时清理机头（尾）架底座上及前方的浮煤，使底座露出。

（2）压溜柱必须上戴柱帽，下压底座。

8. 单体液压支柱支护

（1）支护时必须两人配合作业。一人将支柱对号入座，支在实底（或木鞋）上，并手心向上抓好支柱手把，扳动注液枪冲洗阀嘴，内注式支柱插上摇柄上下摇动，将支柱升起。

（2）另一人查看顶板，扶好顶梁和水平销，防止水平销从顶梁缺口掉下砸人。

（3）柱子升紧前把顶梁调正，使之垂直煤壁。柱与柱要用绳拴好，防止自动倒柱伤人。

（4）注液枪用完后应挂在支柱手把上，禁止将注液枪抛在底板上，禁止用注液枪砸三用阀，同时禁止注液枪高压管缠绕打结或被煤矸埋住。

9. 超前支护

（1）对超前支护达不到规定要求的，必须按作业规程要求，加强支护规定距离范围的巷道顶板支护。

（2）在超前支护 20 m 内有断梁折柱的必须更换，有掉口的必须修理。

（3）根据顶板压力情况，打柱或架棚按作业规程或补充措施及时加强超前支护。

（4）打柱要到实底，必须穿鞋，柱顶和顶梁要严密结合，要迎山有力。

（5）超前支护需要架棚，按作业规程的规定程序和操作方法逐架架棚。

第二节　端头支架的铺网与联网

一、机械化铺网液压支架

机械化铺网液压支架使用于厚煤层的分层开采上分层，它除了具有普通液压支架所具有的支撑和管理采煤工作面顶板、隔离采空区、自动移架和推进刮板输送机等功能外，还可实现机械化铺网及联网，不仅能为下分层铺设可靠的人工假顶，而且可改变传统的人工铺、联网状况，节省人力，减轻工人的劳动强度，提高产量和效益。

图 6－5 所示是几种典型的机械化铺网液压支架。图 6－5a 所示为架前铺网支架，网

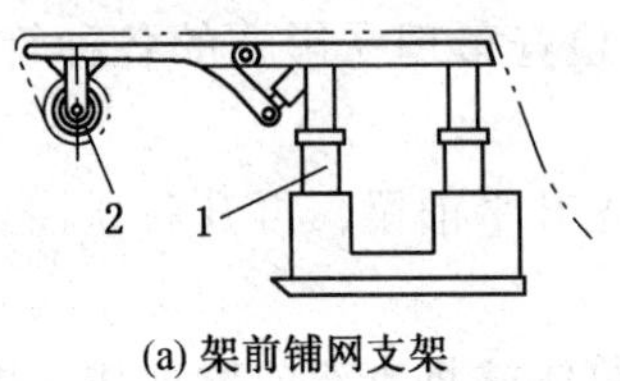

(a) 架前铺网支架

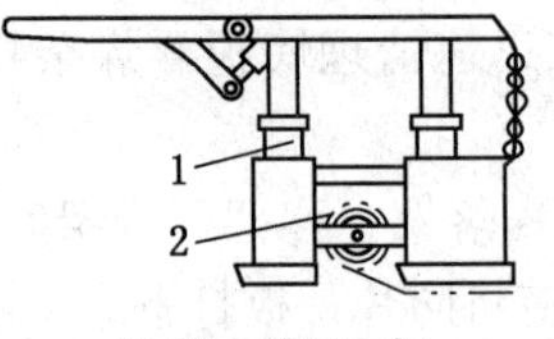

(b) 架中铺网支架

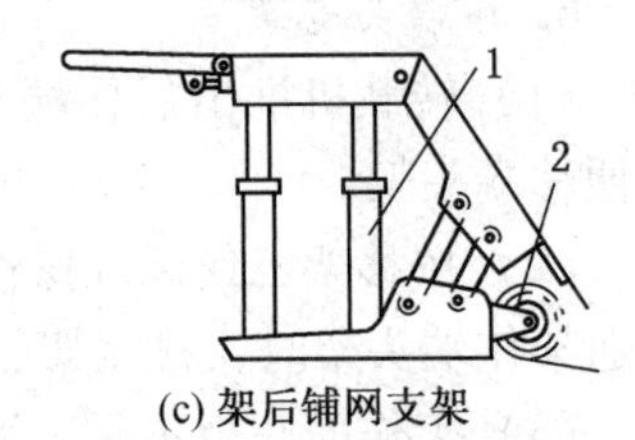

(c) 架后铺网支架

1—支架；2—金属网卷

图 6－5　机械化铺网液压支架

架设在前梁上，金属网从顶梁上面铺开，这种铺设方法省时、安全，但操作较费力。图6-5b所示为架中铺网支架，网架设在底座中间，金属网由后座箱中间铺开，这种铺设方法操作省力，但支架底座的结构需有较大改动。图6-5c所示为架后铺网支架，网架设在底座后端，金属网不经过顶梁或底座，这种铺设方法省时、省力，但安全性不如架前铺网支架。以上三种铺网支架一般只能铺一层，因为金属网的强度较低，为了使假顶更可靠，需加铺型钢、钢带、竹笆等假顶材料。

二、铺网方式

1. 搭接铺网方式

经纬网一般采用搭接铺网方式，由于网宽度窄（≤1 m），因此除支架本身带的网卷外，在每两架中间都有一搭接网卷。网的搭接量一般为200 mm左右。由于搭接网卷在两架底座之间，因此网卷轴两端分别与相邻两架底座用链条连接，移架时网卷要前后摆动，影响网的搭接量。用这种方式铺网时网的搭接损耗量约为26%～33%，如图6-6所示。

2. 宽网铺设方式

菱形网一般采用宽网铺设方式，如图6-7所示，每架带一卷网。搭接量约200 mm，相邻支架的网卷以上下或前后交错排列的方式布置。网卷与工作面平行。用这种铺网方式，网的搭接损耗量约为13%。

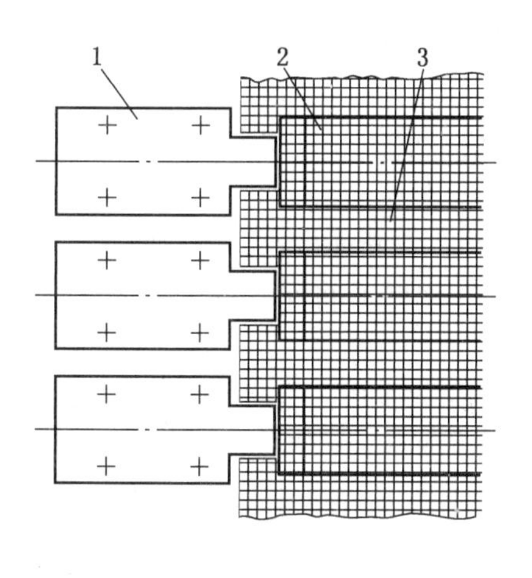

1—支架；2、3—金属网

图6-6　搭接铺网方式

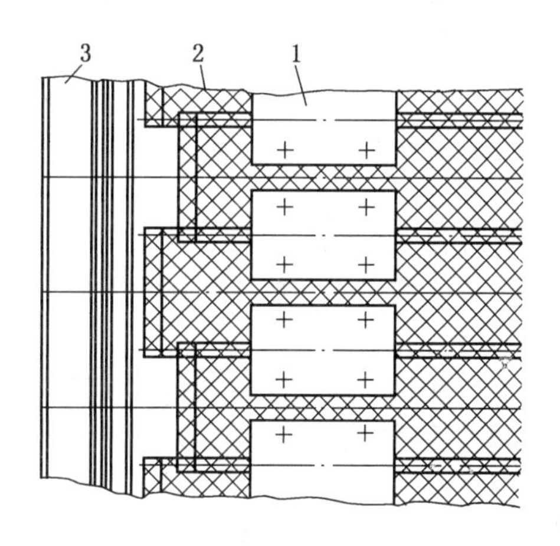

1—支架；2—金属网；3—输送机

图6-7　宽网铺设方式

三、铺网操作规程

（1）凡属铺网工作面必须在开采时割第一刀煤之前，将液压支架前梁降下，把金属网铺到前梁上，其宽度不少于0.5 m，剩余宽度垂挂在前梁端头。

（2）铺网工序应在移架、推移输送机停止以后，按以下程序进行：联网、扎结、挂网、放网。要坚持两人一组配合操作，保证金属网铺平、铺齐。

① 联网：新金属网压在垂挂旧金属网的煤壁侧，其搭接长度按铺网层数要求不同

分为：

单层网：沿走向搭接200 mm，倾斜搭接300 mm。

双层网：沿走向搭接网宽为网的1/2，倾斜搭接300 mm。

② 扎结：使用联网钩把联网丝钩住、拧紧，联网丝一般使用16号铁丝，接头压平，其扎结按两片网的边线双排三角形布置，扎结点间距沿走向以搭接长度为准，沿倾斜间距不超过200 mm。

③ 挂网：支架前梁下要设挂网钩，每次联网之后，必须及时将网折挂在前梁下，以便采煤机沿顶正常割煤，防止采煤机挂网。

④ 放网：采煤机过后，将折挂在前梁下的金属网放下，为移支架做好准备。

（3）移架联网后，垂挂在煤壁侧的金属网要有一定的余量，对于其垂挂长度有护帮板功能的支架，一般以采高的1/2为宜，对于无护帮板功能的支架，一般以采高的3/5为宜。

四、综采工作面联网工作业标准

1. 作业前准备

（1）联网工接班组长工作命令后，联网人员要根据预测用网量，从存网地点，将网人工运至用网地点。

（2）运网行走时，应该注意路面及沿途支护情况，防止绊倒和网卷伤人。

（3）运网到用网地点后，网卷要妥善堆放，不得妨碍作业与行人，架后铺底网的联网人员应用尖锹将联网区域的浮煤、杂物清理好。

（4）需要提前预展、预铺、预挂、预吊网时，要提前做好各项准备工作。

2. 铺联架上顶网

（1）联网人员将网钩插入网固定丝内，旋转网钩，拧断连接丝，解开网卷。

（2）人工将网卷靠放在挡煤板外侧行人道上，并用铅丝将网卷的一头固定在挡煤板上，然后展网。

（3）人工向前滚动网卷，将其在挡煤板外行人道上铺开，然后将所需联的网调好位置，并同上片网用锅丝间隔1.0～1.5 m临时联结至一体。

（4）人员站在靠支架一侧进行作业，按要求，使相邻两网短边搭接不少于300 mm，长边按规程要求进行搭接或对接，接头必须全部孔孔连接牢固。

（5）左手拿网丝，右手持网钩，用右手拇指、食指将网丝从中间对折，左手将网线从所联网边孔插入上片网边孔，用网钩钩住网丝头与网丝尾同压在网钩内，旋转2.5周扭结牢固，同时压住上一网丝尾，逐扣梳理成辫。

（6）将网丝余头向前进方向压下，抽出网钩，按上述程序向前依孔联结。

（7）要及时将连好的网进行吊挂，至少由3人合作，用长的铅丝（铁丝）将连好的牢固地吊挂在支架上。

3. 铺联架后底网

（1）人工铺联架后底网，联网人员要先将网卷解开，并沿工作面水平方向展开，按规程要求将网边接好，使相邻两块网的短边搭接长度不少于300 mm，长边按规程要求进行搭接或对接，所接的网边应全部孔孔拧结2.5周，使其牢固结实。

（2）用机械铺联架后底网，要事先检查挂网装置，及时连接网卷，严格按规程要求进行搭接和联结。

（3）铺联塑料网时，联网绳（5～6 m/根）穿联绳头，扭结在两块网的边孔内至少3次。

（4）工作面端头的铺联网，要严格按规程要求铺到头、联好，联网人员每联一趟后，必须及时经验收员验收，有问题及时补联和处理。

4. 特殊情况的处理

（1）当工作过程中发生冒顶、死架、支架倾斜、压溜、更换大件、机组电缆履带拖、卡等特殊情况时，要及时向班组长（跟班队干）汇报，并积极协助处理。

（2）工作面的初采铺网、停采上顶网及遇到特殊地质构造时的铺联网，要严格按规程要求执行。

（3）如工作面有坠包、托包、撕网现象时，要配合移架工按操作规程及时处理。

第三部分

中级液压支架工知识要求

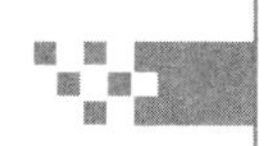

第七章

图样的基本表示方法

机件的结构形状是多种多样的，有的用前面介绍的三个视图还不能表达清楚，还需要采用其他表达方法。为此，国家标准《技术制图》和《机械制图》中规定了视图、剖视图、断面图等基本表示法，只有熟悉并掌握这些基本表示法，才能根据机件不同的结构特点，完整、清晰、简明地表达机件的各部分形状。

第一节　机件外部形状的表达——视图

视图是根据有关国家标准和规定用正投影法绘制的图形。在机械图样中，主要用来表达机件外部结构形状，一般仅画出可见部分，必要时才用虚线画出不可见部分。视图的基本表示法应遵循 GB/T 17451 的规定。

视图包括基本视图、向视图、局部视图和斜视图四种。

1. 基本视图

将机件向基本投影面投射所得的视图称为基本视图。在原有 3 个投影面的基础上，再增设 3 个互相垂直的投影面，构成一个正六面体，六面体的 6 个面称为基本投影面，如图 7－1a 所示。机件分别由前、后、上、下、左、右六个方向，向 6 个基本投影面投射，即可得到 6 个基本视图。增设的 3 个基本投射面上的相应视图为：右视图—由右向左投射所得的视图；仰视图——由下向上投射所得的视图；后视图——由后向前投射所得的视图。投影面按图 7－1a 展成同一平面后，6 个视图的配置关系如图 7－1b 所示。

在同一张图纸内，6 个基本视图按图 7－1b 所示配置时，一律不标注视图名称，它们仍保持长对正、高平齐、宽相等的投影关系。

2. 向视图

向视图是可自由配置的视图。为便于读图，应在向视图的上方用大写字母标出该向视图的名称（如“B”“C”等），并在相应的视图附近指明投射方向，注上与箭头上相同的字母，如图 7－2 所示。

3. 局部视图

当采用一定数量的基本视图后，机件上仍有部分结构形状尚未表达清楚，而又没有必要再画出完整的其他基本视图时，可采用局部视图来表达。

局部视图是将机件的某一部分向基本投影面投射所得的视图，如图 7－3 所示的机件，用主，俯两个基本视图表达了主体形状，但左、右两个凸缘形状如用左视图和右视图表

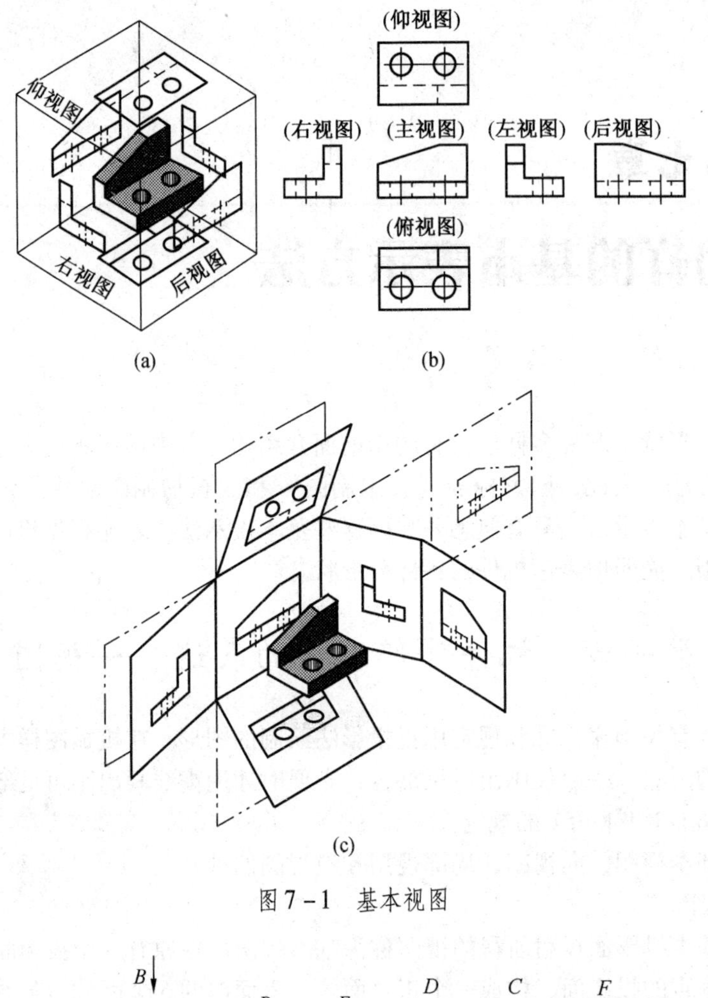

图7-1　基本视图

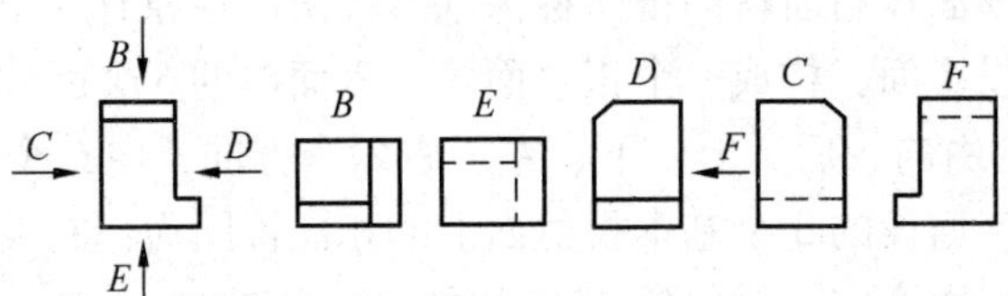

图7-2　向视图

达，则显得烦琐和重复。采用 *A* 和 *B* 两个局部视图来达两个凸缘形状，既简练又突出重点。

局部视图的配置、标注及画法：

（1）局部视图可按基本视图配置的形式，如图7-3中的局部视图 *A*；也可按向视图的配置形状配置在适当位置，如图7-3中的局部视图 *B*。

（2）局部视图用带字母的箭头标明所表达的部位和投射方向，并在局部视图的上方标注相应的字母。当局部视图投影关系配置，中间又没有其他视图时，可省略标注，如图7-3中的 *A* 向局部视图的箭头、字母均可省略（为了方便叙述，图中省略）。

（3）局部视图的断裂边界用波浪线或双折线表示，如图7-3中的 *A* 向局部视图。但当所表示的局部结构是完整的，其图形的外轮廓线呈封闭时，波浪线可省略不画，如图

7-3 中的局部视图 *B*。

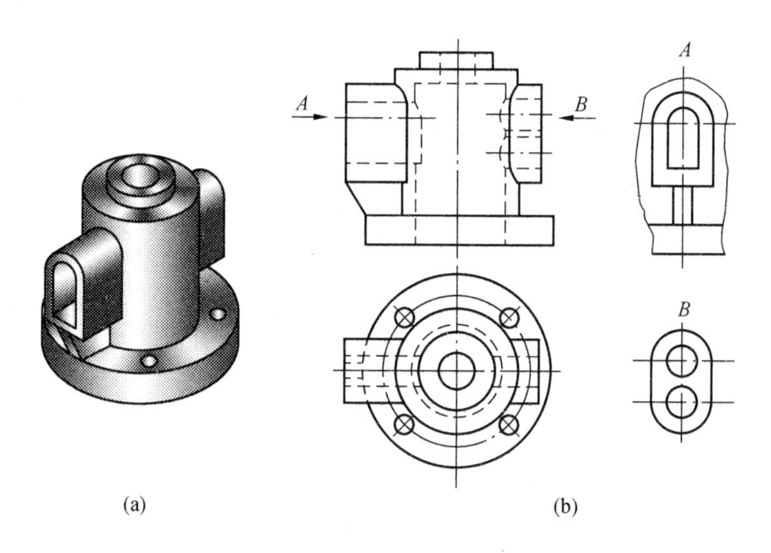

(a) (b)

图 7-3 局部视图（一）

(4) 对称机件的视图可只画 1/2 或 1/4，并在对称中心线的两端画两条与其垂直的平行细实线，如图 7-4 所示。这种简化画法是局部视图的一种特殊的画法，即用细点线代替波浪线作为断裂边界线。

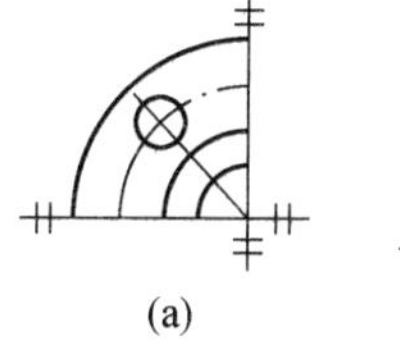

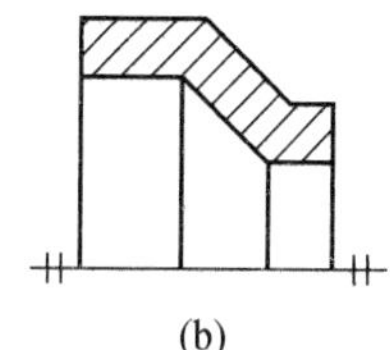

(a) (b)

图 7-4 局部视图（二）

4. 斜视图

当机件上有倾斜于基本投影面的结构时，为了表达倾斜部分的真实形状，可设置一个与倾斜部分平行的辅助投影面，再将倾斜结构向该投影面投射。这种将机件向不平行于基本投影面的平面投射所得的视图称为斜视图。

斜视图的配置、标注及画法：

(1) 斜视图通常按向视图的配置形式配置并标注，即在斜视图上方用字母标出视图的名称，在相应的视图附近用带有同样字母的箭头指明投射方向，如图 7-5 所示。

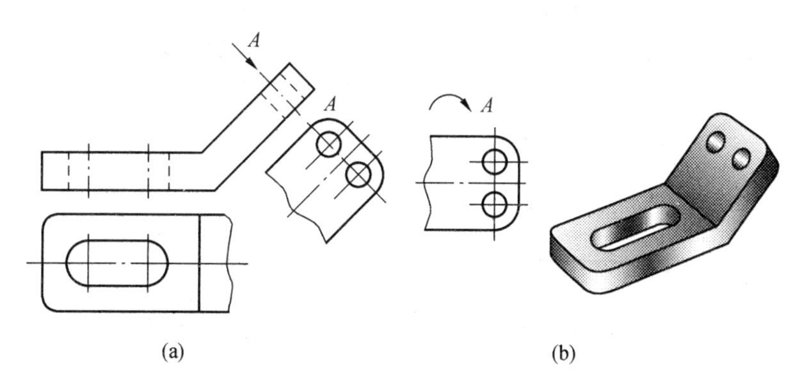

(a) (b)

图 7-5 斜视图

（2）必要时，允许将斜视图旋转配置，并加注旋转符号，如图7－5b所示。旋转符号为半圆形，半径等于字体高度。表示该视图名称的字母应靠近旋转符号的箭头端，也允许在字母之后注出旋转角度。

5. 应用举例

以上介绍了基本视图、向视图、局部视图和斜视图，在实际画图时，并不是每个机件的表达方式都有这四种视图，而是根据需要灵活选用。

如图7－6a所示为压紧杆的三视图，由于压紧杆左端耳板是倾斜的，所以俯视图和左视图都不反映实形，画图比较困难，表达不清晰。为了表达倾斜结构，可按图7－6b所示在平行于耳板的正垂面上作出耳板的斜视图，以反映耳板的实形。因为斜视图只是表达压紧杆倾斜结构的局部形状，所以画出耳板的实形后，用波浪线断开，其余部分的轮廓线不必画出。

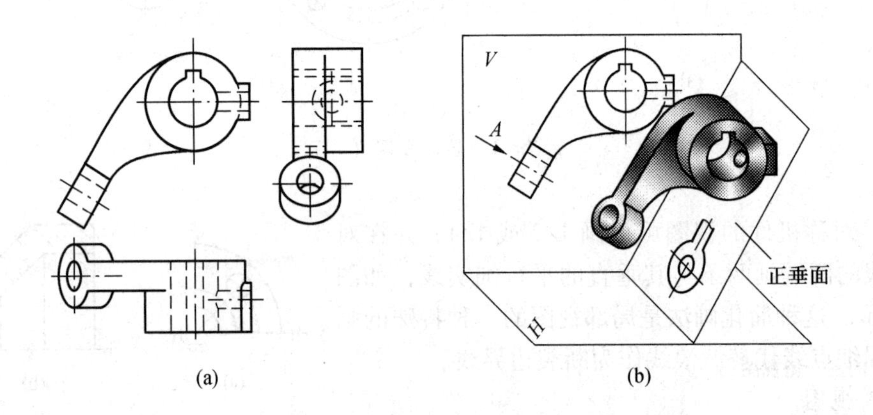

图7－6　压紧杆

如图7－7a所示为压紧杆的一种表达方案，采用一个基本视图（主视图）、B向局部视图（代替俯视图）、A向斜视图和C向局部视图。为了使用更加紧凑，便于画图，可将C向局部视图按投影关系画在主视图的右边，将A向斜视图转正画出，如图7－7b所示。

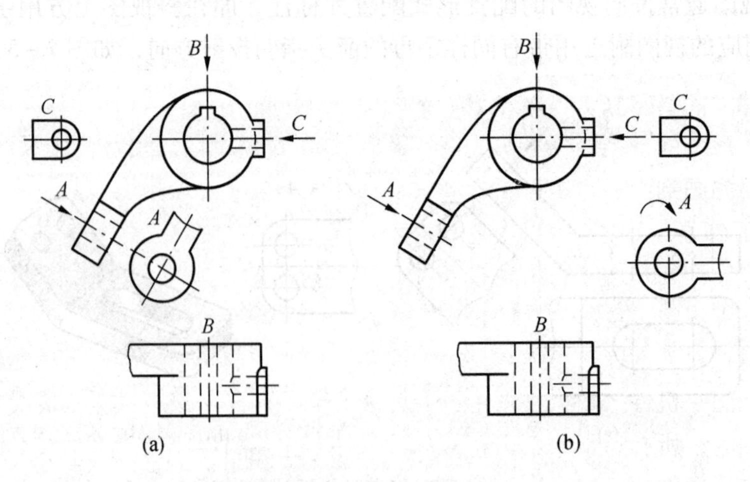

图7－7　压紧杆的表达方案

第二节　机件内部形状的表达——剖视图

用视图表达机件形状时，对于机件上不可见的内部结构（如孔、槽等）要用虚线表示，如图 7－8a 所示支架的主视图。但如果机件的内部结构比较复杂，图上会出现较多虚线，有些甚至与外形轮廓重叠，既不便于画图和读图，也不便于标注尺寸。为此，可按国家标准、规定采用剖视图来表达机件的内部形状。

一、剖视图的形成

假想用剖切面剖开机件，将处在观察者与剖切面之间的部分移去而将其余部分向投影面投射所得的图形称为剖视图（GB/T 17452），简称剖视图的形成过程，如图 7－8b、c 所示。图 7－8d 中的主视图即为支架的剖视图。

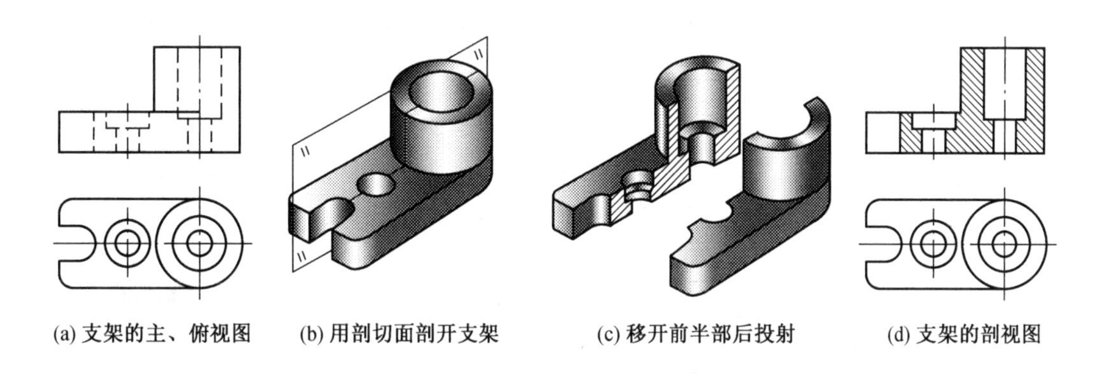

(a) 支架的主、俯视图　(b) 用剖切面剖开支架　(c) 移开前半部后投射　(d) 支架的剖视图

图 7－8　剖视图的形成

二、剖视图的画法

1. 确定剖切面的位置

如图 7－8b 所示，选取平行于正面的对称面为剖切面。

2. 画剖视图

移开机件的前半部分，将剖切面截切机件所得断面及机件的后半部分向正面投射，画出如图 7－8d 所示的剖视图。因为是假想剖开，所以要保证其他视图的完整性。

另外不要漏画剖面后面的可见轮廓线，如图 7－8d 主视图中的槽和两孔底面的投影。

3. 画剖面符号

剖视图中，剖切平面与机件的接触部分（即断面图形内），要画出与材料相应的剖面符号，国家标准规定了各种材料的剖面符号，见表 7－1。

表示金属材料的剖面符号通常称为剖面线，应画成间隔均匀的平行细实线，向左或向右倾斜均可。同一机件的各个视图中的剖面线方向与间距必须一致。不需要在剖面区域中表示材料类别的，所有材料的剖面符号均可采用与金属材料相同的剖面线。因此，这种剖面符号又称为通用剖面线。通用剖面线应以适当角度的细实线绘制，最好与主要轮廓或剖面区域的对称线呈45°角，如图7－9所示。倾斜部分可与水平线倾斜呈30°、60°。

表7－1　剖　面　符　号

材料名称		剖面符号	材料名称	剖面符号
金属材料（已有规定剖面符号者除外）			木质胶合板	
线圈绕组元件			基础周围的泥土	
转子、电枢、变压器和电抗器等的叠钢片			混凝土	
非金属材料（已有规定剖面符号者除外）			钢筋混凝土	
型砂、填砂、粉末冶金、砂轮、陶瓷刀片、硬质合金刀片等			砖	
玻璃及供观察用的其他透明材料			格网（筛网、过滤网等）	
木材	纵剖面		液体	
	横剖面			

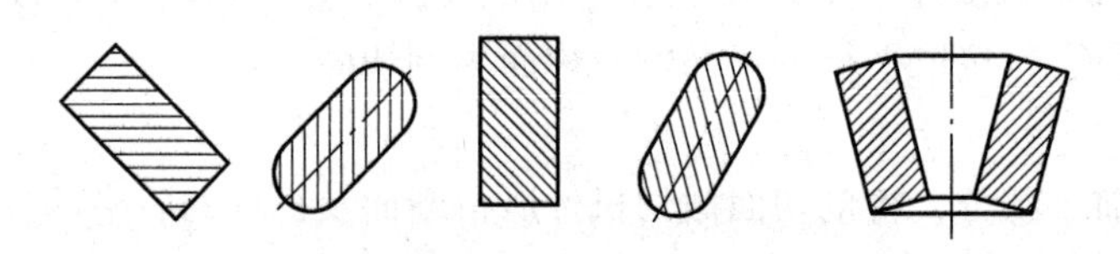

图7－9　剖面线的角度

4. 剖视图的配置与标注

基本视图的配置规定同样适用剖视图，剖视图也可按投影关系配置，如图7－8d中的主视图，图7－10中的*A*—*A*剖视。必要时，可根据图面布局将剖视配置在其他适当位置，如图7－10中的*B*—*B*剖视。

为了便于读图时查找投影关系，剖视图一般应标注其名称“×—×”（×代表大写字母），在相应的视图上用剖切符号表示剖切位置和投射方向，并标注相同的字母。剖切符号用粗短画表示，离开图形、线长 3 ~5 mm，用以指示剖切面的起讫和转折位置，并用箭头表示投射方向，如图 7 -10 中的 *B*—*B* 剖视。

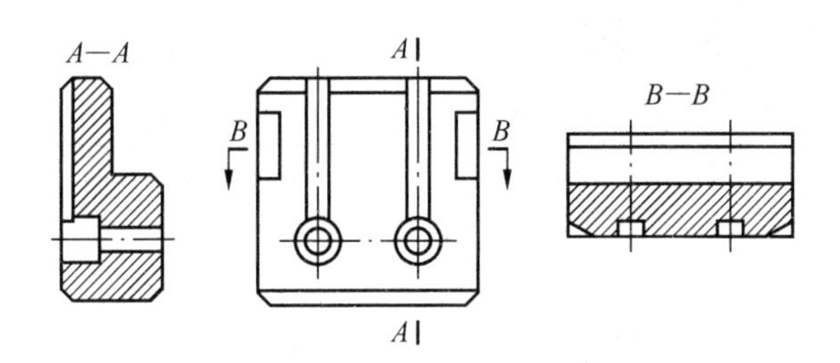

图 7 -10　剖视图的配置与标注

当剖视图按投影关系配置，中间又没有其他图形时，可省略箭头，如图 7 -10 的 *A*—*A* 剖视。当单一剖切平面通过机件的对称面，同时剖视图按投影关系配置，中间又没有图形时，可省略标注，如图 7 -8d 中的主视图。

三、剖视图的种类

根据剖切范围的大小，剖视图可分全剖视图、半剖视图和局部剖视图。

1. 全剖视图

用剖切面完全地剖开机件所得的剖视图称为全剖视图。全剖视图一般适用于外形比较简单、内部结构较为复杂的机件，如图 7 -11 所示。

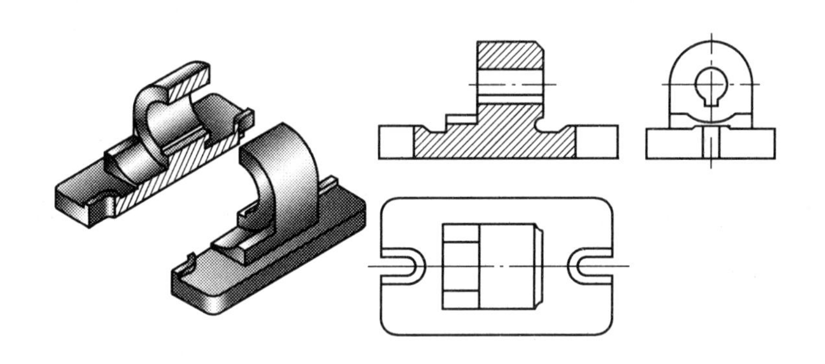

图 7 -11　全剖视图

2. 半剖视图

当机件具有对称平面时，向垂直于对称平面的投影面上投射所得的图形，允许以对称中心线为界，一半画成剖视图，另一半画成视图，这种剖视图为半剖视图。如图 7 -12 所示，机件左右对称，前后也对称，所以，主、俯视图都可以画成半剖视图。

半剖视图既表达了机件的内部形状，又保留了外部形状，所以常用于表达内、外形状都比较复杂的对称机件。

当机件的形状接近对称，且不对称部分已另有图形表达清楚时，也可以画成半剖视

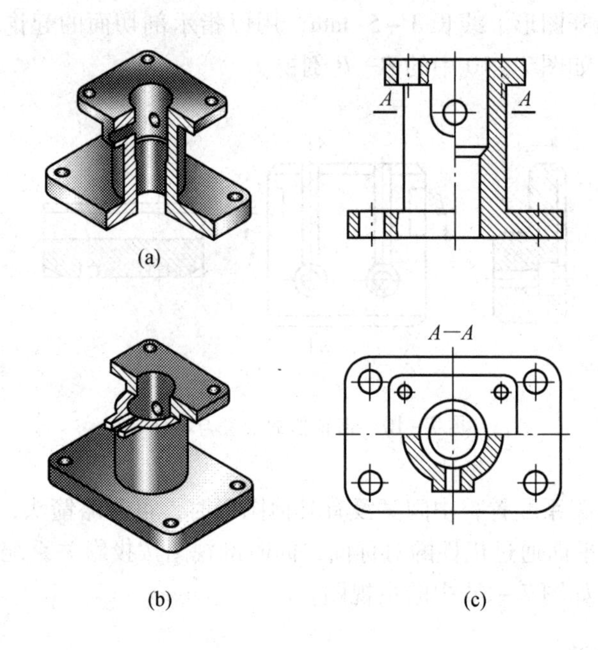

图7－12　半剖视图（一）

图，如图7－13所示。

画半剖视图时应注意以下问题：

（1）半个视图与半个剖视图的分界线用细点画，而不能画成粗实线。

（2）机件的内部形状已在半剖视图中表达清楚，在另一个表达外形的半视图中不必再画出虚线。

3. 局部剖视图

用剖切平面局部地剖开机件所得的剖视图，称为局部剖视图。如图7－14所示机件，虽然上下、前后都对称，但由于主视图中的方孔轮廓线与对称中心线重合，所以不宜采用半剖视，这时应采用局部剖视。这样，既可表达中间方孔内部的轮廓线，又保留了机件的部分外形。

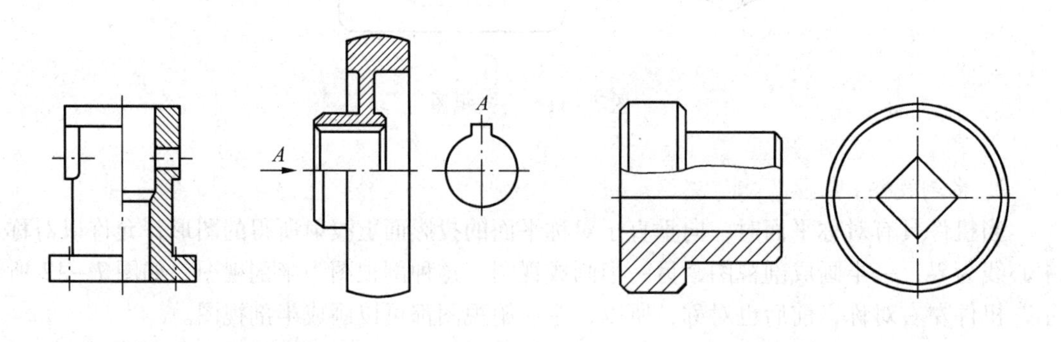

图7－13　半剖视图（二）　　图7－14　局部剖视图（一）

画局部剖视图时应注意以下问题：

（1）局部剖视图可用波浪线分界，波浪线应画在机件的实体上，不能超过实体轮廓线，也不能画在机件的中空处，如图7－15所示。

局部剖视图也可以双折线分界，如图7－16所示。

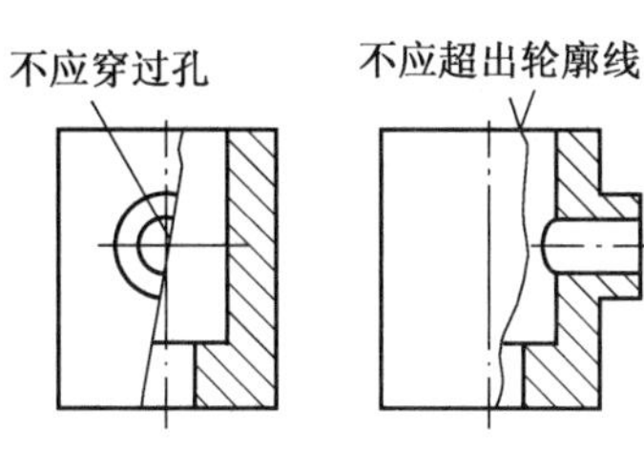

图7－15　局部剖视图（二）

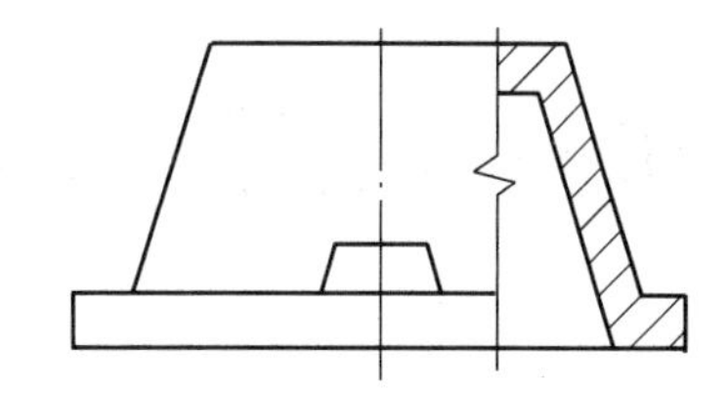

图7－16　局部剖视图（三）

（2）一个视图中，局部剖视的数量不宜过多，在不影响外形表达的情况下，可采用大面积的局部剖视，以减少局部剖视的数量，如图7－17所示。

（3）波浪线不应画在轮廓线的延长线上，也不能用轮廓线代替，或与图样上其他线重合。

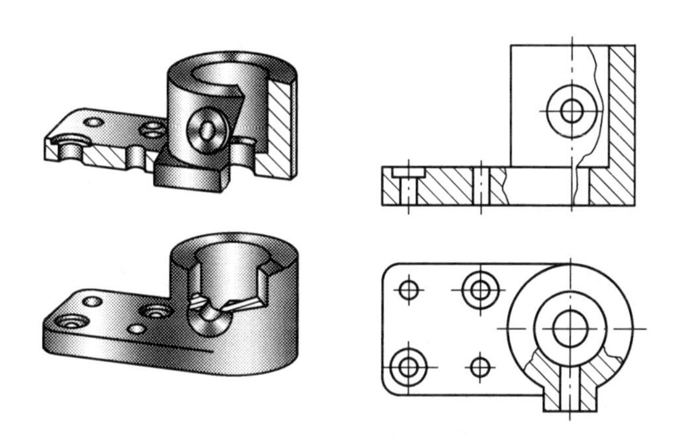

图7－17　局部剖视图（四）

第八章

液压支架的结构

第一节　液压支架的结构分析

液压支架的结构从宏观上可以分为两大部分，即金属结构件和液压元件。金属结构件包括顶梁、掩护梁、连杆和底座四大部分，其作用是承担顶板的压力并将其传递于底板，维护一定的工作空间。液压元件主要包括执行元件和控制元件两大部分。执行元件担负着液压支架各个动作的完成，由立柱和各种千斤顶组成，控制元件担负着液压支架各个动作的操作、控制任务，由操纵阀、控制阀等各种液压阀组成。液压元件的结构和性能的好坏直接影响到液压支架的工作性能的好坏和使用寿命的长短，所以，正确操作液压支架对于延长支架的使用寿命有着重要的作用。

一、金属结构件的结构分析

根据液压支架的使用情况，这里只着重说明掩护式和支撑掩护式液压支架的结构。

（一）顶梁的结构分析

1. 掩护式液压支架

掩护式液压支架分长顶梁和短顶梁两种，前者立柱多支撑在顶梁上，后者立柱多支撑在掩护梁上。下面介绍两种常见的掩护式液压支架顶梁。

1）平衡式顶梁

平衡式顶梁一般为整体结构，顶梁下部与掩护梁铰接，由于铰接点前后段比例接近于2：1，使顶梁两段趋于平衡，故又称为平衡式顶梁。如图8－1a所示，为了防止支架下降时顶梁自动翻转，在顶梁与掩护梁之间装有机械与液压限位装置，即限位轴和限位千斤顶（立柱支撑在掩护梁上，在顶梁与掩护梁之间安装的千斤顶叫作限位千斤顶）。缺点是顶梁与掩护梁之间存在三角区，影响顶梁的受力与调整。

2）铰接式顶梁

铰接式顶梁的立柱直接支撑在顶梁上，顶梁和掩护梁之间安装平衡千斤顶，如图8－1c所示。除此之外，还有潜入式和带有前梁或前伸梁的铰接顶梁，如图8－1b，图8－1d、图8－1e所示。

2. 支撑掩护式液压支架

支撑掩护式液压支架的顶梁一般为整体结构，只是在顶梁和掩护梁之间增设了侧护

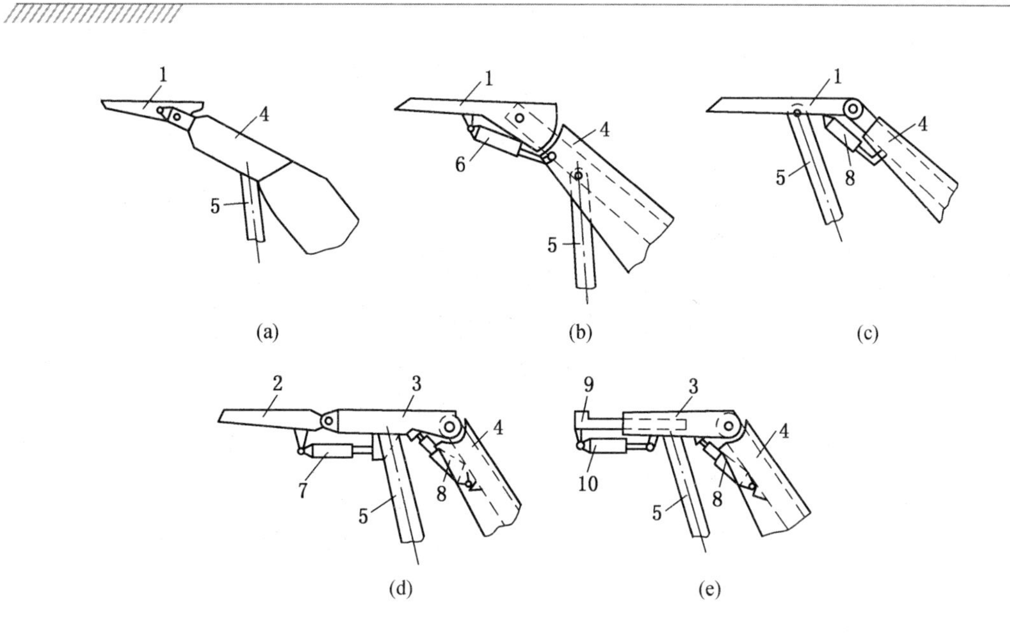

1—顶梁；2—前探梁；3—主梁；4—掩护梁；5—立柱；6—限位千斤顶；7—前梁千斤顶；
8—平衡千斤顶；9—前伸梁；10—前伸梁伸缩千斤顶

图8－1　掩护式支架顶梁的结构型式

装置。

（二）掩护梁的结构分析

掩护梁是掩护式和支撑掩护式液压支架的主要承载构件，其作用是防止采空区冒落的矸石涌入工作面，并承受冒落矸石的压力。其结构为钢板焊接的箱式结构。

掩护梁上端与顶梁铰接，下端与前后连杆铰接，形成四连杆机构，其结构型式有折线型和直线型两种，如图8－2所示。

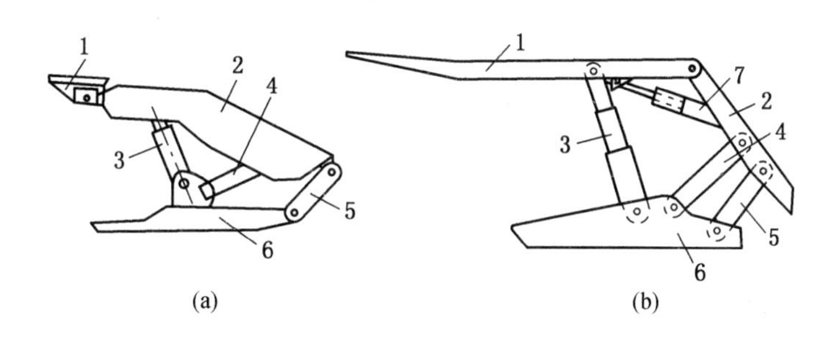

1—顶梁；2—掩护梁；3—立柱；4—前连杆；5—后连杆；6—底座；7—限位千斤顶

图8－2　掩护梁结构型式

（三）底座的结构分析

底座除了满足一定的刚度和强度要求外，还要求对底板起伏不平的适应性强，接触比压小，要有足够的空间和必要的安装条件，便于人员的行走和操作；起一定的排矸作用及具备一定的排矸能力。底座的型式有整体式、对分式、柱鞋式。掩护式和支撑掩护式支架采用的是整体式。

二、辅助装置

辅助装置主要包括推移装置、护帮装置、侧护装置、调架装置、防倒防滑装置等。这里主要介绍推移装置的结构形式及要求。

推移装置的作用是完成支架的移架，同时也作为输送机向前移动的支点。推移装置按结构和移动的方式不同，可分为直接推移和间接推移装置。

如图 8－3 所示，直接推移装置由推移千斤顶 1 和连接头组成。其连接方式有正装和倒装两种，结构简单，连接方便，但推拉力分配不合理，推拉力计算如下：

推力　　$p_t = \pi D^2/4 p_b \eta \times 10^{-3}$

拉力　　$p_L = \pi(D^2 - d^2)/4 p_b \eta \times 10^{-3}$

由以上公式可以看出，泵站供液压力不变时，其推力明显大于拉力，与实际工作中的需要刚好相反。因此，解决推拉力分配不均的方法有以下几种：

（1）采用不同的供液压力。

（2）采用差动供液方式。

（3）采用浮动活塞式千斤顶。

（4）采用间接推移装置，如图 8－4 所示。

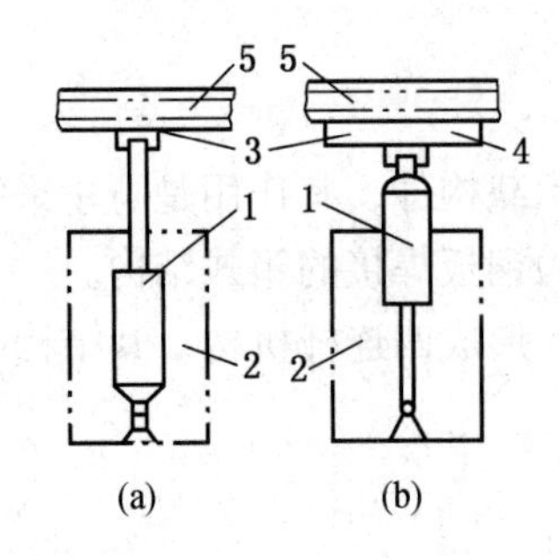

1—推移千斤顶；2—支架底座；3—连接头；4—移步横梁；5—中部槽

图 8－3　直接推移装置

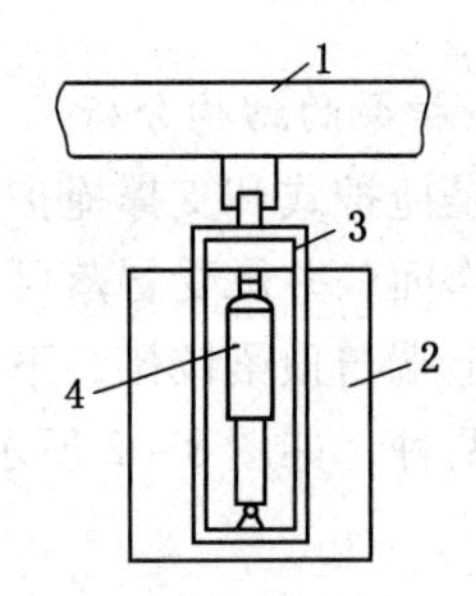

1—中部槽；2—支架底座；3—长框架；4—推移千斤顶

图 8－4　间接推移装置

三、执行元件的结构

1. 立柱

立柱是液压支架的主要执行元件，用于承受顶板载荷、调节支护高度。

在国产液压支架中，立柱根据结构的不同大致可分为：单伸缩和双伸缩立柱两种。单伸缩立柱有不带机械加长杆和带机械加长杆的两种型式。当要求支架调高范围较大时，可选用带机械加长杆的单伸缩立柱，也可选用双伸缩立柱，单伸缩立柱结构简单，成本低，但不如双伸缩立柱使用方便。

单伸缩立柱有单作用和双作用之分，单作用立柱采用液压升柱、自重降柱的工作方式。由于降柱不采用液压，故对其活塞杆表面的精度和粗糙度等要求较低，加工成本低。但是自重降柱速度慢，并且整架支架各个立柱降柱不同步，影响工作面快速推进，所以目前应用较少。双作用立柱靠液压力实现升柱和降柱，提高了立柱的可靠性，也为支架的遥控和自动控制提供了可能，因此目前应用较多。

单伸缩立柱主要由缸体、活柱、加长杆导向套、密封件和连接件组成。如图8－5所示为带机械加长杆的单伸缩立柱，该立柱缸体1位于立柱的最外层，一端为缸口，另一端为焊有凸球面的缸底。缸底端焊有与活塞腔相通的管接头，供装接输液软管用。缸底凸球面在组装支架时与底座柱窝相接触。

活柱7通过销轴15、保持套16、半环17与带有柱头的加长杆18连接在一起装入缸体中，并可相对缸体上下运动，成为液压缸中传递力的重要组成部件。活柱体由柱管的焊接活塞头构成，柱体表面为先镀锡青铜（或乳白铬）再镀硬铬，以防止磨损和锈蚀。活塞上装有鼓形密封圈5，以实现活塞和活塞杆两腔双向密封。为保护密封圈，在其两侧装有聚甲醛导向环6，以减少活塞与缸壁的磨损，提高滑动性能。下部导向环6靠支承环4支承。两个环形卡键2将整个密封组件连接在活塞头上，通过有开口的卡箍3箍住卡键，以防其脱落。加长杆18上的柱头也为凸球面形，与顶梁（也有的与掩护梁）上的柱帽相连。

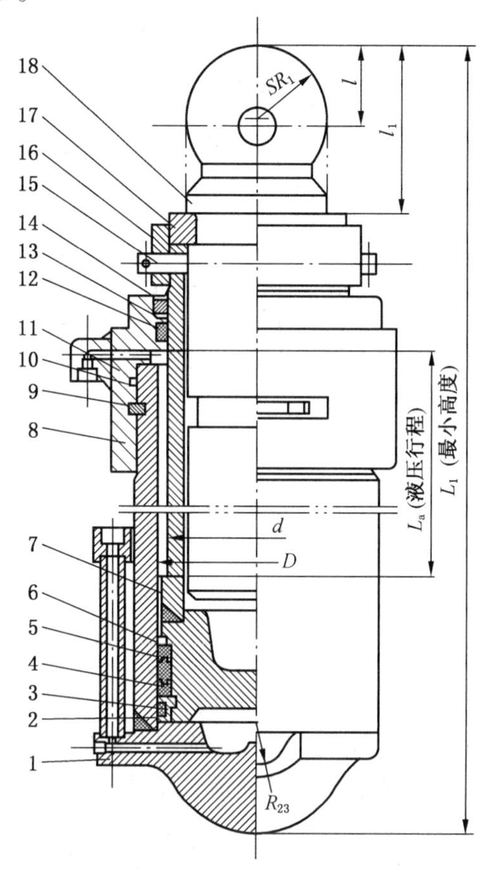

1—缸体；2—卡键；3—卡箍；4—支承环；5—鼓形密封圈；6—导向环；7—活柱；8—导向套；9—方钢丝挡圈；10、13—聚甲醛挡；11—O形密封圈；12—蕾形密封圈；14—防尘圈；15—销轴；16—保持套；17—半环；18—加长杆

图8－5　带机械加长杆的单伸缩立柱

导向套8是活柱在往复运动时起导向作用的部件。导向套与缸体间通过方钢丝挡圈9相连接，并用O形密封圈11密封。导向套与活柱表面用蕾形密封圈12密封，并用防尘圈14防止外部煤尘进入立柱内。在导向套上也焊有一个管接头，供装接输液软管用，在一些立柱的导向套上还装有聚甲醛导向环，以减少导向套与柱体间的磨损。

不带机械加长杆的单伸缩立柱，其柱头直接焊在柱管端部。

2. 千斤顶

液压支架用的千斤顶种类很多，按其结构的不同有柱塞式和活塞式千斤顶，活塞式千斤顶可分为固定活塞式和浮动活塞式；按其进液方式的不同，可分为内进液式和外进液式；按其在支架中的用途不同，又可分为推移千斤顶、护帮千斤顶、侧推千斤顶、平衡千斤顶、限位千斤顶、防滑千斤顶等。随着支架的功能越来越多，不同用途千斤顶的种类也越来越多。

(1) 柱塞式千斤顶。柱塞式千斤顶主要由缸体、柱塞、导向套、连接件和密封件组成，如图8-6所示。

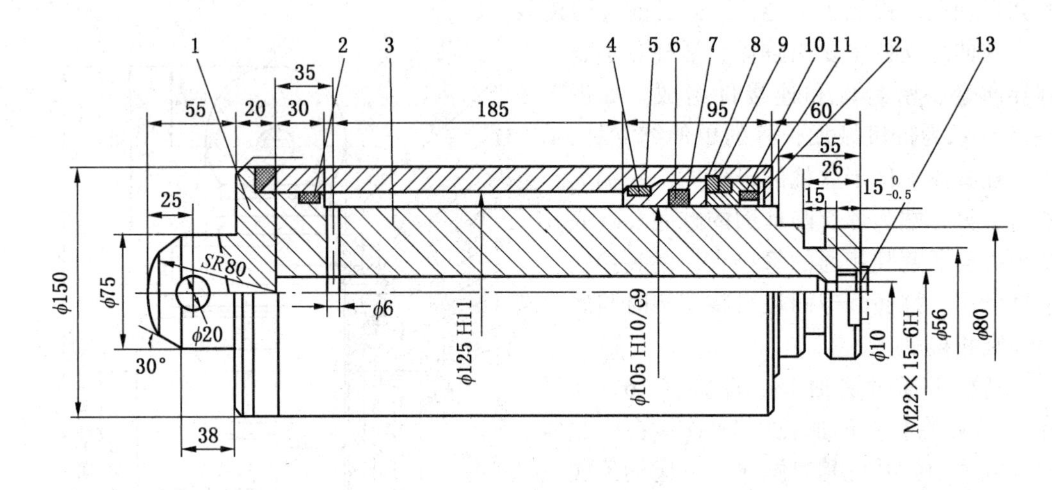

1—缸体；2—导向环；3—柱塞；4—O形密封圈；5—聚四氟乙烯挡圈；6—蕾形密封圈；7—聚甲醛挡圈；8—导向套；9—卡环；10—缸盖；11—弹性挡圈；12—防尘圈；13—塑料帽

图8-6　柱塞式千斤顶

缸体1由缸底和缸筒焊接而成。缸底端有连接耳座，缸筒的一端为缸口。柱塞为圆柱体，装入缸体内，其端部外径与缸体内径为动配合，并在配合部位安有聚甲醛导向环2，以防止由于柱塞的频繁动作而引起磨损。由于千斤顶采用内进液方式，因而在柱塞中心开有一纵向长孔作为进液通道。通道上另一横向孔通往柱塞与缸体间的环形腔。由于柱塞与缸体间只安有导向环，并无密封件，所以缸体与柱塞端部形成的柱塞腔与环形腔是连通的。进液时，压力液进入环形腔的同时也进入柱塞腔，但是由于环形腔远小于柱塞腔的横截面面积，故不影响柱塞伸出；当柱塞在外力作用下收回时，柱塞腔的液体从输液口排出的同时，也进入环形腔，以减少柱塞收回时的阻力。在柱塞的伸出端还有用于连接的环形槽口。

导向套8位于缸口部位的缸体与柱塞之间，导向套与缸体间的密封采用O形密封圈4和聚四氟乙烯挡圈5，与柱塞间的密封采用蕾形密封圈6和聚甲醛挡圈7。导向套与缸体通过卡环9连接，卡环外侧还装有防尘、防锈的O形防尘圈。缸口最外端为缸盖，缸盖由弹性挡圈11轴向固定，其作用是防止环9自动脱落。

(2) 固定活塞式千斤顶。固定活塞式千斤顶主要由缸体、活塞头、导向套、连接件和密封件几部分组成，如图8-7所示。

缸体1由带有连接耳座的缸底的缸筒焊接而成。缸筒上焊有两个管接头口，供装接输液软管。活塞杆18的一端为连接耳，另一端装有活塞头6。活塞杆表面为乳白铬和硬铬复合镀层，以防止磨损和锈蚀。活塞通过半环4固定在活塞杆上。为防止半环自动脱落，在其外套有保持套3，并由弹簧挡圈2进行轴向固定。活塞与缸壁之间通过鼓形密封圈7密封。为保护鼓形密封圈和减少活塞与缸体的磨损，提高滑动性能，在鼓形密封圈两侧装有聚甲醛活塞导向环8。活塞腔的导向环由支承环5支承。活塞与活塞杆之间是通过两侧带挡圈10的O形密封圈密封。两侧的挡圈是为防止两侧压力液破坏O形密封圈。导向套16位于缸口部位，即缸体与活塞杆之间，导向套与缸体之间通过方钢丝挡圈13连接，并通过O形密封圈11和聚四氟乙烯挡圈12密封。导向套与活塞杆之间通过蕾形密封圈14和聚甲醛挡圈15密封，并通过防尘圈17防止外部煤尘进入液压缸内。

（3）浮动活塞式千斤顶。浮动活塞式千斤顶也是由缸体、活塞杆、活塞头、导向套、连接件和密封件等组成，如图8－8所示。

缸体11也是由缸底和缸筒两部分焊接而成。由于这类千斤顶主要用作推移千斤顶，因而在缸筒两侧均焊有连接耳轴，以便和底座相连。缸筒的两端也焊有两个管接头，供装接输液软管。

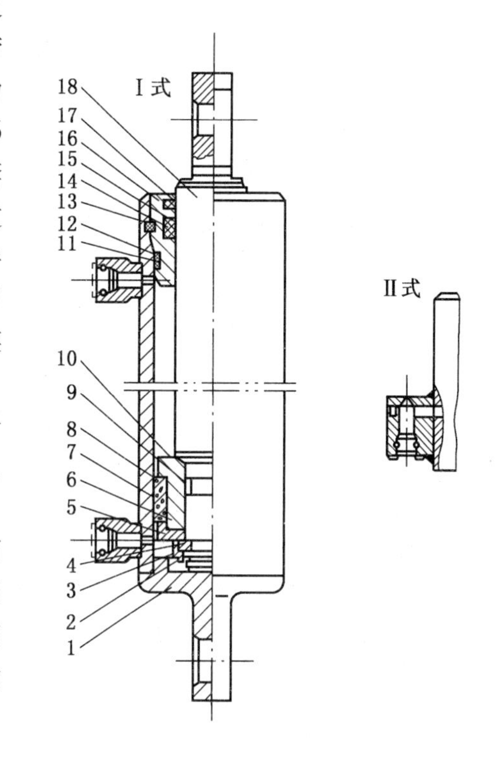

1—缸体；2、10、12、13、15—挡圈；3—保持套；4—半环；5—支承环；6—活塞头；7—鼓形密封圈；8—导向环；9、11—O形密封圈；14—蕾形密封圈；16—导向套；17—防尘圈；18—活塞杆

图8－7　固定活塞式千斤顶

活塞杆12的一端有连接耳，杆表面为乳白铬和硬铬复合镀层。活塞头9和距离套10可在活塞杆上来回滑动，为了保证滑动部位的密封可靠，在活塞头与活塞杆之间装有两组位置相对的蕾形密封圈和聚甲醛挡圈（蕾形密封与聚甲醛挡圈的结构同导向套上的件号17、18相同），这是由于活塞腔进液和活塞杆腔进液时的液体压力方向不同，活塞头与缸壁之间装有两片聚甲醛的活塞导向环8，在两片导向环8之间装有鼓形密封圈7。导向环和鼓形密封圈通过卡键5与卡箍4固定在活塞头上。

当活塞腔进液时，活塞头与距离套滑动，当滑动至缸口处被导向套13限位。当活塞杆腔进液时，活塞头与距离套的滑动被半环3所限位，半环3通过保持套2和弹性挡圈1进行径向和轴向固定。

导向套13位于缸口部位缸筒与活塞杆之间。导向套与缸体通过卡环19连接。紧靠卡环放置的是O形防尘圈20，导向套与缸壁通过O形密封圈15和挡圈16密封，与活塞杆通过蕾形密封圈17和挡圈18密封。为减少导向套与活塞杆间的磨损，在导向套与活塞杆间还装有导向环14。

缸盖22位于缸口最外端，通过弹性挡圈21固定。缸盖与活塞杆间装有防尘环23。

3. 立柱和千斤顶的区别

（1）活塞杆直径的差异。立柱和千斤顶活塞杆直径差别较大。这是因为立柱承受较大的顶板载荷，而降柱力较小，所以尽可能增大活柱直径，以保证足够的刚度和强度。为了减少钢材消耗，往往采用空心管材。而千斤顶则要求其推拉力的差距尽可能地缩小，以

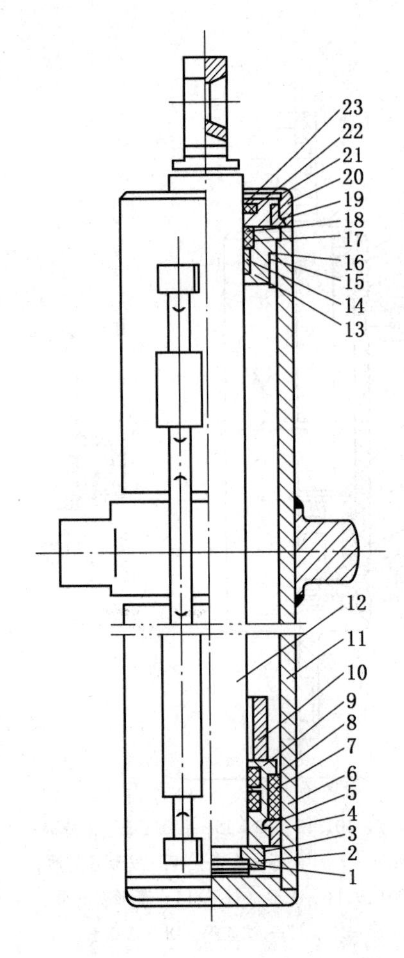

1、21—弹性挡圈；2—保持套；3—半环；4—卡箍；5—卡键；6—支承环；7—鼓形密封圈；8、14—导向环；9—活塞头；10—距离套；11—缸体；12—活塞杆；13—导向套；15—O形密封圈；16、18—挡圈；17—蕾形密封圈；19—卡环；20—O形防尘圈；22—缸盖；23—防尘环

图 8-8 浮动活塞式千斤顶

满足工作需要。一般是在保证一定刚度的前提下，按照推拉力的比例来选择活塞杆直径的大小。

（2）外部连接的差异。立柱的缸底和柱头分别坐落在底座和支撑在顶梁的柱窝中，为了便于两者间的接触以适应工作的具体要求，一般采用球面形状，一类为凸球面，另一类为凹球面，目前多采用凸球面。千斤顶两端的连接结构形式很多，常见的有：单连接耳、双连接耳、圆柱体、耳轴等。

（3）调节范围的差异，立柱在使用过程中要适应煤层的变化，所以其调节范围比较大。有的立柱制成双伸缩结构。而千斤顶的调节范围较小，最大的调节范围为 700 mm，故均为单伸缩结构。

（4）活塞的连接差异。立柱的活塞一般为整体式结构，即活塞与活柱焊接为一体。而千斤顶则大多数为组合结构，即活塞与活塞杆组装在一起，有固定组合和滑动组合两种，采用滑动组合的往往是推移千斤顶。

四、控制元件的结构

液压支架的控制元件主要有操纵阀、液控单向阀和安全阀。

1. 操纵阀

按阀芯动作原理的不同，液压支架的操纵阀分为往复式和回转式两大类；按控制方法的不同，分手动、液控、电控和电液控等。

下面以 CF－PZ125/320 型操纵阀为例说明如下。

（1）CF－PZ125/320 型纵阀的技术特征。CF－PZ125/320 型操纵阀的额定工作压力为 31.5 MPa；流量为 125 L/min，是一种流量较大的操纵阀。它由不同数量的片阀组合而成，其中一片为首片阀，其余为结构完全相同的中片阀。首片阀上设有供、回液接头。各片阀之间通过 O 形密封阀密封，使用中不能分片单独拆卸更换。尾片阀中，设有初撑力自保阀（简称自保阀），能自动保持立柱达到泵压的初撑力。如图 8－9 所示为配有自保阀的尾片阀。

（2）工作原理：

① 升柱：将操作手把 3 扳至如图 8－9 所示位置，凸轮 2 通过压块 4 将顶杆 5 压向左方，使阀垫 6 与空心阀 7 接触密封，同时空心阀顶开阀芯 9 压缩弹簧 10，这时压力液从 P 口经阀座 8 的 C 口，阀套 12 的 B 口进入立柱活塞腔，立柱环形腔的液体从 A 口进入操纵阀，经上方空心阀 7 从 R 口回液。

② 降柱：将操作手把 3 扳至上方位置，这时压力液从 P 口经上方阀座 8 的 C 口、阀

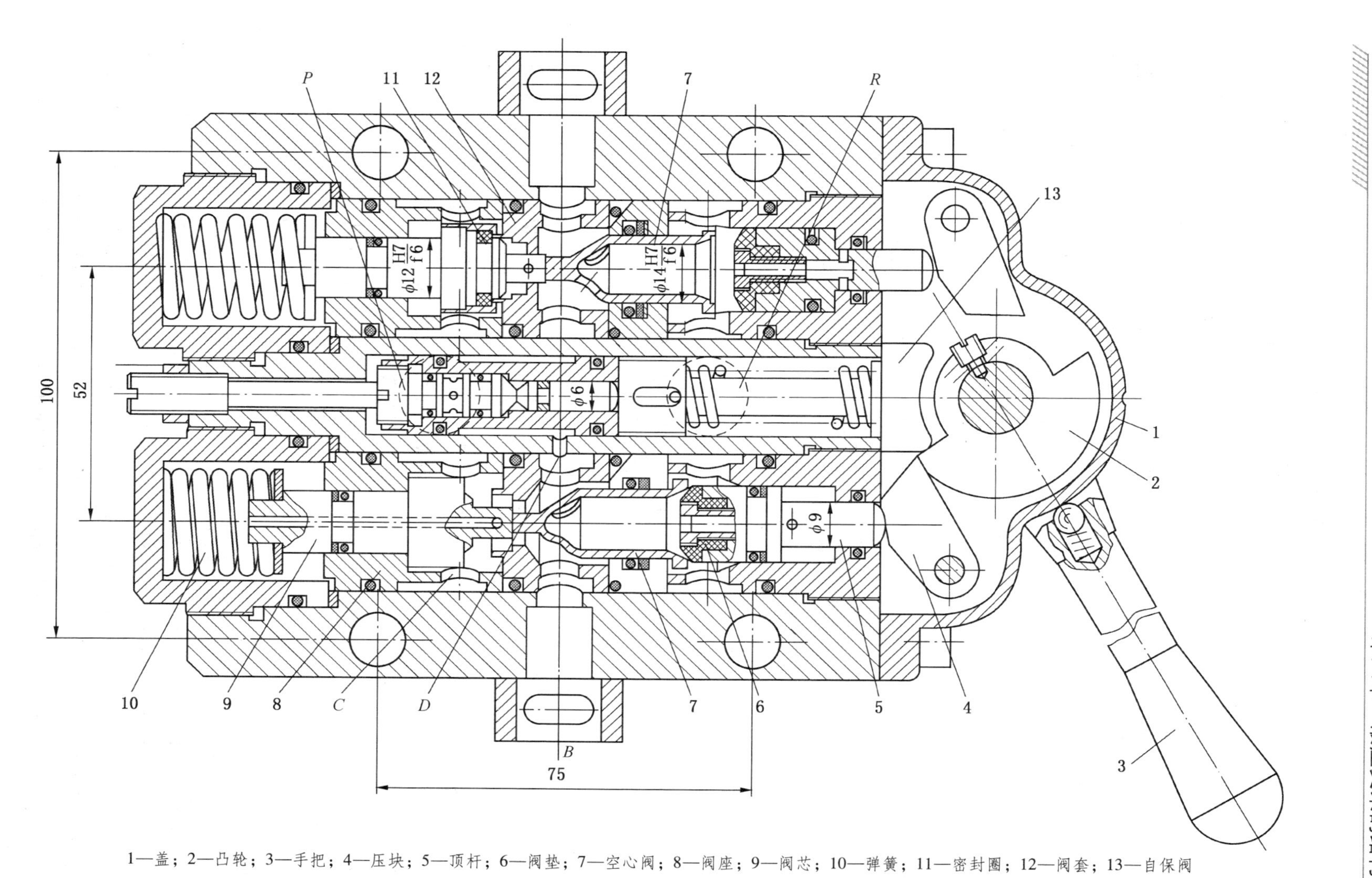

1—盖；2—凸轮；3—手把；4—压块；5—顶杆；6—阀垫；7—空心阀；8—阀座；9—阀芯；10—弹簧；11—密封圈；12—阀套；13—自保阀

图8－9　CF－PZ125/320型操纵阀尾片阀

套12时A口，进入立柱环形腔，立柱活塞腔的液体经B口从R口回液。

（3）自保阀的工作原理（图8－10）。操作手把在升柱位置，压力液从P口，经阀套8上的两个孔E、卸压阀芯10与卸压阀座9的中心孔进入F腔，压力液在F腔内推动卸压阀杆7、顶杆帽6向右移动一个距离L。当支架顶梁接触顶板，立柱活塞腔压力上升到弹簧3的调定压力时，顶杆5向右移动，推动凸轮1复位，凸轮复位后，操纵阀口B与回液口R相通，自保阀内的液压也降低，在弹簧3的作用下，顶杆5、顶杆帽6都复位。螺杆11用以调定自保阀的动作压力，背帽12用以固定螺杆。使用这种阀时，操作者扳动手把升柱后，操作手把在支架达到一定初撑力后能自动复位，可提高操作效率，但由于泵站压力不可能调得十分精确，且调定自保阀的导通压力必须低于泵站实际压力（一般为供液压的90%以下），所以，自保阀不能达到泵站的实际压力，支架也达不到设计初撑力。

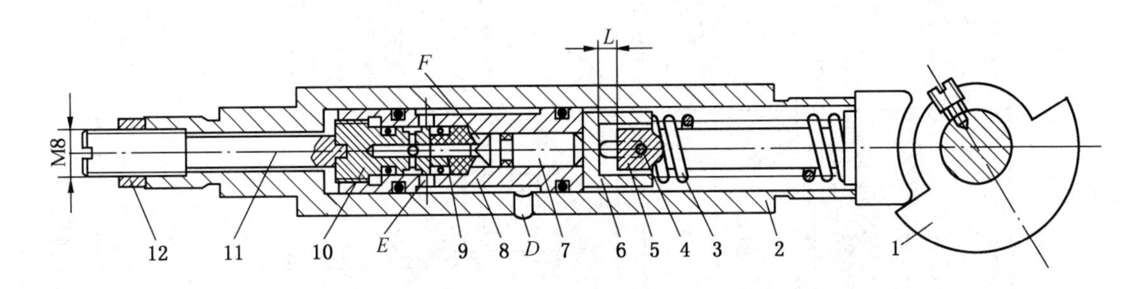

1—凸轮；2—阀壳；3—弹簧；4—穿销；5—顶杆；6—顶杆帽；7—卸压阀杆；8—卸压阀套；9—卸压阀座；10—卸压阀芯；11—螺杆；12—背帽

图8－10　自保阀的结构

2. 安全阀

液压支架上采用的安全阀均为直动式安全阀，其结构简单、动作灵敏、过载时能迅速地起到卸载溢流的作用。

安全阀的工作原理是通过阀口前的液压力与作用于阀芯上弹性元件作用力的相互作用，实现阀的开启溢流和关闭定压的作用。根据弹性元件的不同，安全阀有弹簧式和充气式两类。根据安全阀密封副结构型式的不同，有阀座式和滑阀式两类。按溢流能力不同又分为：小流量安全阀，一般小于16 L/min，适用于顶板来压不强烈的工作面支架立柱；中流量安全阀，一般为16～100 L/min，适用于顶板来压强烈的工作面支架立柱及某些千斤顶，如前梁千斤顶、平衡千斤顶等；大流量安全阀，一般大于100 L/min，主要起过载保护作用，适用于顶板来压强烈的工作面支架立柱。

（1）YF5型安全阀。弹簧式滑阀安全阀由阀座2、阀芯3、弹簧座5、阀壳6、弹簧7、接头等零部件组成，如图8－11所示。它的密封副是靠阀芯3与O形密封圈4的紧密接触来密封的，阀芯3中心有轴向盲孔，与其头部的径向孔相通。O形密封圈4嵌在阀座2中，当A口液压对阀芯的作用力小于由空心调整螺钉8所调定的弹簧7的作用力时，弹簧通过弹簧座5把阀芯压入阀座，使阀芯径向孔位于O形密封圈4的左边，安全阀处于关闭状态。如A口产生的液压力大于弹簧力，则阀芯右移使其径向孔越过O形密封圈，安全阀开始从B口溢流限压。

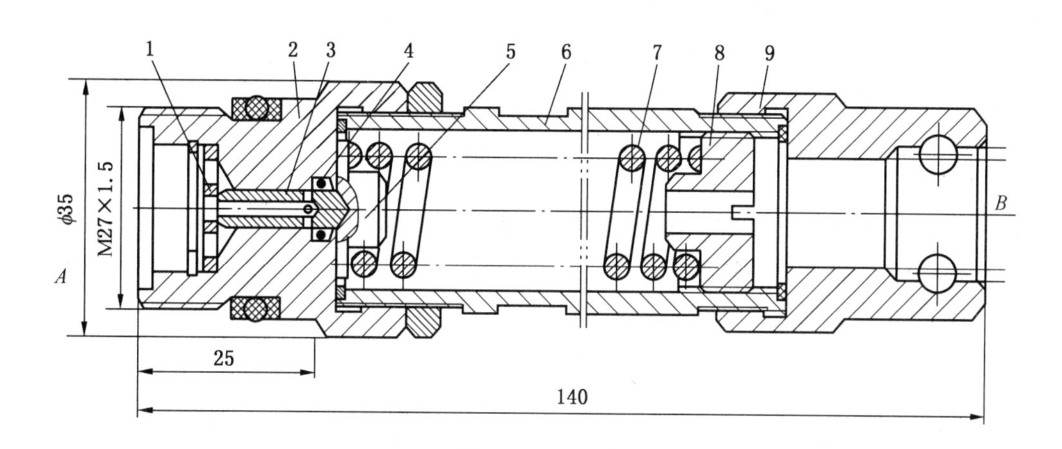

1—过滤网；2—阀座；3—阀芯；4—O 形密封圈；5—弹簧座；6—阀壳；7—弹簧；8—空心调整螺钉；9—管接头

图 8－11 YF5（YF5A）型安全阀

（2）弹簧式逆流型安全阀。弹簧式逆流型安全阀的结构如图 8－12 所示。它的主要特点是阀座 5 可以在阀壳 2 的导向孔中移动，故称为浮动阀座。浮动阀座上装有阀垫 6，它与阀芯 7 的锥面接触，增强了密封性能。该阀的开启压力由调整螺母 1 调定。弹簧 9 用来给定密封副的初始接触压力。

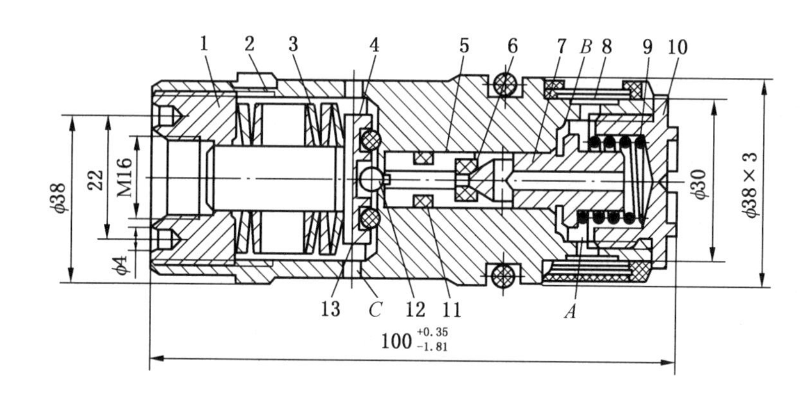

1—调整螺母；2—阀壳；3—碟形弹簧；4—碟簧座；5—浮动阀座；6—阀垫；7—锥形阀芯；8—过滤器；9—弹簧；10—螺纹端套；11—O 形密封圈；12—钢球；13—密封垫

图 8－12 弹簧式逆流型安全阀

弹簧式逆流型安全阀的工作原理是：高压液体经过滤器 8 流入 A 腔，然后沿锥形阀芯 7 的孔道集聚于浮动阀座 5 的右侧，若液体压力小于阀调定的开启压力，则碟形弹簧 3 通过碟簧座钢球 12 对浮动阀座左侧的作用力大于阀座右侧受到的液压作用力，浮动阀座不动。因此，A 腔液压力增高，但低于调定的开启压力时，仅仅增大了阀芯 7 对阀垫 6 的压紧力，使之密封更严。只有 A 腔液压力升高到超过阀调定的开启压力时，浮动阀座受到的液压力才大于碟形弹簧预压缩力，阀芯便推动浮动阀座向左移动。阀芯凸肩被阀壳 2 的端部 B 阻挡后不再移动，但浮动阀座继续在液压力作用下向左移动，使阀座和阀芯脱离接触，即安全阀开启溢流卸压，溢流液体从 C 口排出阀外。

从上述可知，弹簧式逆流型安全阀由于在开启前的瞬间，密封副的接触压力最大，所以这种安全阀在即将开启前不会有微小的泄漏，避免了顺流型安全阀的缺点。换句话说，逆流型安全阀具有起始溢流压力准确的优点。不过，它的结构比较复杂。

3. 液控单向阀

液压支架上泵采用的液控单向阀的工作原理与上均基本相同，主要由单向阀芯和液控顶杆两部分组成。按单向阀密封副形式的不同，液控单向阀有平面密封式，锥面密封式，球面密封式和圆柱面密封式四种类型，如图 8 – 13 所示。

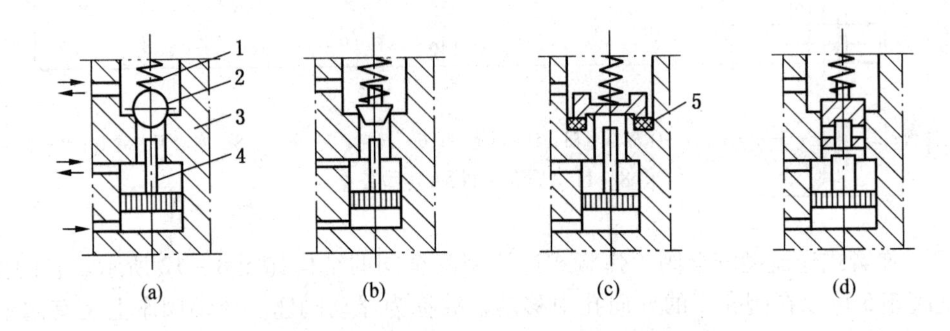

1—弹簧；2—阀芯；3—阀体；4—顶杆；5—阀垫

图 8 – 13　液控单向阀密封副形式

（1）KDF1C 型液控单向阀。

KDF1C 各符号的含义如下：

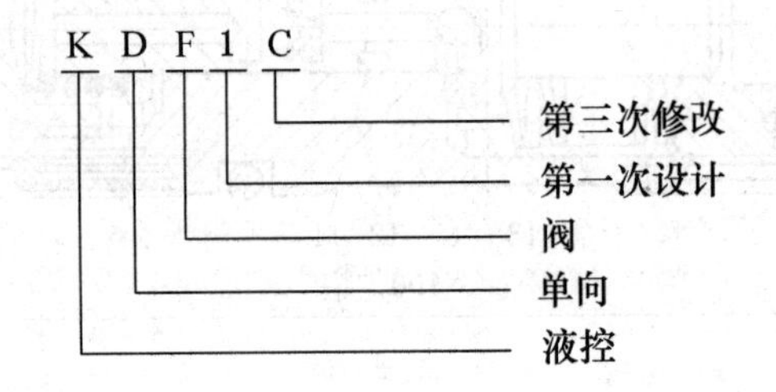

KDF1C 液控单向阀的特征：

公称压力	42 MPa
控制压力	6. 5 MPa
公称流量	40 L/min
外形尺寸	132 mm × 75 mm × 55 mm
	148 mm × 75 mm × 55 mm（K_2DF_1）
质量	3. 2 kg，3. 36 kg（K_2DF_1）
连接尺寸	板式 4—ϕ3. 5 通孔连接

KDF1C 型液控单向阀是一种平面密封液控单向阀，密封垫 9 与阀芯 10 平面接触构成密封副，如图 8 – 14 所示。密封垫座 8 的凸缘和阀芯 10 的面互相软接触，并通过它们的

结构公差来控制密封垫的最大变形量（0.1～0.35 mm），以延长密封副的工作寿命，这种密封方式称为面接触、软密封。

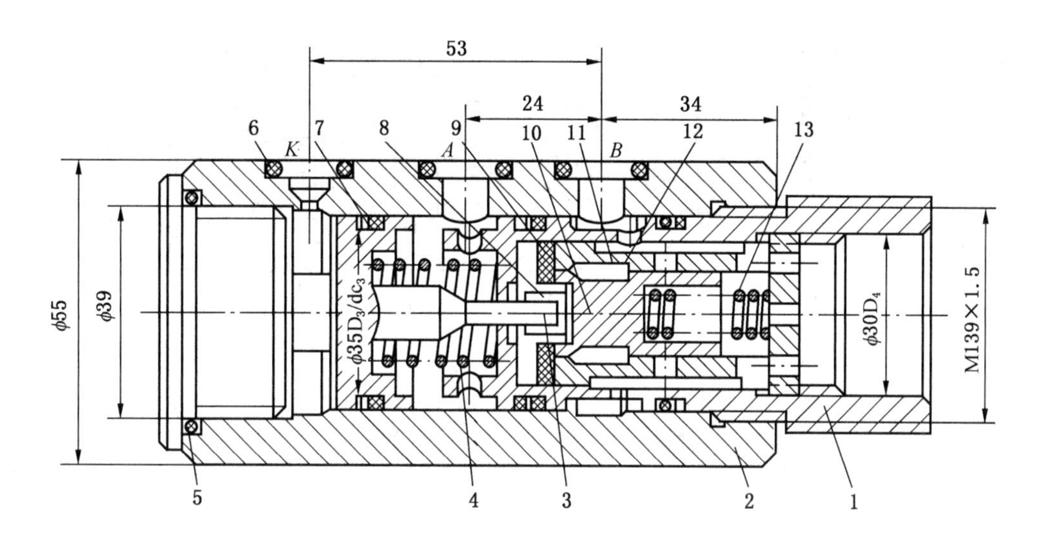

1—阀体；2—阀壳；3—顶杆；4—大弹簧；5、6、7—O 形密封圈；8—密封垫座；9—密封垫；10—阀芯；11—导向套；12—节流孔；13—小弹簧

图 8-14　KDF1C 型液控单向阀

高压液从 A 口进入后，克服小弹簧 13 的作用力，使阀芯 10 抬起，通过阀口从液口 B 流出，A 口一旦与回液管连通，阀芯即在小弹簧的作用下立即与密封垫 9 紧密接触，关闭通道，液口 B 的液体不能回流，并且 B 腔压力比 A 腔压力越大，关闭越严。欲使液口 B 卸载回流，必须使液控口 K 连通高压，这样，顶杆 3 将在液口 K 液压力作用下先克服大弹簧 4 的作用力，然后克服小弹簧 13 的作用力以及液口 B 对阀芯 10 的作用力，把阀芯顶开，允许工作液从液口 B 回流到液口 A。K 口液压一旦撤除，则顶杆在大弹簧作用下回到原位，阀芯在小弹簧作用下迅速关闭。

（2）ZDF_1 型双液控单向阀。双液控单向阀有两个液控口、两个顶杆，可使立柱实现强迫降柱和自重降柱两种降柱方式。ZDF_1 型双液控单向阀的结构如图 8-15 所示，其阀芯 3 为锥形，有两个顶杆 6 和 7，两个液控口 c 和 d。c 口进液时，长顶杆 6 左移，推动锥阀芯 3，使其离开阀座 4，立柱下腔压力液通过 a 口经阀芯与阀座之间的间隙由 b 口回液。与此同时，立柱上腔供入压力液，强迫立柱下降。d 口进液时，通过短顶杆 7 推动长顶杆 6 打开阀口。此时，立柱的上腔不供压力液，而下腔通回液管，立柱成自由状态，靠顶梁的自重作用而下降。

（3）双向液压锁。液压支架中，有些千斤顶的前后两腔均需锁紧，即需要设置两个液控单向阀。为了简化结构，往往将两个液控单向阀装入一个阀壳内，并通过一个双头顶杆双向分别控制两个液控单向阀的开启。这种结构的阀称为双向液压锁，如图 8-16 所示。两个结构完全相同的液控单向阀分别设置在阀壳 2 中心孔的两端，由双头顶杆 8 分别控制，当 A 口供压力液时，一方面打开左侧钢球 4，从 C 口进入千斤顶的一腔，另一方面通过顶杆将右侧钢球顶开，使千斤顶另一腔回液。反之，从 B 口供压力液时，压力液将

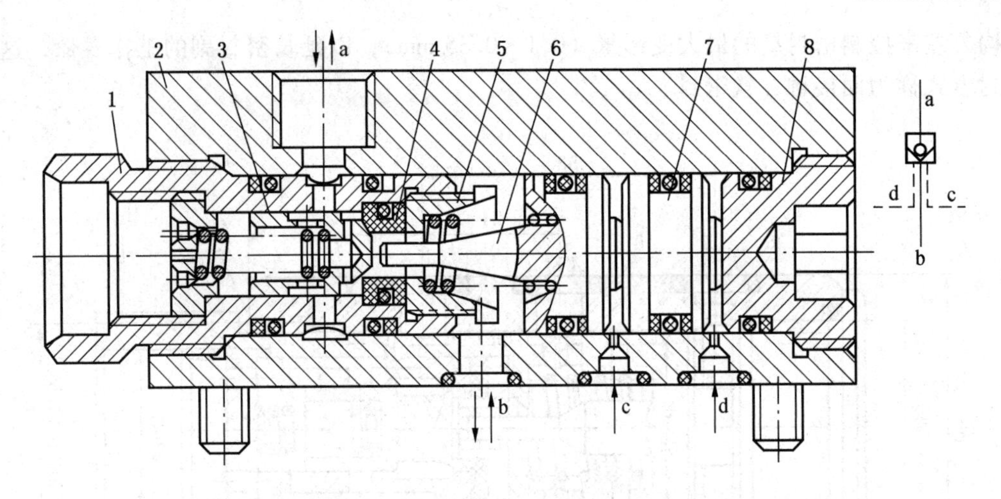

1—阀体；2—阀壳；3—阀芯；4—阀座；5—弹簧；6—长顶杆；7—短顶杆；8—端盖

图 8－15　ZDF_1 型双液控单向阀

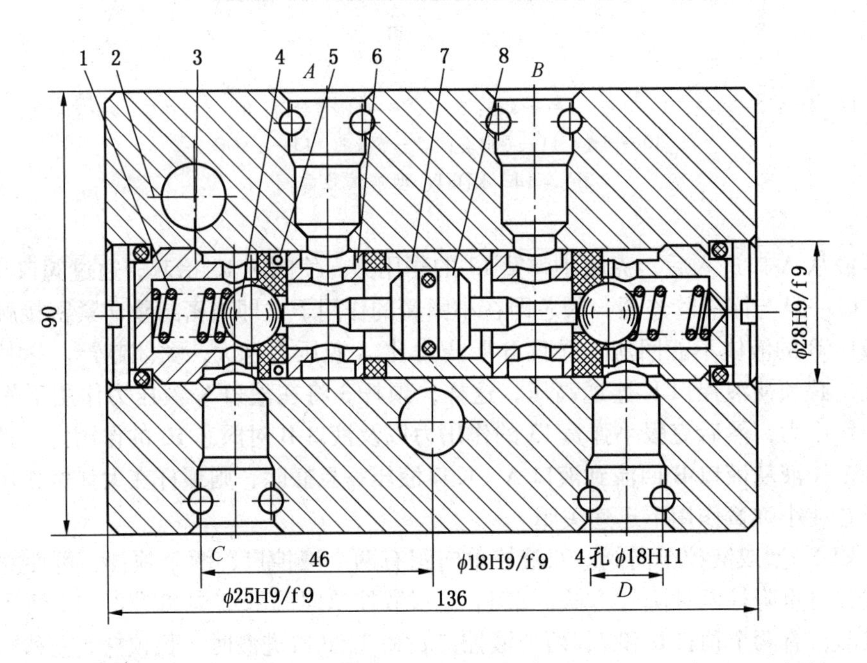

1—弹簧；2—阀壳；3—端套；4—钢球；5—阀座；6—进液套；7—导向套；8—双头顶杆

图 8－16　双向液压锁

右侧钢球打开，从 D 口供给千斤顶，而顶杆将左侧钢球顶开，使 C 口回液。A、B 口均不供液时，两钢球分别在弹簧作用下压紧在自己的阀座 5 上，液口 C、D 连接的千斤顶两腔压力封闭。

五、其他液压元件的结构

1. 截止阀

截止阀的作用是，当工作面上某一支架液压系统发生故障而需要检修时，它能够使该支架的液压系统与主管路断开，而不影响其他支架的正常工作。

截止阀有平顶密封式和球面密封式两种形式。

平面密封式截止阀如图 8－17 所示。它由端盖 2、阀杆 3、阀垫螺钉 7、阀体 8 等零件组成。阀体上 *A* 孔和 *B* 孔，通过快速接头与邻架支架的主管路连接；*C*、*D* 孔可任选一端接通往操纵阀的高压软管，另一端则用端堵堵住。截止阀在正常工作状态是常开的，由泵站来的压力液从 *A*、*B* 口的一端进入后，一方面流向另一端，为下一架支架供液；另一方面经截止阀由 *C*（或 *D*）孔供给操纵阀，当支架的液压系统出现故障需要检修而停止向操纵阀供液时，用专用工具转动阀杆的方形头，使阀杆向里拧紧，直到阀杆上的阀垫 6 压紧在阀体 8 的内孔平面上，使 *C*、*D* 孔和 *A*、*B* 孔断开，即阀处于关闭状态，压力液无法进入操纵阀，但不影响主管路的供液。检修完毕后，反方向旋转阀杆，使阀杆向外松开，截止阀重新恢复正常工作状态。

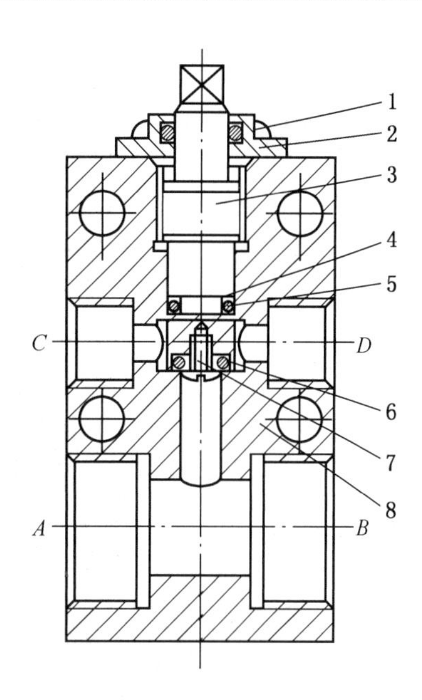

1—螺钉；2—端盖；3—阀杆；4—挡圈；5—O 形密封圈；6—阀垫；7—阀垫压紧螺钉；8—阀体

图 8－17　平面密封式截止阀

球面密封式截止阀如图 8－18 所示。该阀是一个二位二通阀，在接往支架操纵阀时，需在主进液管上连接一个三通阀。在正常工作时，阀处于常开状态，如图示位置。在球阀 14 的中心有一通孔，手把 8 可带动球阀转。当手把 8 转动到与阀体中液体流动的方向平行时，球阀上的孔正好可以使液体通过。当支架的液压系统出现故障需要检修时，只需将手把旋转 90°，此时球阀上的中心孔也随之旋转 90°，则压力液无法通过。该阀的压力液进出口方向不能接反，这是由于阀处于断开状态时，碟形弹簧 16 和压力液作用于阀座垫 15 上，使阀座 11 与球阀之间紧密接触，从而提高球阀的密封性能。若接反，压力液就会使球阀压缩碟形弹簧而离开阀座，造成阀在关闭后仍然出现漏液现象。该阀也用于主管路中，在主管路出现故障时，通过其切断主液路，处理完故障后再打开供液。

2. 回液断路阀

回液断路阀实际是一个单向阀，安装在操纵阀的回液管路上。其作用主要有两个：一是防止主回液管由于相邻支架动作而产生较高的背压液体进入支架的液压系统，引起千斤顶误动作；二是支架液压系统检修时，不影响工作面主回液管流回液箱。

回液断路阀的结构如图 8－19 所示，该阀由阀体 1、弹簧压座 2、阀座 3、阀芯 5、阀座压套 4 等主要零件组成，正常工作时，支架回液管的液体不会返回支架液压系统中。

该阀也可使用于主回液管下主进液管之间，当回液压力因故障增大时，可向主进液管卸压，以保证回液管路因背压过大而损坏。

3. 交替单向阀

在支架动作中，若两个不同的动作均需携带另一个动作，或两个动作均需向某一液压腔供液时，需设置交替单向阀，例如在垛式支架的降架和移架两个不同的动作中均需携带

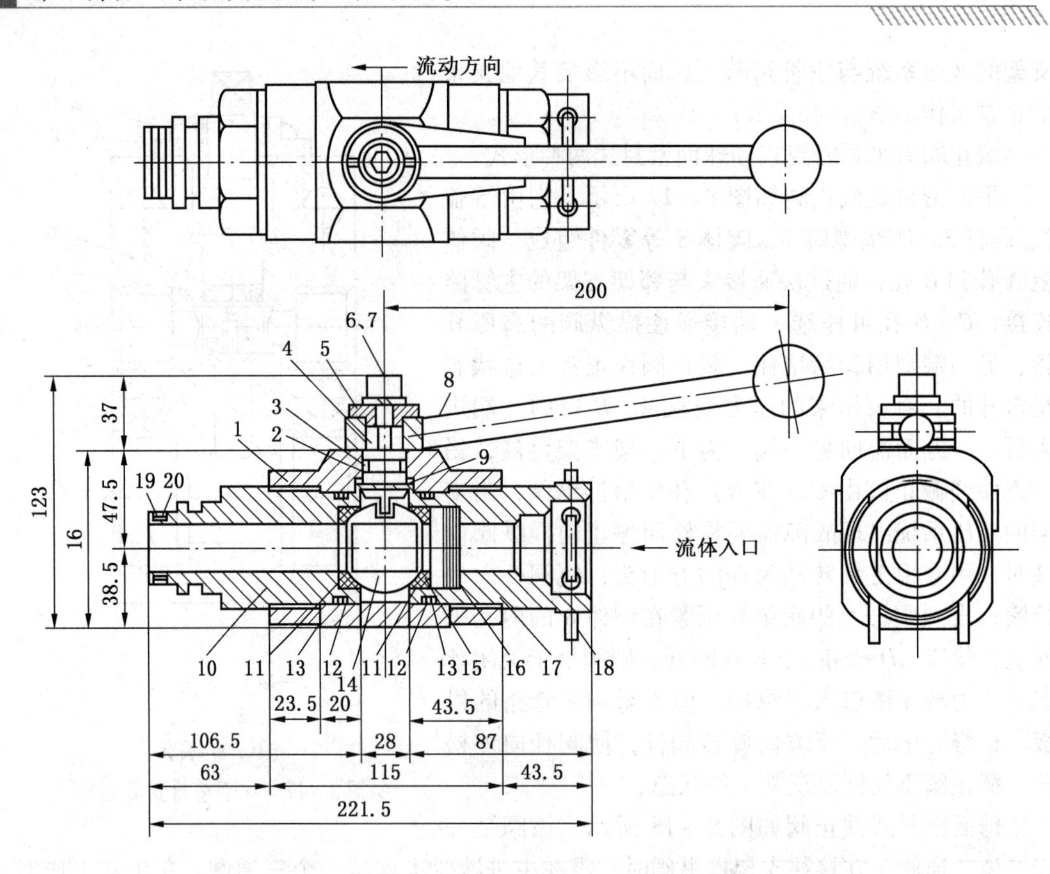

1—阀体；2、12、19—O形密封圈；3、13、20—挡圈；4—阀杆；5—方向指示盘；6—螺钉；7—弹簧垫圈；8—操作手把；9—衬垫；10—螺纹接头；11—阀座；14—球阀；15—阀座垫；16—碟形弹簧；17—管座；18—销子

图 8－18　球面密封式截止阀

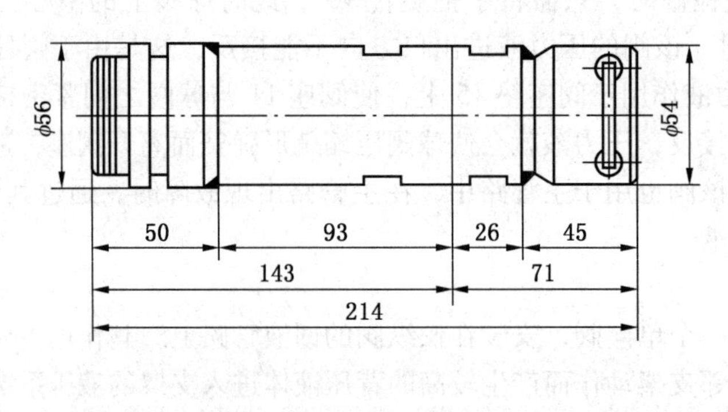

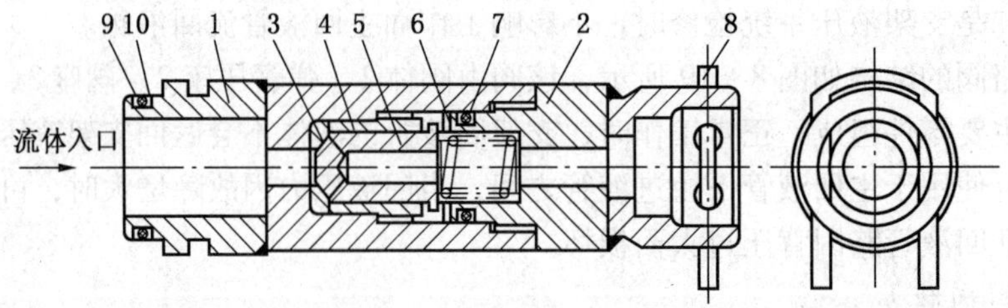

1—阀体；2—弹簧压座；3—阀座；4—阀座压套；5—锥形阀芯；6—弹簧；7、9—O形密封圈；8—销子；10—挡圈

图 8－19　回液断路阀

另一个动作。

复位动作则需在降架、移架、复位三个动作液路中设置交替单向阀。又例如在差动推移千斤顶中，为了使推移千斤顶的推力小手拉力，则需在推溜和移架两个动作液路中设置交替单向阀。

交替单向阀的结构如图 8－20 所示。该阀相当于两个单向阀组合在一个阀壳内，主要由阀芯 3、阀座 4、阀套 2 和阀壳 5 组成。阀壳上有三个液口 a、b、c，其中液口 a 和 c 为进液口，液口 b 为出液口。由于阀芯可左右移动，因此，不论从液口 a 或 c 进液，均可保持从 b 口出液。

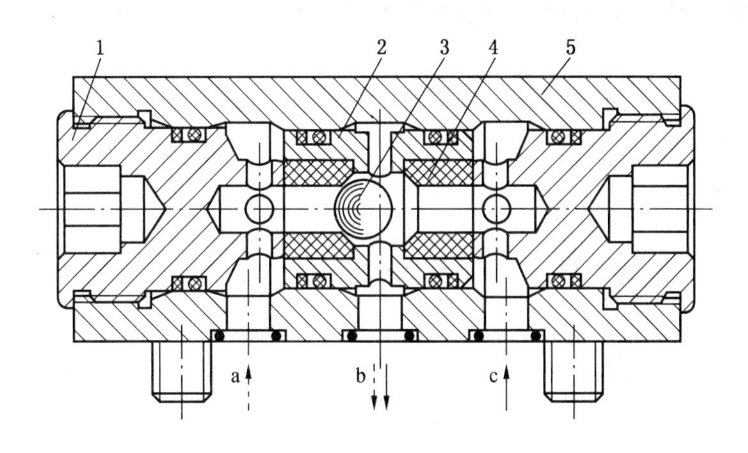

1—螺母；2—阀套；3—阀芯；4—阀座；5—阀壳

图 8－20　交替单向阀

4. 软管

液压支架所用的供液管的软管很多，根据软管的连接方式不同，有快速接头和螺纹接头两种型式，其技术要求见表 8－1。

表 8－1　高压软管技术要求

序　　号	K　　型	L　　型	拔脱力不小于/（kN·根$^{-1}$）	工作压力/MPa	爆破压力/MPa
1	KJR6－60/L	LJR6－30/L	6000	60	150
2	KJR8－42/L	LJR8－42/L	8000	42	100
3	KJR10－38/L	LJR10－38/L	10000	38	95
4	KJR13－30/L	LJR13－30/L	10000	30	90
5	KJR16－21/L	LJR16－18/L	10000	21	62
6	KJR19－18/L	LJR19－18/L	15000	18	53
7	KJR25－15/L	LJR25－15/L	18000	15	45
8	KJR32－11/L	LJR32－11/L	18000	11	33

表8－1中各符号及数字的意义如下：

K——快速连接；

J——接头；

R——软管；

L——螺纹连接；

6、8、10……——软管内径为6 mm、8 mm、10 mm…；

60、42、38…——工作压力为60 MPa、42 MPa、38 MPa…；

L——软管长度，mm。

例如：KJR6－60/1200为快速接头高压软管，工作压力为60 MPa，软管内径为6 mm，软管长度为1200 mm。

KJR系列的高压软管结构如图8－21所示，主要由管接头芯子1、外套4、橡胶层5和钢丝层6等组成。

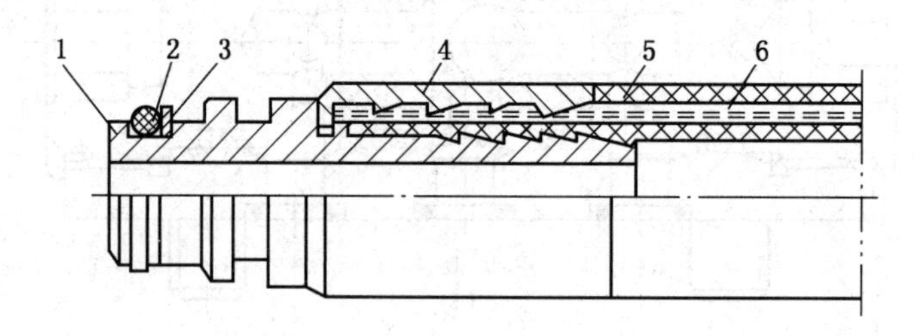

1—管芯；2—O形密封圈；3—挡圈；4—外套；5—橡胶层；6—钢丝层

图8－21　高压软管结构

高压软管在液压支架中使用较多，每架支架使用量大约为10～30根，因此，高压软管的结构，使用方法的好坏以及连接方法的得当都将直接影响支架的工作稳定性。

（1）对高压软管的使用要求如下：

① 使用前应检查型号、长度是否符合规定要求，并作抽样压力试验，合格后方可使用。

② 检查管接头和胶管连接处有无裸露钢丝，外胶层是否出现离层，如有上述现象不得使用。

③ 管接头端部的连接处镀层不得有损坏和脱落，出现脱落不得使用，以免密封不严而产生漏液。

④ 新安装的软管先对管内壁进行清洗，以免胶末和杂物进入液压系统。

（2）对高压软管的连接要求如下：

① 连接时应防止软管扭转，以免造成骨架改变而使其提早破坏，如图8－22a所示。

② 连接后应使软管长度留有一定的余量，以免受拉力作用引起软管长度变化而降低其承压能力，如图8－22b所示。

③ 软管的固定夹子应放在曲线和直线交点的直线上，夹子不能将软管卡变形，也不能卡得太松，如图8－22c所示。

④ 连接运动部件时，应留有足够的长度，以免运动时拉伤软管，如图8－22d所示。

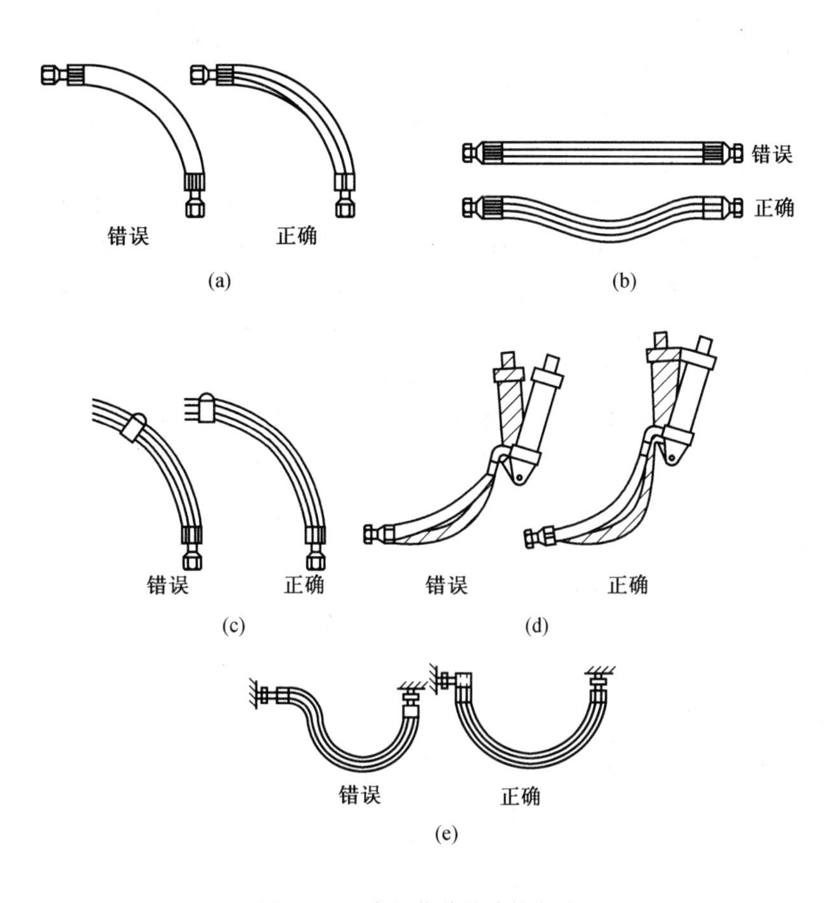

图8-22　高压软管的连接方法

⑤ 连接的弯曲半径应符合表8-2的要求，如图8-22e所示。

表8-2　软管连接的弯曲半径

mm

规格（内径）	6	8	10	13	16	19	25	32
最小弯曲半径	120	140	160	190	240	300	380	450

第二节　液压支架的液压控制系统

一、液压支架的液压系统及其特点

液压支架的液压系统属于液压传动中的泵-缸开式系统。动力源是乳化液泵，执行元件是各种液压缸。乳化液泵从乳化液箱内吸入乳化液并增压，经各种控制元件供给各个液压缸，各液压缸回液流入乳化液箱。乳化液泵、液箱、控制元件及辅助元件组成乳化液泵站，通常安装在工作面进风巷，可随工作面一起向前推进。泵站通过沿工作面全长敷设的主供液管和主回液管，向各架支架供给高压乳化液，接收低压回液。工作面中每架支架的液压控制回路多数完全相同，通过截止阀连接于主管回路，相对独立。其中任何一架支架发生故障进行检修时，可关闭该架支架与主管路连接的截止阀，不会影响其他支架工作。

液压支架的液压系统具有下列特点：

（1）液压系统庞大，元件多。液压支架沿采煤工作面全长铺设，铺设长度大（可达200 m）。液压系统中有大量的立柱（80～1000 根）和千斤顶（80～1500 根），还有数量很多的安全阀、液控单向阀、操纵阀，以及大量的高压软管、管接头等，因而整个系统错综复杂。系统中各部件的密封性和可靠性对支架工作影响很大。

（2）供液路程长，压力损失大。液压支架的立柱和千斤顶的工作液体由设在工作面进风巷的泵站供应，液压能需要长距离输送，压力损失较大，尤其是移架和推移输送机时，支架液压系统中有很大容量的工作液体进行循环流动，所以要求主管路有足够的过流断面。

（4）工作环境恶劣，潮湿，粉尘多，工作空间有限，采场条件经常变化，检修不方便，要求液压元件可靠，工作时间长。

（5）对液压元件要求高。液压支架的工作液体采用乳化液，水占95%左右，故黏度低，润滑性能和防锈性能都不如矿物液压油，因此，要求液压元件的材料好、精度高，具有较好的防锈、防腐蚀能力。

二、液压控制系统的基本回路

液压支架的液压控制系统由主管路和基本控制回路二大部分组合而成。本节着重分析支架内液压控制系统的基本组成单元。

（一）主管路

1. 两线主管路

通常，由泵站向工作面引出两条主管路：一条供压力液，称为主压力管路，用字母 P 表示；另一条接收低压回液，称为主回液管，用字母 O 表示。

如果所有支架都直接与主管路并联，称为整段供液，如图 8－23a 所示。整段供液时，主管路一段由各架支架间的短管串接而成。如果将工作面所有支架分为若干组，每组 8～12 架，各组内的支架并联于该组的分管路，然后各分管路再并联于主管路，称为分段供液，如图 8－23b 所示。分段供液时，主管路仅由几根较长的大断面软管串接而成，可降低管路液压损失。

每架支架的压力支路上都有截止阀 2，截止阀后面还装有过滤器 1，保持进入支架液压系统的液体清洁。回液支路上可设回液逆止阀 3，以便在支架检修时，防止其他支架回液返向检修支架液压系统内，影响其他支架正常工作。主压力管 P 每隔一段距离还装有截止阀 4，当主压力管某处断裂时，可立即关闭截止阀，防止泵站排出乳化液大量泄露。为减小回液阻力，回液管路上一般不设截止阀。为了防止主回液管路因堵塞引起回液背压升高，在主回液管路上安装有低压安全阀 5。通常，低压安全阀的开启压力为 2 MPa 左右。

2. 多线主管路

目前，有些支架采用了多线主管路。如图 8－24 所示为三线管路，除了压力管路 P 和

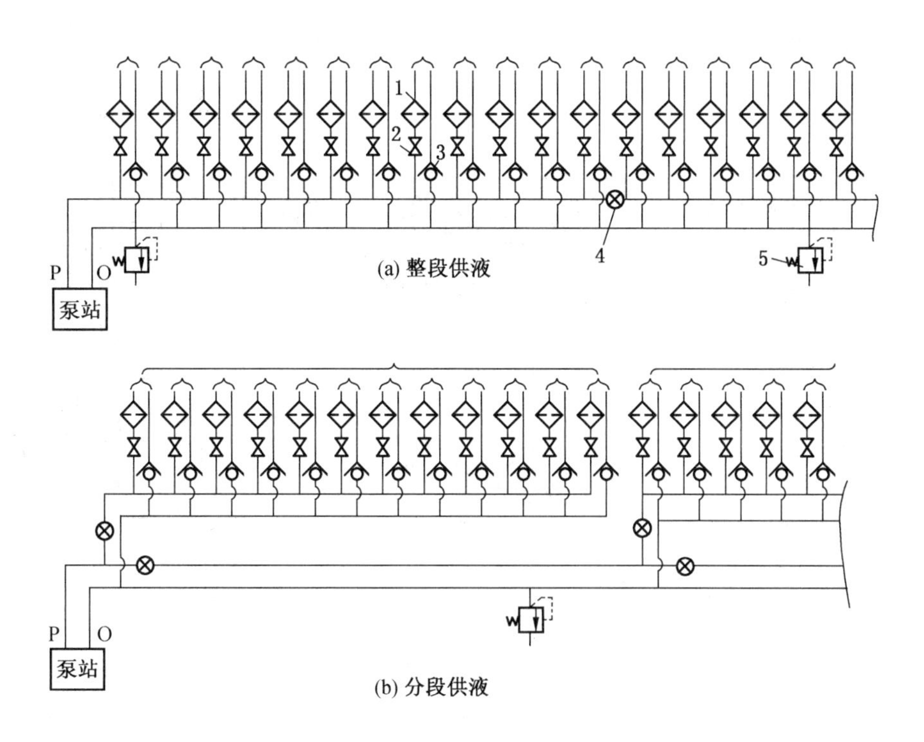

1—过滤器；2、4—截止阀；3—回液逆止阀；5—低压安全阀

图 8－23　两线主管路

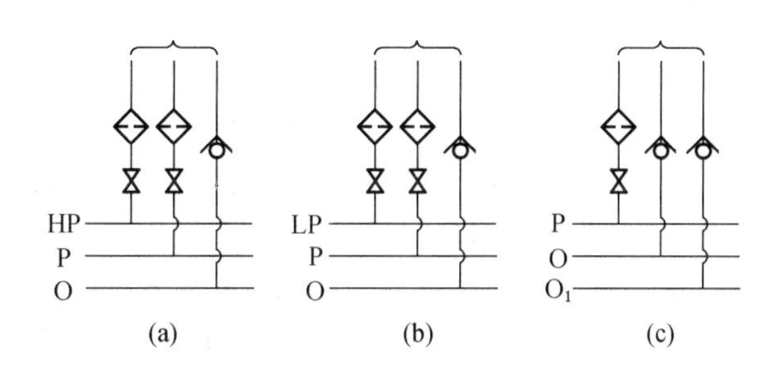

HP—高压管路；P—主压力管路；LP—低压管路；O—主回液管路；O_1—回液管路

图 8－24　三线主管路

主回液路 O 以外，或是增设一条高压管路 HP，来满足立柱对较高供压液的要求，提高支架的初撑力；或是增设一条低压管路 LP，以满足个别液压缸对较低液压力的要求；或是增设一条回液管路 O_1，来降低回液背压。

个别支架甚至采用四线主管路，即四条主管路 HP、P、LP 和 O，可以向支架提供三种不同压力的液体。

（二）基本控制回路

1. 换向回路

换向回路用来实现支架各液压缸工作腔液流换向，完成液压缸伸出缩回动作，控制元件是操纵阀，如图 8－25 所示。

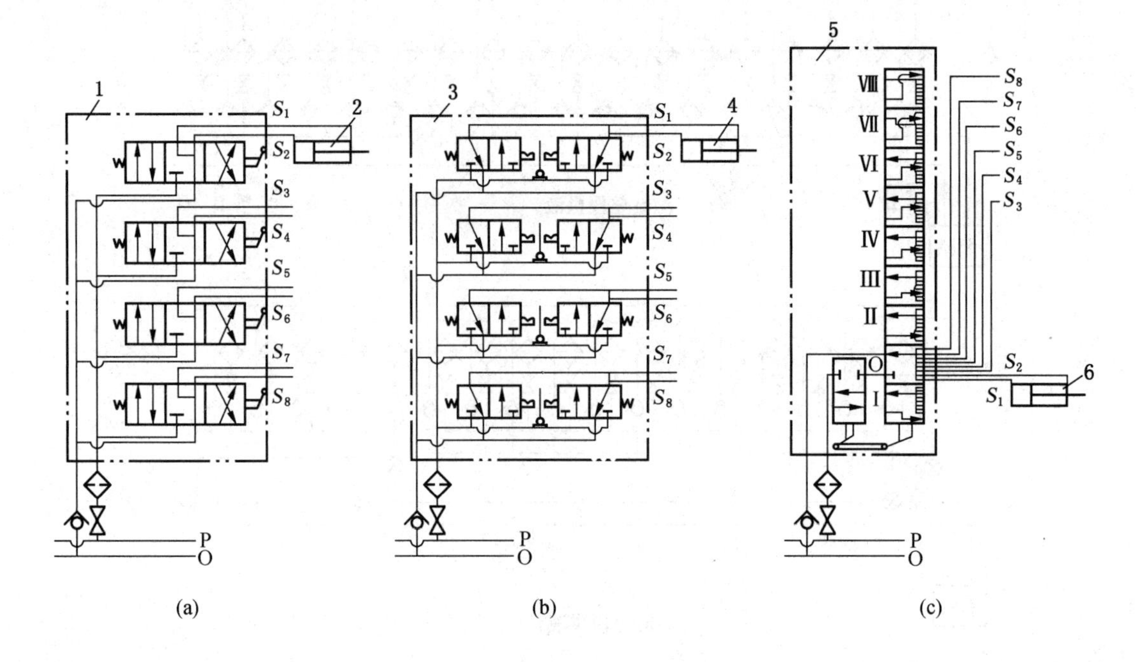

1、3、5—操纵阀；2、4、6—液压缸

图 8－25　换向回路

（1）简单换向回路。图 8－25a 中操纵阀 1 由数个三位四通阀组成，图 8－25b 中操纵阀 3 由数组二位三通阀组成。每个三位四通阀或每组（两个）二位三通阀实现一个液压缸换向，用一个手把操作，这是简单换向回路。简单换向回路中各阀可以独立操作，不影响其他液压缸的工作；可以根据具体情况，合理调配各液压缸的协同动作。不过，它要求操作人员具有较高的操作水平和熟练的操作技能，否则会发生误动作，造成支架损坏。

简单换向回路中的操纵阀多为数片集装在一起的片式组合操纵阀。

（2）多路换向回路。图 8－25c 中操纵阀 5 为带有供液阀的九位十通平面转阀，用一个手把操作，能够依次实现数个液压缸的伸缩动作，这是多路换向回路。多路换向回路的操纵阀也可采用凸轮回转组合操纵阀。多路换向回路每个工作位置只能使一个工作通道的相应液压缸动作，因而它不会发生由于支架内各液压缸的动作不协调而引起的支架损坏，对操作人员的操作水平和熟练程度要求也不太高。

2. 阻尼回路

阻尼回路的作用可以使液压缸的动作较为平稳，使浮动状态下的液压缸具有一定的抗冲击负荷能力。它是在液压缸的工作支路上设置节流阀或节流孔而成，如图 8－26 所示。若液压缸两侧都设置有节流阀，称为双侧节流；只有一侧有节流阀，称为单侧节流。图中液压缸前腔支路设置的节流阀 2 起双向节流作用，即无论进液还是回液均起节流作用，称为双向节流，它可使液压缸的伸出或缩回动作都比较平稳。图中液压缸后腔支路上设置的节流阀并联 1 个单向阀，起单向节流作用，即进液时，液流主要通过单向阀，故不起节流作用，只有在回液时起节流作用，它使得液压缸的缩回动作比较平稳，能承受一定的推力。在液压支架中，阻尼回路多用于调架千斤顶、侧推千斤顶或防倒千斤顶等的控制。

3. 差动回路

差动回路如图 8－27 所示，它采用交替逆止阀作为控制元件。差动回路能减小液压缸的推力，提高推出速度。

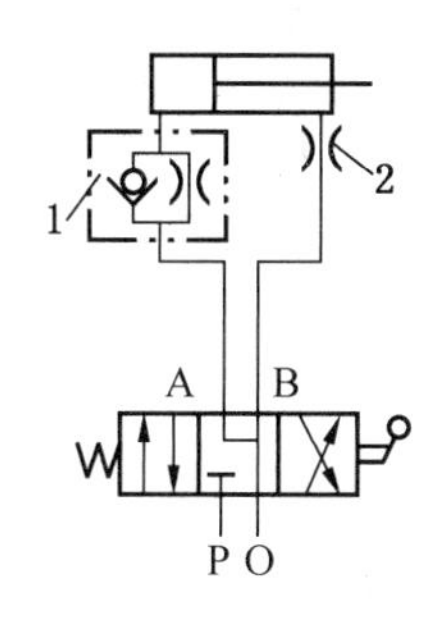

1—单向节流阀；2—双向节流阀

图 8－26　阻尼回路

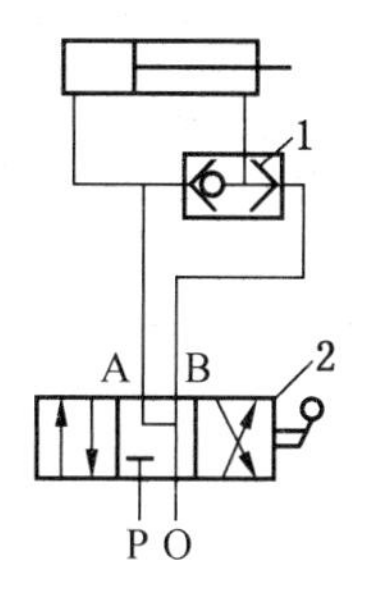

1—交替逆止阀；2—操纵阀

图 8－27　差动回路

操纵阀 2 置于左位，在压力液进入液压缸后腔的同时，使交替逆止阀 1 的 B 口断开，把 A 口与前腔连通。这样，液压缸前腔向回液管回液的通道被堵死，前、后腔同时供液体压力。若忽略交替逆止阀的流动阻力，液压缸两腔液压力相等。由于后腔活塞作用面积大于前腔环形作用面积，故活塞及活塞杆还是向右运动伸出，但其推力减小。在液压缸活塞杆伸出过程中，由于前腔的回液通道被堵死，前腔液体只能返回到后腔，增加了后腔的供液量（供液量在于泵站所提供的流量），使得推出速度加快。

操纵阀 2 置于右位时，压力液从交替逆止阀 1 的 B 口进入液压前腔，液压缸后腔回液压力小于供液压力，因而不能打开交替逆止阀 A 口，只能通过操纵阀回液。所以，采用差动回路时，液压缸的拉力和缩回速度均不改变。差动回路一般用于推移千斤顶的控制。

4. 锁紧限压回路

在锁紧回路中增设限压支路就构成锁紧限压回路，如图 8－28 所示。限压支路的控制元件是安全阀，它能限制被锁紧的工作腔的最大工作压力，保证液压缸用其承载构件不致过负荷。安全阀 4 既是一个限压元件，也是一个解锁元件，如图 8－28c 所示。安全阀的溢流液可以直接排入大气中，如图 8－28e 所示；也可以直接导入回液管，如图 8－28b 所示；还可以通过操纵阀回液，如图 8－28a 和图 8－28d 所示。

如图 8－28a、b 和 c 所示是单向锁紧限压回路，锁紧和限压液压缸的一个腔，可用来控制立柱、前梁千斤顶、护帮千斤顶等，为支架提供恒定工作阻力。图 8－28d 为双向锁紧限压回路，锁紧和限压液压缸的两个腔，可作为平衡千斤顶的控制回路。图 8－28e 为双向锁紧单侧限压回路，锁紧液压缸两腔，但限压为液压缸一个腔，可用于控制护帮千斤顶。护帮千斤顶伸出后被锁紧，千斤顶承受煤壁载荷，有安全阀防止煤壁载荷过大而损坏护帮装置；护帮千斤顶缩回后被锁，防止护帮板落下伤人。因为缩回后负荷较小，故不设置安全阀限压。

5. 双压回路

双压回路如图 8－29 所示，它能对液压缸的伸出和缩回动作提供不同的液压力。它需

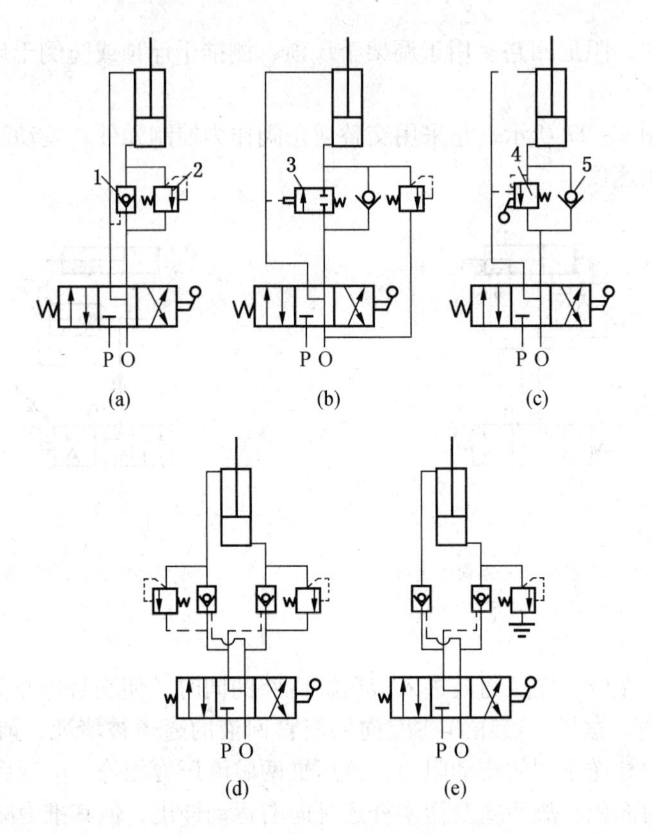

1—液控单向阀；2—安全阀；3—卸载阀；4—可解锁的安全阀；5—单向阀

图 8－28　锁紧限压回路

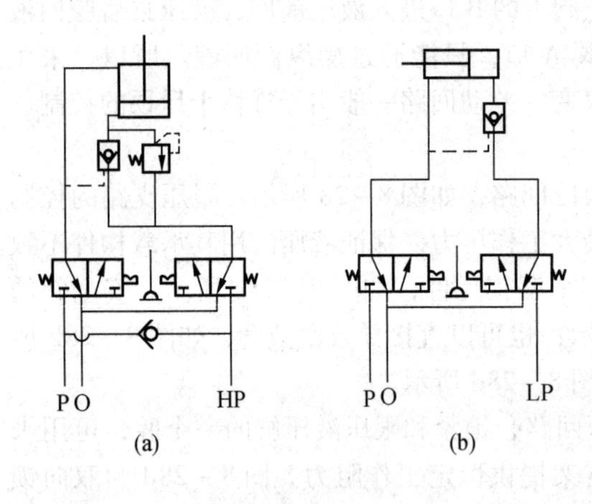

图 8－29　双压回路

要两个二位三通阀分别与不同压力的管路连接。两个阀可以共用一个操作手把，也可以分别有操作手把，视阀的具体结构而定。

图 8－29a 表示对一根立柱的双压控制。降柱时，使用普通压力管路 P；升柱使用较高的压力管路 HP。因此，它可以提高立柱的初撑力。连接于 P 和 HP 两条压力管路之间的单向阀允许 P 管液体流到 HP 管，但不允许 HP 管路液体流入 P 管路。这样，在支架升架过程中顶梁未接顶时，因负载较小，HP 管路的压力不高，P 管路的压力液可以打开单向阀，和 HP 管路压力液一起进入立柱下腔，提高升柱速度。顶梁接顶后，负载急剧变大，HP 管路的压力高于 P 管路压时，单向阀就被关闭，由 HP 管路单独供液，使支架获得较大初撑力。

图 8－29b 表示对一个推移千斤顶的双压控制。它用 P 管路提供普通压力使千斤顶缩回，用 LP 管路提供较低压力使千斤顶伸出，使得千斤顶的推溜力小于移架力。

6. 自保回路

自保回路如图 8－30 所示，在扳动操纵阀手把向液压缸工作腔供压力液开始后，尽管将手把放开，仍可能通过工作腔的液压自保保持对工作腔继续供液。

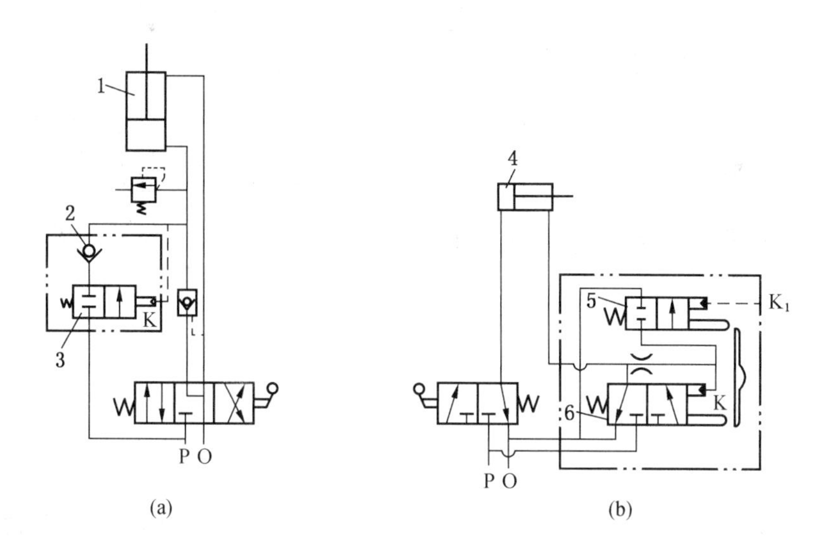

1—立柱；2—单向阀；3—二位三通自保阀；4—推移千斤顶；5—二位二通解锁阀；6—二位三通自保操纵阀

图 8－30　自保回路

如图 8－30a 所示的自保回路可实现对立柱 1 的下腔自保供液，自保控制元件是二位三通自保阀 3。操纵阀置于左位升柱时，立柱下腔液压力升高，作用于二位三通自保阀 3 的液控口 K 使之开启（右位），压力液直接从压力管路 P 通过单向阀 2 进入立柱下腔。因而，即使操纵阀手把已回到零位，仍然能保持向立柱下腔供液。操纵阀置于右位降柱时，立柱下腔卸载回液，压力降低，二位三通自保阀 3 在弹簧作用下复位关闭（左位）。

对立柱下腔设置自保供液回路，可以保证立柱支撑力达到额定初撑力而不受操作人员操作因素的影响，大大改善了支架的实际支护能力，有利于维护好顶板。可以把二位三通自保阀 3 和单向阀 2 做成一体，按其用途，称为定压升柱阀。

如图 8－30b 所示自保回路使用了二位三通自保操纵阀 6，实现推移千斤顶 4 的前腔自保供液。按压二位三通操纵阀 6 的手把，在操纵阀开启向液压缸前腔供液的同时，部分压力液通过一节流阀返回操纵阀 6 的液控口 K，代替操作手把保持操纵阀 6 的开启供液状态。液控口 K_1 有压或操作手把都可以使二位二通解锁阀 5 开启，使操纵阀 6 液控口 K 和回液管路 O 连通而卸压；操纵阀 6 则在弹簧作用下复位，停止向推移千斤顶前腔供液。节流阀的作用是防止压力管路 P 与回液管路 O 在解除液压自保时短路。

采用自保回路控制推溜动作，操作人员只需在走动中依次按一下各个支架的推溜手把，不必停留在支架跟前操作，推移千斤顶就能自动把刮板输送机推到煤壁跟前，从而节省了操作时间。可以把图中二位二通解锁阀和二位三通自保操纵阀以及节流阀做成一体，用来推溜，称为推溜阀组。

7. 背压回路

背压回路如图 8－31 所示。使液压缸工作腔在回液时保持一定的压力即背压。支架立柱下腔的背压可以实现支架擦顶带压移架。

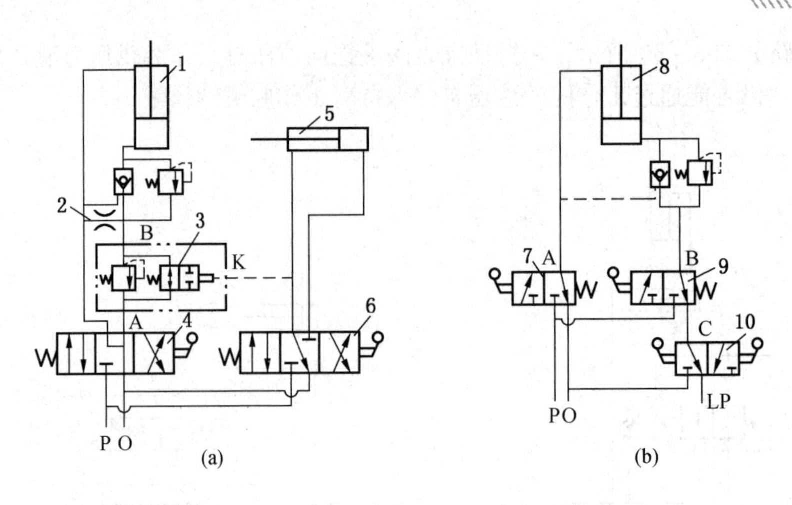

1、8—立柱；2—节流阀；3—背压阀；4、6、7、9—操纵阀；5—推移千斤顶；10—二位三通阀

图 8－31　背压回路

图 8－31a 中立柱下腔的回液背压是一个特殊的背压阀 3 建立起来的。该背压阀由溢流阀和液控常开式二位二通阀组成。将操纵阀 6 置于左位，向推移千斤顶 5 前腔供给压力液准备移架，但因支架未卸载还撑紧于顶底板之间，此时支架并不移动。然而压力管路 P 的液压力已经传至背压阀，使其在立柱上腔液压力作用下开启，但由于背压阀 3 中的二位二通阀早已关闭，所以立柱下腔液体压力必须大于背压阀中液流阀的开启压力才能回液。这样，立柱下腔就保持了一定的压力，即背压。通常将该溢流阀的开启压力，即立柱下腔的回液背压调整到恰好使立柱能保持对顶板生 39～49kN 的作用力，所以实际上支架并不脱离顶板。如果推移千斤顶移架力大于支撑力所引起的摩擦阻力，则支架将紧贴顶板向前移动。

如果只将操纵阀 4 置于左位降柱位置而操纵阀 6 仍在零位，由于此时背压阀液控口 K 无压，背压阀中二位二通阀是开启的，因此立柱可以降下来。只将操纵阀 4 置于右位升柱位置而操纵阀 6 仍在零位，则此时液控口 K 无压，立柱升柱动作也能顺利实现。

这个特殊的背压阀 3，在支架中的用途是保持移架时撑顶，所以也称为支撑保持阀。连接于立柱上下腔液路之间的节流阀 2 的作用是，在带压移架中通过它将压力液补入立柱下腔，从而保证支架在前移过程中无论煤层厚度是否变大，都能贴紧顶板；而在降升柱过程中，又可防止压力管路和回液管路之间短路，减少泄漏。

如图 8－31 所示背压回路是利用低压管路 LP 的压力来保持立柱下腔的回液背压的。在该回路中，立柱下腔操纵阀 9 的回液管路串接有一个手动二位三通阀 10。当二位三通阀 10 位于图示左边位置时，扳动操纵阀 7 降柱时，立柱下腔通过已开启的液控单向阀、操纵阀 9 和二位三通阀 10 与低压管路 LP 连通，因而立柱下腔的压力等于低压管路的压力。低压管路和压力数值应使得立柱还能对顶板产生 39～49 kN 的支撑力。如果二位三通阀 10 被置于右边位置，使操纵阀 9 的回液孔与回液管连通，则立柱可以顺利降下来。二位三通阀 10 按其在支架中的用途也称为擦顶移架阀或移架方式选择阀。

8. 连锁回路

由不同操纵阀分别控制的几个液压缸，应用连锁回路。连锁回路能使它们的动作相互联系或相互制约，防止因误操作引起不良后果。

如图 8-32a 所示的连锁回路，可用于防止两个立柱同时降柱。它采用了两个单向顺序阀 2 和 6，以及两个单向阀 3 和 7 作为连锁回路控制元件。

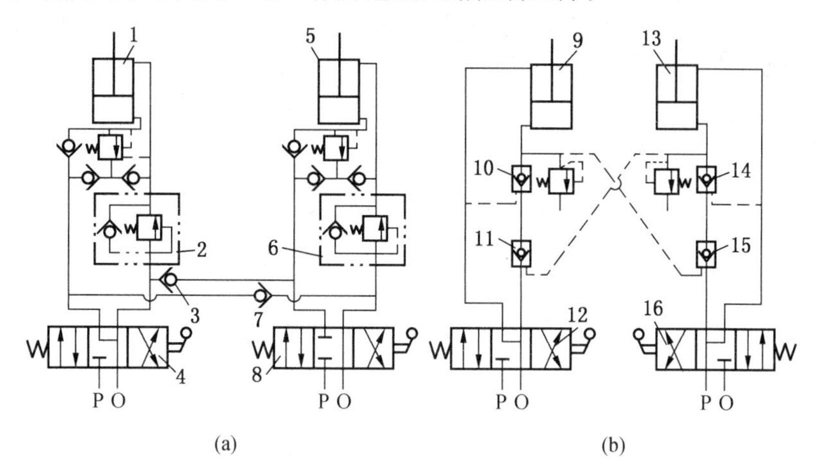

1、5、9、13—立柱；2、6—单向顺序阀；3、7—单向阀；4、8、12、16—操纵阀；10、11、14、15—液控单向阀

图 8-32 连锁回路

将操纵阀 4 置于右位立柱 1 时，从压力管路 P 到达单向顺序阀 2 前的液体将受到顺序阀的阻挡，于是打开单向阀 3 进入立柱 5 的下腔液路。如果此时立柱 5 处于支撑承载状态，则单向顺序阀 2 前的液压力就会很快建立起来将该阀开启，使压力液进入立柱 1 的上腔并使下腔液路解锁，实现立柱 1 的降柱。如果此时立柱 5 也正在进行降柱操作，即操纵阀 8 变在右位，则单向顺序阀 2 前的液体就会经单向阀 3 和操纵阀 8 直接短路回液，打不开单向顺序阀 2，因而立柱 1 不能降下。如果此时立柱 5 已经降柱，操纵阀 8 已回到零位，则压力液经操纵阀 4 和单向阀 4 进入立柱 5 的下腔，使立柱 5 升柱接顶。待立柱 5 下腔压力达到一定数值后，单向顺序阀 2 才能开启，从而实现立柱 1 降柱。简单地说，只有立柱 5 处于支撑承载状态，立柱 1 才能降下，反过来也是一样。两柱同时进行降柱操作，两柱都不会下降，降下一根立柱后再接着降另一根立柱，则前一根立柱又会自动升柱接顶承载。

单向顺序阀开启压力的整定值，依我们对未降立柱所要求的最小支撑力而定。

如图 8-32b 所示连锁回路的连锁控制元件是液控单向阀 11 和 15，它也能使两根立柱 9 和 13 不能同时降柱。这是由于每根立柱下腔液路都有两个液控单向阀，开成两道阻止下腔回液的关卡，因此，只有立柱 3 处于支撑承载状态，液控单向阀 11 被解锁后，才通报操作操纵阀 12 使立柱 9 降下，反之亦然。

对立柱下腔液路上串联的两个液控单向阀 10（或 14）和 11（或 15）液控压力的要求是不同的，液控单向阀 10（或 14）是立柱下腔锁紧元件，要求在不大的压力下就能开启。而液控单向阀 11（或 15）是连锁控制元件，开启它的液控压力应能保证对未降立柱最小支撑力的要求。连锁控制元件也可以用一个常闭式液控二位二通阀和一个单向阀的并联组合来代替。

9. 先导控制回路

先导控制回路如图 8－33 所示，它的主要控制元件是先导液压操纵阀和液控分配阀。先导液压操纵阀发出先导液压指令，液压分配阀接到指令后立即动作，向相应液压缸工作腔供液。先导控制可以减少液压损失，减少采用邻架控制方式时的过管路（因为先导液压控制管路的流量极小，可以采用多芯管传输多路液压指令），便于向集中控制、遥控和自动控制方式发展。

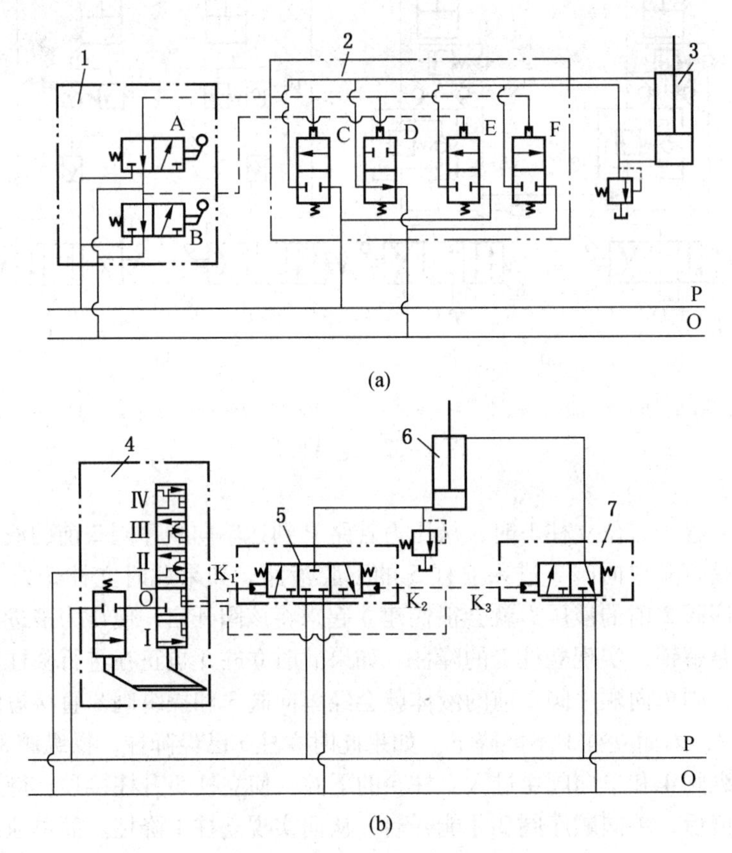

1、4—先导液压操纵阀；2、5、7—液控分配阀；3、6—立柱

图 8－33　先导控制回路

如图 8－33a 所示先导控制回路的液控分配阀 2 是由四个液控二位二通阀组成的，它不仅可以根据先导液压指令实现液压缸的换向动作，还可以实现闭锁功能。图 8－33 所示液压缸 3 为支架立柱。液控分配阀 2 中，右边两个常闭式二位二通阀 E 和 F 组合控制立柱 3 下腔的进液和回液，左边一个常闭式和一个常开式二位二通阀 C 和 D 组合控制立柱上腔的进液和回液。操作先导液压操纵阀 1 中 B 阀动作，则先导液压指令将传至 E 阀液控口使之开启，压力液从压力管路 P 经 E 阀进入立柱 3 的下腔，使之升柱接顶。松开 B 阀手把，E 阀则在弹簧作用下复位关闭，立柱下腔被锁紧。操作先导液压操纵阀中 A 阀，使之发出液压指令，则 C 阀开启，K 阀关闭，F 阀开启，压力液从压力管路 P 经 C 阀进入立柱 3 的上腔，立柱 3 的下腔经 F 阀与回液管路 O 连通，所以立柱 3 降柱。

图 8－33b 所示的先导控制回路中液控分配阀 5 为三位三通阀，它具有闭锁功能，控制立柱 6 的下腔液路；液控分配阀 7 为三位三通阀，控制立柱 6 的上腔液路，无先导液压时

将立柱上腔与回液管路 O 接通。若先导液压操纵阀 4 被置于Ⅱ位发出液压指令，则液控分配阀 5 的液控口 K_1 有压，使三位三通阀位于左边位置，压力液从压力管路 P 直接通过液控分配阀 5 进入立柱下腔，而此时立柱上腔可通过液控分配阀 7 回液，立柱 6 将升起。当先导液压操纵阀置于Ⅰ位发出先导液压指令时，液控分配阀 5 的液控口 K_2 有压，使立柱下腔与回液管连通；同时液控分配阀 7 的液控口 K_3 有压，压力液经液控分配阀 7 进入立柱上腔，立柱降下。先导液压操纵阀位于零位时，液控口 K_1 和 K_2 都无压，液控分配阀 5 位于中立位置，立柱下腔被闭锁承载。

第三节　液压支架的控制方式

一、本架控制

图 8－34 所示的液压控制系统是较简单的本架手动控制系统。执行机构是立柱 3、推移千斤顶 4 和前梁千斤顶 7。其动作由回转式操纵阀 1 和三列卸载安全阀 2 控制。立柱和前梁千斤顶为单作用液压缸，可以通过回转式操纵阀控制其全降，也可以通过三列卸载安全阀控制前柱、后柱、前梁千斤顶分别单独降。升柱动作可由回转式操纵阀配合三列卸载安全阀控制全升或前柱、后柱、前梁千斤顶分别单独升。

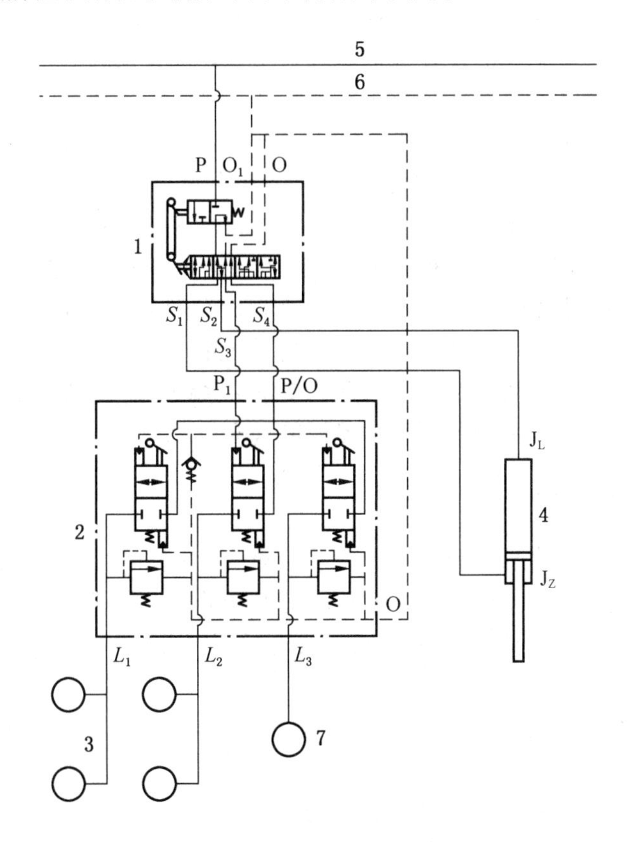

1—操纵阀；2—三列卸载安全阀；3—立柱；4—推移千斤顶；5—主进液管；6—主回液管；7—前梁千斤顶

图 8－34　本架手动控制液压系统

例如，当回转式操纵阀 1 置于 S_4 位时，打开供液阀后，压力液供至卸载阀，再同时或分别操作卸载阀就可向立柱和前梁千斤顶活塞腔供液，使其升起。当操纵阀置于 S_3 位时，打开供液阀后，压力液推动卸载阀阀芯移动，使立柱和前梁千斤顶活塞腔同时回液，立柱和前梁千斤顶在顶梁和前梁自重作用下降下。当回转式操纵阀不供液时，可通过操纵阀卸载实现单独降柱。立柱升起后，三列卸载安全阀恢复其关闭位置，由高压安全阀限制立柱活塞腔的最大工作压力。单向阀的作用是防止回液背压进入卸载阀液控腔，引起立柱误动作。节流阀的作用是减少卸载阀承受的液控力。

二、单向邻架控制

图 8－35 所示为单向邻架控制液压系统，操纵阀 4 安装在相邻支架上，三列卸载安全阀安装在本架支架上，推移千斤顶由邻架操纵阀直接控制。此系统加设了隔离单向阀组 7，可直接通过操纵阀控制立柱全升、全降，也可以通过三列卸载安全阀单独控制立柱降柱或通过操纵阀配合卸载阀控制立柱升柱。其工作原理是：当操纵阀 4 工作在 S_3 且通压力液位置时，打开供液阀，压力液经操纵阀后分两路：一路进入立柱的活塞杆腔，强迫立柱下降；别一路去三列卸载安全阀液控口 P_1，使三列卸载阀工作在导通位置，立柱活塞腔液体经卸载阀、操纵阀回到主回液管路，6 根立柱同时降下。当操纵阀 4 工作在 S_4 且通压力液位置时，打开供液阀，压力液经操纵阀、断路阀 6、隔离单向阀组 7 分别进入 6 根立柱的活塞腔，立柱活塞杆腔液体经操纵阀回到主回液管路，立柱同时升起。操作完毕放开操纵阀手把时，立柱活塞腔液体被卸载阀封闭，并由安全阀限压。当需要调整个别立柱高度时，可操作本架手动卸载阀进行单独降立柱，或通过邻架操纵阀配合本架卸载阀实现单独升立柱。单独升立柱时，首先将断路阀 6 打到断开位置，然后将邻架操纵阀放到 S_4 位，压下手把并锁住，压力液经操纵阀 S_4 孔、三列卸载安全阀 P/O 孔进入卸载阀内；当扳起卸载阀手把时，压力液进入对应立柱的活塞腔，立柱升起。

在倾斜煤层中，使用单向邻架控制方式是非常合理的，因为它能使支架操作工在被操纵支架上方（安全侧）操作，避免降柱后发生顶板矸石落下造成伤人事故。

上述全流量控制系统也可改为先导控制系统。在先导控制系统中，控制信号可由一根多芯软管传输给邻架。这样可减少回液管路，使整个系统不显得杂乱。同时，由于先导控制流量很小，因此操纵阀上的通孔可以布置得很紧凑。

三、液压支架电液控制系统

目前的液压支架都是由操作者人工扳动手动操纵阀来实现支架的操作与控制的，无法实现采煤过程的自动化。支架电液控制系统就是把电子技术应用在支架，采用单扳机、单片机的集成电路来实现按采煤工艺对液压支架进行程序控制和自动操作的，它有如下的优点：

（1）支架的工作过程可自动循环进行，加快了支架的推进速度，以适应高产高效综采工作面快速推进的要求。

（2）实现定压初撑，保证了支架的初撑力，移架及时，改善支护效果。

（3）可在远离采煤机空气新鲜的地方操作，降低操作工劳动强度，改善劳动条件。

（4）可进一步发展与采煤机、输送机的自动控制装置配套，实现工作面的完全自动

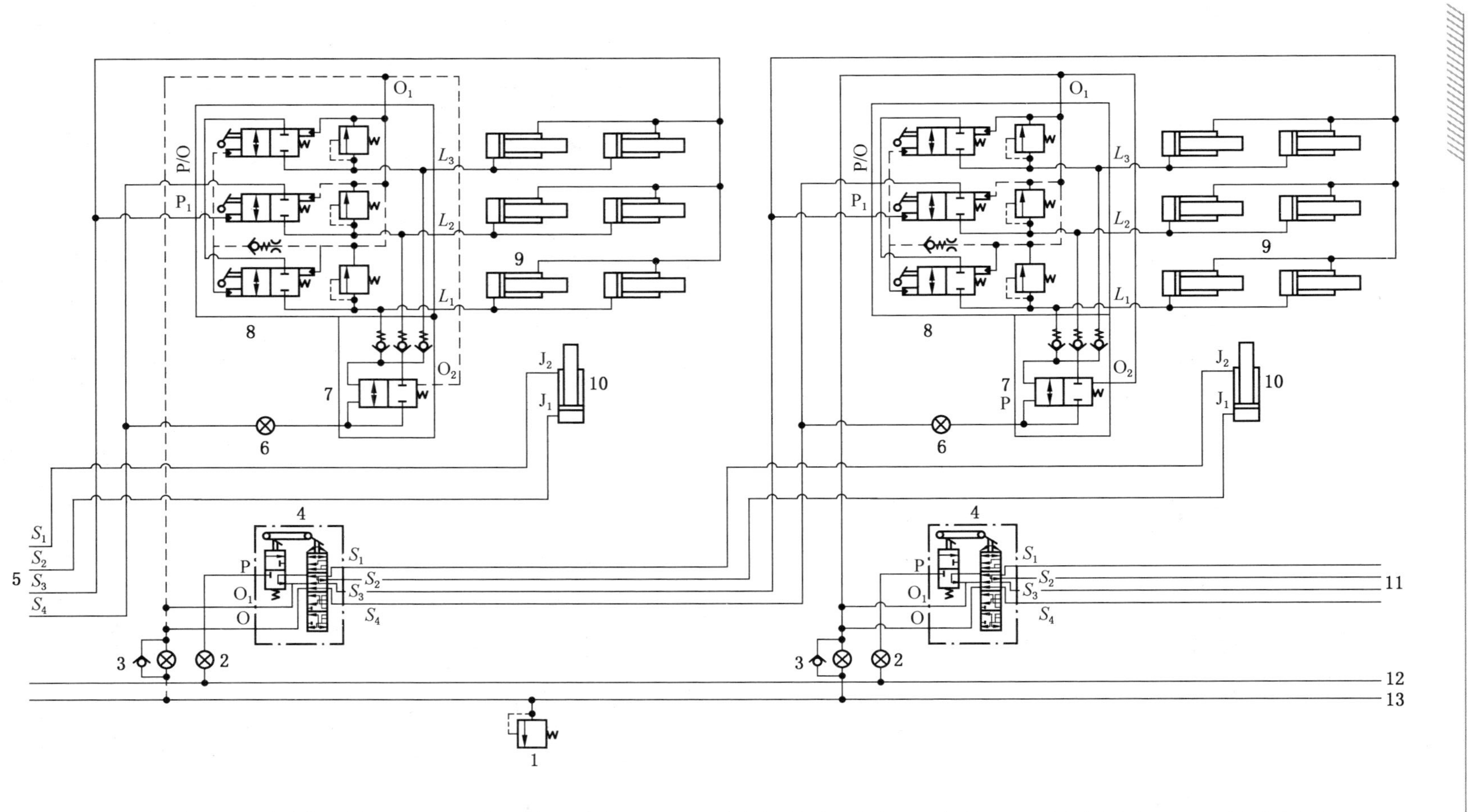

1—低压安全阀；2—主进液管隔离阀；3—主回液管隔离阀；4—操纵阀；5—从邻架操纵阀来的管路；6—断路阀；7—隔离单向阀组；8—三列卸载安全阀；9—立柱；10—推移千斤顶；11—到下一架支架；12—主进液管；13—主回液管

图 8-35 单向邻架控制液压系统

化（图 8－36）。

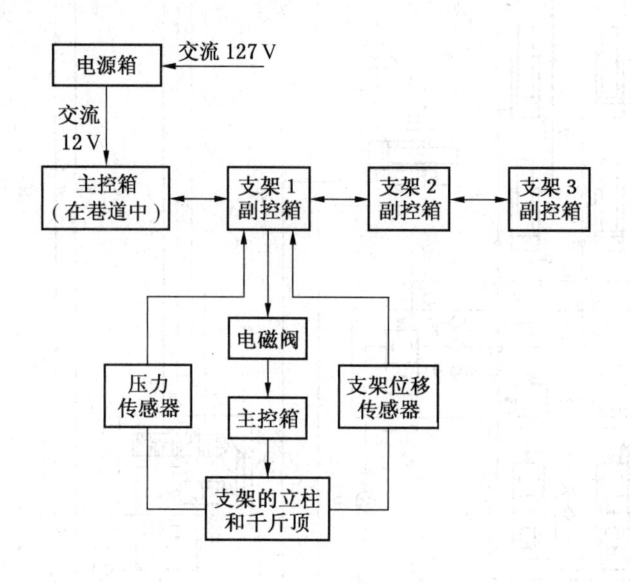

图 8－36　支架电液控制系统方框图

四、先导控制式电液控制系统

电液控制的程序控制系统是目前应用较为广泛的自动控制系统，它的控制技术较先进，控制系统范围不受限制。图 8－37 所示为先导控制式电液控制系统。在这个系统中，用安全火花型电磁阀来控制传导先导阀的先导控制回路，所有程序都用电子回路控制。本系统中除了设有卸载安全阀 14、移架阀 13、推溜阀组 12 和伸前梁阀 15 等主要阀组外，还增加了升柱、卸载、移架、推溜和伸前梁等电磁阀。这个系统的特点是：立柱活塞杆腔始终通压力液，立柱以差动液压缸原理动作，如果关闭或卸下立柱活塞杆腔液路上的断路阀，立柱就按单作用液压缸的原理动作。

设支架的动作过程是从左向右移架。首先按动按钮盒 1 上相应按钮，使卸载、移架电磁阀 9 动作，工作在右位，主进液管 3 来的先导压力液经阀 9 出来分为 3 路：第一路去 3 个立柱卸载安全阀 14 左侧，使卸载阀右移工作在左边位置，立柱活塞腔液体经卸载阀到主回液管，立柱卸载降柱；第二路去推溜阀 12 使之解锁，推溜千斤顶活塞腔的油液经推溜阀组回到主回液管路 4；第三路去移架阀 13 使其工作在左位，压力液经移架阀 13 分别进入推移千斤顶 19 和前梁千斤面 18 的活塞杆腔。进入推移千斤顶的压力液迫使其活塞杆缩回移架；进入前梁千斤的压力液迫使前梁千斤顶活塞杆缩回，前梁千斤顶活塞腔的液体经伸前梁阀 15 回到主回液管，前梁收回。当移架结束时，千斤顶位置传感器 20 发出信号，然后控制升柱按钮和伸前梁按钮动作。升柱按钮动作使升柱电磁阀 11 带电动作（工作在右位），主进液管 3 来的先导压力液经升柱电磁阀到立柱卸载阀 14 右侧，控制其工作在右位，压力液分别经 3 个卸载阀进入立柱活塞腔，产柱升起；伸前梁按钮动作使伸前梁电磁阀 10 带电动作（工作在右位），主进液管 3 来的先导压力液经伸前梁电磁阀到伸前梁阀 15，控制其工作在左位，使主进液管和前梁千斤顶达到初撑力时，压力开关 16 动

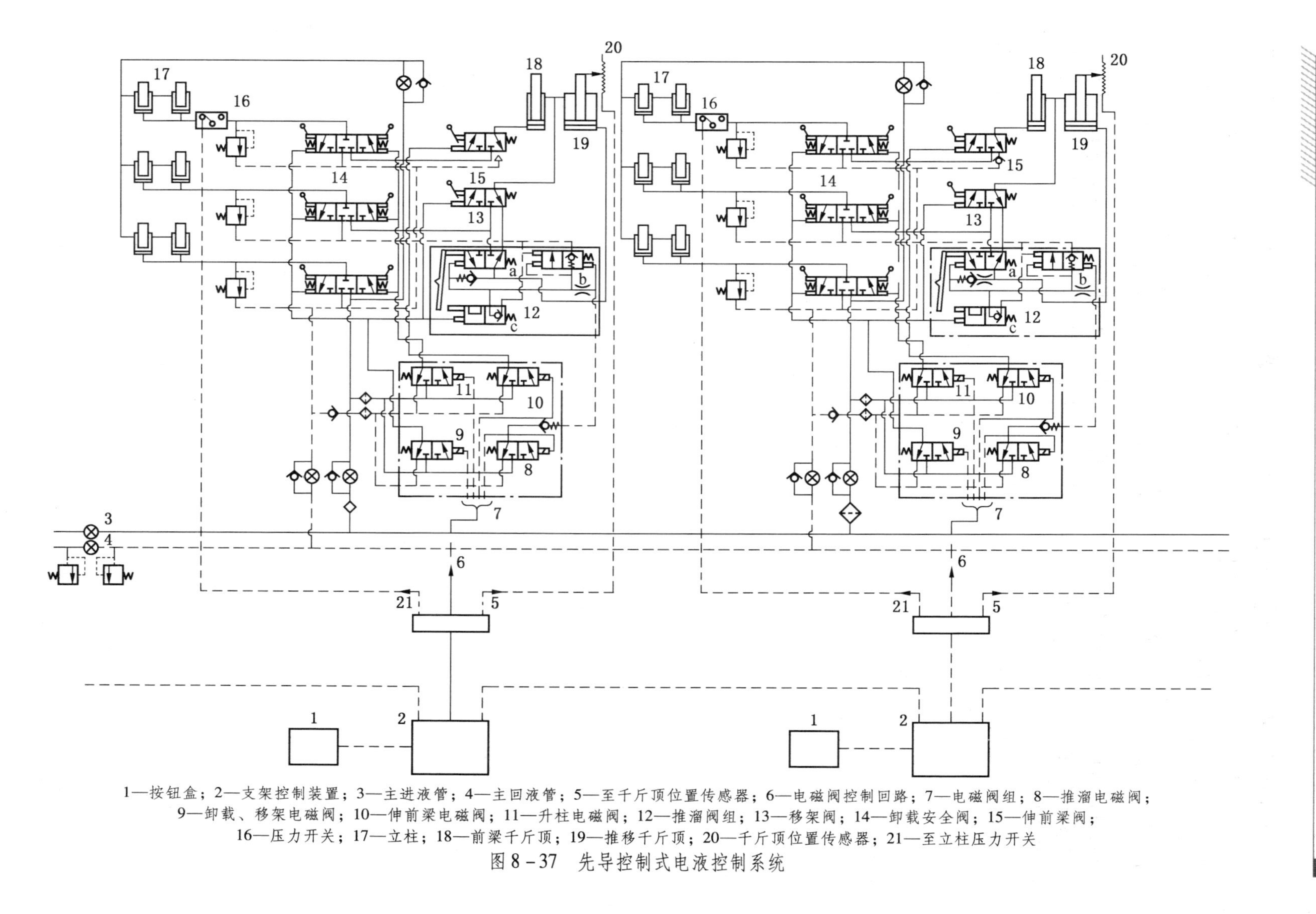

1—按钮盒；2—支架控制装置；3—主进液管；4—主回液管；5—至千斤顶位置传感器；6—电磁阀控制回路；7—电磁阀组；8—推溜电磁阀；9—卸载、移架电磁阀；10—伸前梁电磁阀；11—升柱电磁阀；12—推溜阀组；13—移架阀；14—卸载安全阀；15—伸前梁阀；16—压力开关；17—立柱；18—前梁千斤顶；19—推移千斤顶；20—千斤顶位置传感器；21—至立柱压力开关

图 8-37　先导控制式电液控制系统

作，发出信号，再控制前梁千斤顶伸出。当立柱和前梁千斤顶达到初撑力时，压力开关16动作，发出信号，再控制推溜按钮动作，使推溜电磁阀8带电动作（工作在右位）。这时，先导压力液经推溜电磁8到推溜阀12，使阀a工作在左位（并且自保），压力液经阀a进入推移千斤顶活塞杆腔；推移千斤顶活塞杆腔油液经移架阀13回到主回液管，推移千斤顶活塞杆伸出推溜。推溜阀组中b阀的作用是保证a阀的先导压力不致过大。若压力过大时，阀b右移工作在左位，使先导压力液与主回液管接通降压。推溜完毕后，千斤顶位置传感器20发出信号，说明前一架支架操作完毕，信号传至下一架支架，然后控制下一架支架动作。

本系统的电控部分按照相应的线路布置，可以分别控制，也可以集中控制（按一次按钮）；可以本架控制，也可以邻架控制；可以邻架程序控制，也可以分组程序控制。

自动控制方式中除程序控制外，还有电液遥控和全液压遥控等。自动控制是今后液压支架控制的主要发展方向。

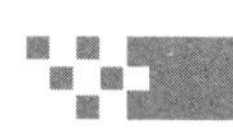

第九章 乳化液泵站

第一节 乳化液泵

一、乳化液泵的工作原理

乳化液泵一般为卧式三柱塞往复泵，它是将曲轴的转动经过连杆—滑块机构而使柱塞成直线作往复运动。它的工作原理如图 9－1 所示，当电动机带动曲轴 1 按图示箭头方向旋转时，曲轴就带动连杆 2 运动，连杆带动滑块 3 沿滑槽 4 作往复直线运动，从而带动柱塞 5 做左右往复直线运动，当柱塞向左运动时，在柱塞右端的缸体 6 内形成真空，乳化液箱内的乳化液在大气压力的作用下，把进液阀 9 打开，进入缸体并充满柱塞腔的空间，此时，排液阀 7 在排管道内的乳化液的压力作用下关闭，从而完成吸液过程。当柱塞向右运动时，缸体内容积减少，乳化液受柱挤压而压力增高，从而使吸液阀关闭，排液阀打开，乳化液被挤出缸体，经主进液管而输送到工作面支架，完成排液过程。这样，柱塞每往复运动一次，就吸排液一次，柱塞不断运动，就不断进行吸排液。由此可知，一个柱塞在吸液过程中就不能排液，所以单柱塞泵的排液量是很不均匀的。为了使排液比较均匀，一般都将泵做成三柱塞或五柱塞泵，即使这样，三柱塞往复泵所排液量还是不均匀，致使压力有所波动。

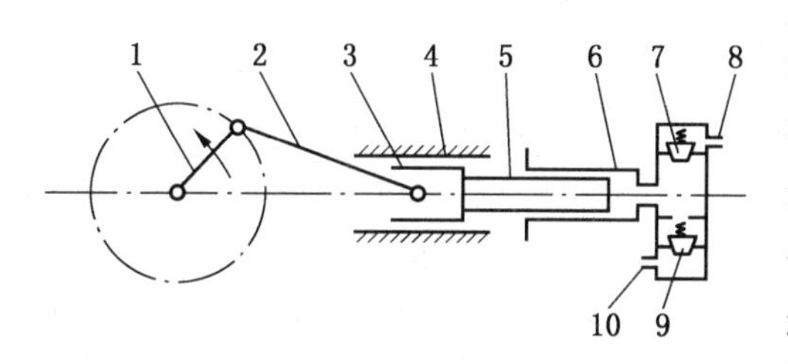

1—曲轴；2—连杆；3—滑块；4—滑槽；5—柱塞；6—缸体；7—排液阀；8—排液口；9—进液阀；10—进液口

图 9－1 乳化液泵工作原理

二、乳化液泵的流量的压力

1. 乳化液泵的流量

由乳化液泵的工作原理可知，柱塞排液一次所排出的乳化液量，也就是柱塞一次行程中柱塞所占有的体积，如图 9－2 所示。

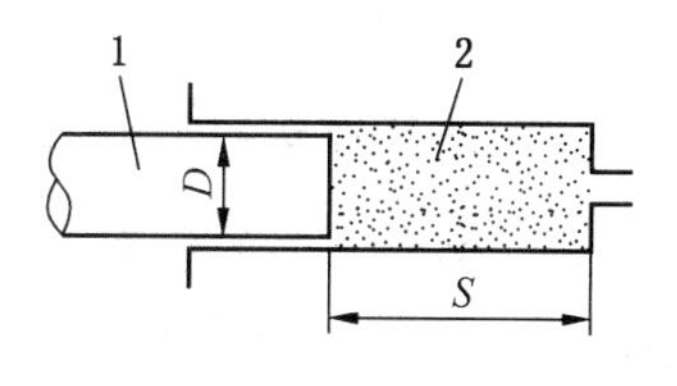

1—柱塞；2—缸体

图 9－2 柱塞排液图

所以，柱塞一次行程排出的乳化液量如下式：

$$V=\frac{1}{4}\pi D^2 S\times 10^{-3}$$

式中　V——柱塞一次行程排出的乳化液量，mL；

D——柱塞直径，mm；

S——柱塞行程，mm。

如果柱塞在 1 min 内往复 n 次，乳化液泵有 Z 个柱塞，那么泵在 1 min 内所排出的乳化液量即乳化泵的理论流量：

$$Q_1=VnZ\times 10^{-3}=\frac{1}{4}\pi D^2 SnZ\times 10^{-3}$$

式中　Q_1——乳化液理论流量，L/min；

n——柱塞每分钟的往复次数；

Z——柱塞数目。

但是，实际上泵总是有流量损失的，实际流量要比理论流量小一些。

从上面的公式中可以知道，泵的柱塞直径、行程、往复次数和柱塞数都是一定的，所以它的流量也基本上是一定的，与压力大小的变化基本上没有关系。

2. 乳化液泵的压力

乳化液泵工作时排出的乳化液输送给支架液压系统，在输送过程中要克服外部负载和管道摩擦阻力，在泵流量基本不变的情况下，泵的压力将随着外部负载和管道摩擦阻力的大小而变化，当管道摩擦阻力一定时，外部负载愈大，泵所产生的液压力愈高。例如，为了减少煤层顶板的自然下沉，增加顶板的稳定性，使支架尽快在恒阻状态下工作，需要支架给顶板一个初撑力。在初撑阶段，随着顶梁与顶板的接触，外负载不断增加使得泵供液压力不断地随外负载的增加而增大。但是，泵所产生的液压力不允许无限增大，因为泵受到其结构强度、材料及制造等因素的限制，只能承受一定的压力，因此泵在出厂时规定了一个额定压力，在工作中一般不容许超过这一压力，支架也正是在这个压力情况下对顶板产生一定的初撑力。

3. 流量脉动

乳化液泵柱塞的往复运动速度在曲轴每转动一圈的过程中不断变化（按正弦规律变化），且泵的连续流量正是由三个柱塞连续往复运动所获得流量的总和。因此，泵的流量也在不断地变化，时大时小，这种变化现象就是流量脉动。流量脉动必然引起液压系统高压管路内的压力变化，从而导致压力脉动现象的发生。

流量和压力的脉动引起管道和阀的振动，特别是当泵的脉动频率与管道和阀的固有频率一致时就会出现强烈的共振，严重时会使管道和阀门甚至泵损坏。所以泵站中设置有蓄能器，以减缓流量和压力脉动。

三、乳化液泵的结构

国产各种型号的柱塞式乳化液泵的泵体，其结构都大同小异，主要由箱体和泵头两部分组成，如图 9－3 所示。

1. 箱体部分

箱体部分包括箱体 1、曲轴 2、齿轮组件、连杆 3、滑块 5 和柱塞 6 等部件，各部件的

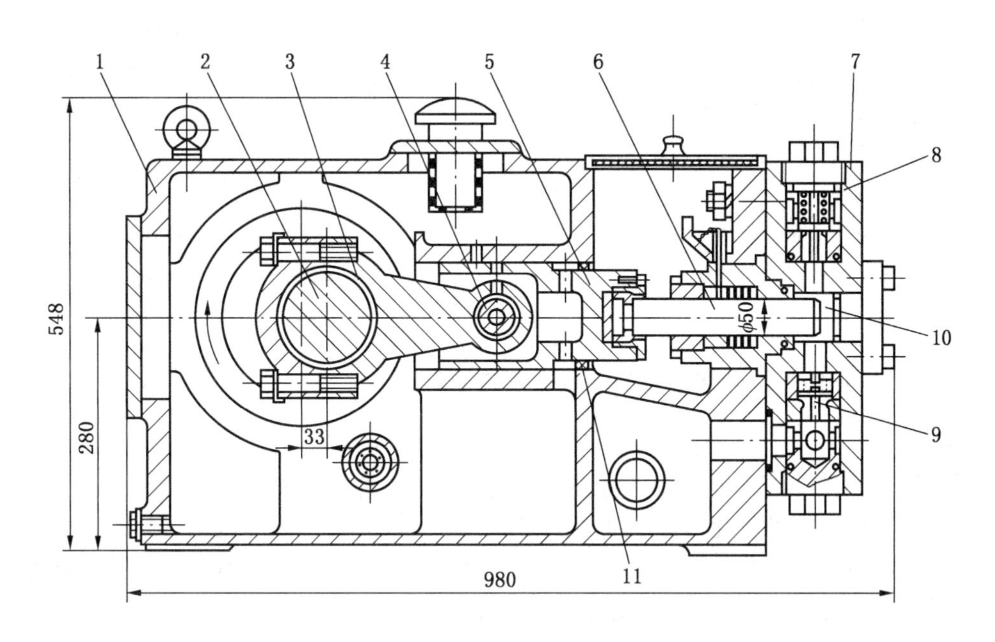

1—箱体；2—曲轴；3—连杆；4—连杆销；5—滑块；6—柱塞；7—泵头；8、9—排、进液阀组；
10—柱塞缸；11—刮油圈

图 9－3　WRB200/31.5 型乳化液泵剖面图

主要结构是：

（1）箱体：它既是安装曲轴、轴承、减速齿轮箱（图中未示）连杆、滑块及泵头的基架，又是承受运转过程中反作用力的主要部件，因此，采用高强度铸铁整体结构，具有足够的强度和刚性。

（2）曲轴和齿轮：曲轴是三曲拐，由优质 40Cr 钢锻制而成。前后轴瓦为钢壳高锡铝合金标准轴瓦，不需刮研，有较好的耐磨性，齿轮（图中未示）为一级减速。

（3）连杆：它的大头为剖分式，便于拆装和调整；小头为圆柱销形，通过连杆销与滑块连接。

（4）滑块：滑块用以连接连杆与柱塞，其上有油孔用以接受箱体油孔的润滑油进行润滑，同时使连杆销得良好的润滑。在箱体上装有刮油圈（带有钢骨架的橡胶防尘圈）11，用以阻止滑块润滑油外泄。

2. 泵头部分

它是由 3 组排液阀组 8、3 组进液阀组 9 和 3 组柱塞缸 10 组成。

第二节　乳化液箱及其附件

一、RX200/16A 型浮化液箱的作用及技术特征

RX200/16A 型乳化液箱与相应的乳化液泵相配套，共同组成乳化液泵站，向工作面的液压支架提供高压乳化液，同时对工作面的回液进行过滤和储存，其技术特征是：

公称流量	200 L/min
公称压力	31.5 MPa
乳化液箱公称容积（指工作容积）	1600 L
乳化油储存室容积	100 L
蓄能器容积	25 L
出厂时蓄能器充气压力	18 ~ 20 MPa
过滤精度	120 目/in^2（1in^2 = 6.4516 cm^2）
外形尺寸	2656 mm × 902 mm × 1215 mm

二、RX200/16A 型乳化液箱的结构及工作原理

RX200/16A 型乳化液箱由液箱、吸液过滤器、高压过滤器、交替阀、蓄能器、回液过滤器、磁过滤及配液阀等零部件组成。乳化液箱的工作原理如图 9－4 所示。乳化液泵起动后，液箱储存室的乳化液经吸液过滤器 1 后，由供液阀（球形截止阀）2 通过吸液软管送至泵的吸液口；乳化液泵排出的高压乳化液，经装设在泵上的 WXF5 型卸载阀 5，由高压胶管与液箱高压过滤器 7 的前端相接，通过高压过滤器过滤后进入交替阀 8，再经主供液管送至采煤工作面液压支架；交替阀的上方装有一个 0 ~ 60 MPa 的压力表 11，后面与容积为 25 L 的蓄能器 10 相连，下方与系统卸载的球形截止阀 9 相连，工作面液压支架的回液，经由主回液管流入液箱后腔的过滤沉淀室，经过回液过滤器 12 与磁过滤器 15 过滤后，再回到液箱的储存室，完成乳化液的工作循环。当工作面不用液时，由于系统的压力迅速升高，当达到卸载阀的卸载压力时，使压力液经卸载阀直接返回液箱，这个循环称卸载回路循环，此时泵处于空载运转状态；同时，由于在系统高压液的作用下，卸载阀内的单向阀自动关闭，将高压系统与卸载回路自动隔开，使高压系统仍维持高压状态，当支

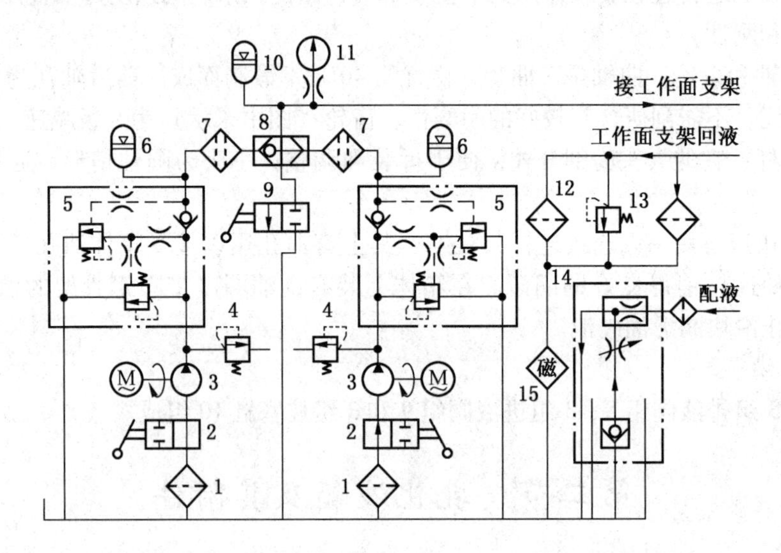

1—吸液过滤器；2—供液阀；3—乳化液泵；4—安全阀；5—卸载阀；6—蓄能器（4 L）；7—高压过滤器；8—交替阀；9—球阀（ϕ13）；10—蓄能器（25 L）；11—压力表；12—回液过滤器；13—低压安全阀；14—配液阀；15—磁过滤器；

图 9－4　泵站液压系统图

架用液时，高压系统压力下降，当降至卸载阀恢复压力时，卸载阀又恢复供液。

三、卸载阀组

1. 卸载阀的作用

卸载阀又称自动卸载阀，它的作用是：

（1）在乳化液泵起动前打开手动卸载阀（球阀），能使电动机空载起动。

（2）当工作面液压支架停止用液，或由于其他原因供液系统压力升高超过自动卸载阀调定压力时，自动卸载阀动作，把乳化液泵排出的压力液直接排回液箱，使乳化液泵在空载下运行（约1.5 MPa压力），这样既可节省电能，又可延长乳化液泵的使用寿命。

（3）当工作面液压支架恢复用液或由于其他原因使系统压力降低（调定压力的80% ~90%）时，自动卸载阀使乳化液泵重新恢复供液状态。

安全阀是液压系统的保护无件，只能在卸载阀发生故障、系统压力超载（调定压力的确110% ~115%）的瞬间打开，压力稍一降低随即关闭，工作很不稳定，乳化液泵始终保持在高压下运行，所以，安全阀只能起安全保护作用，不能代替卸载阀。

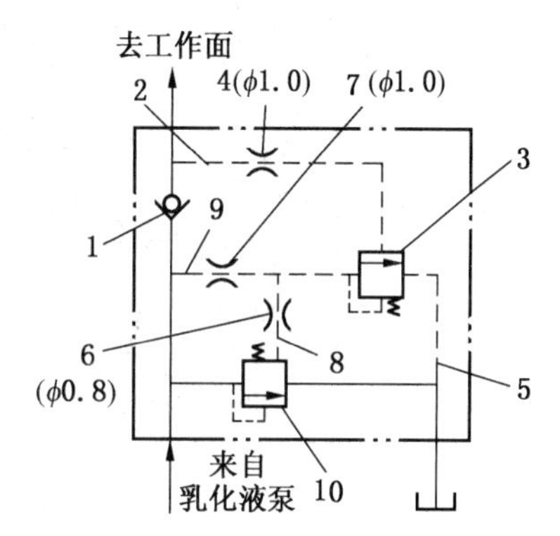

1—单向阀；2、5、8、9—控制液路；3—先导阀；4、6、7—节流孔；10—旁通阀

图9-5 WXF5型卸载阀工作原理图

2. 卸载阀的结构与工作原理

WXF5型卸载阀主要由卸载阀和先导阀组成，如图9-5所示。其工作原理是乳化液泵输出的高压乳化液进入卸载阀后分成4条液路。

第一条：冲开单向阀1向工作面液压支架供液（图9-5和图9-6）。

第二条：冲开单向阀1的高压液经控制液路2、节流孔4（ϕ1.0 mm）到达先导阀3内滑套的下部，给控制活塞一个向上推力，由于碟形弹簧的压力大于这个推力，所以控制活塞依然与阀座接触关闭。

第三条：来自乳化液泵的高压乳化液经中间的控制液路9、节流孔7（ϕ1.0 mm）到达控制活塞的周围，再经节流孔6（ϕ0.8 mm）、控制液路8到达推力活塞的下部，使旁通阀10关闭。

第四条：当工作面液压支架停止用液或系统压力升高到超过先导阀3的调定压力时，作用在滑套下部的推力增加至超过碟形弹簧作用力时，推动控制活塞向上离开阀座，先导阀开启；这时推力活塞下部的压力液经控制液路8、节流孔6、阀座与控制活塞的连通，控制液路5回液卸压，因此，旁通阀10被高压乳化液打开，来自乳化液泵的高压液经旁通阀、回液管卸压，同时，单向阀1在高压系统的压力下关闭，从而维持旁通阀的持续开启，稳定卸压，乳化液泵处于低压运行，压力大约为1.5 MPa。

当工作面液压支架重新用液压系统漏损压力降至卸载阀恢复工作压力时，先导阀在弹簧和液压力作用下关闭，推动活塞下腔重新建立起压力，旁通阀关闭，泵站恢复向工作面供液状态。

WXF5型卸载阀的调定压力为31.5 MPa或35 MPa，卸载后恢复压力为调定压力的

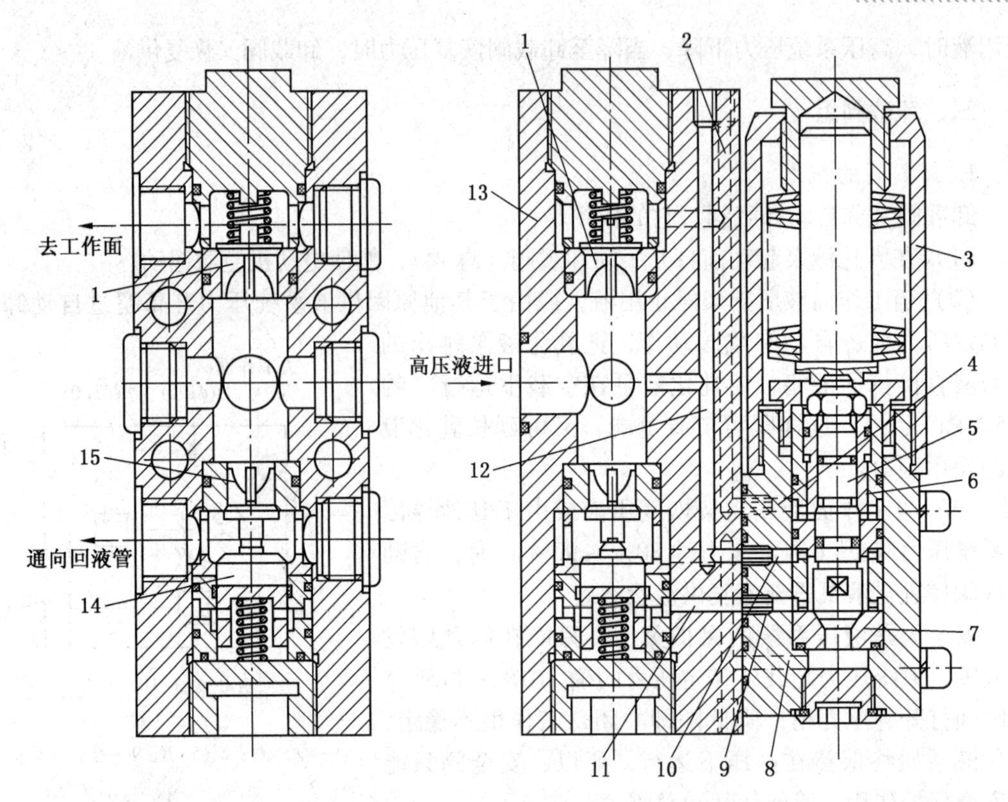

1—单向阀；2、8、11、12—控制液路；3—先导阀；4、9、10—节流孔；5—控制活塞；6—滑套；7—阀座；13—卸载阀；14—推力活塞；15—旁通阀

图 9-6　WXF5 型卸载阀

80% ~90%。

四、安全阀

泵用安全阀装在泵头上，由阀壳、阀芯、阀座、弹簧座、橡胶阀垫及弹簧等组成，如图 9-7 所示。

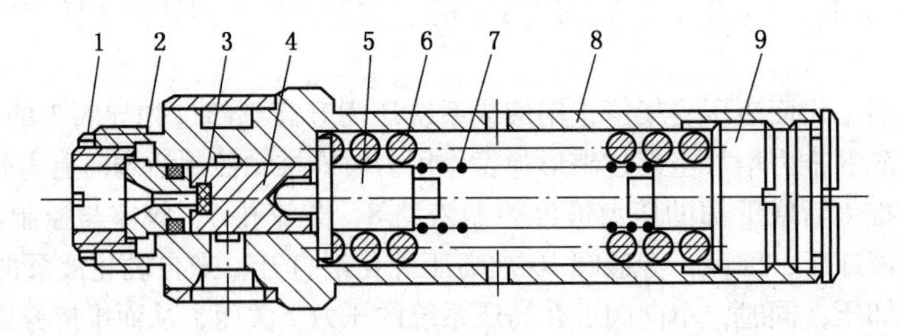

1—锁紧螺母；2—阀座；3—阀垫；4—阀芯；5—顶杆；6—大弹簧；7—小弹簧；8—阀亮；9—调压螺钉

图 9-7　泵用安全阀

该阀为直接作用二级卸载的平面密封式安全阀，阀芯外与阀壳间有一隙缝阻尼段。该阀打开前的密封直径为 6.5 mm，打开后隙缝阻尼的直径为 15 mm，这就使阀打开前后液

压力作用面积发生变化，其结果是以高压瞬时打开，以降低了的压力持续泄液。在长期放置后，乳化液因化学变化而分解出黏状物，加上阀芯开始移动的静摩擦力，可能造成安全阀开启压力超调。为此，本阀采用浮动装配的方法，首先让弹簧座靠紧阀壳端面，螺套则轻轻地压住阀垫，使阀垫仅受小的比压，在打开阀前，阀芯先移动，从而可防止阀的超调。该阀可根据乳化液泵额定工作压力的大小分别采用单弹簧或双弹簧。当乳化液泵站的额定工作压力为20 MPa时，采用一个大弹簧，当乳化液泵站额定工作压力为35 MPa时，采用两根弹簧。

五、蓄能器

为了减少压力波动，稳定工作压力，在供液系统中心须设置蓄能器。乳化液泵站中一般都采用气囊式蓄能器，XRXT型乳化液箱上安设的蓄能器（XNQ－350/型）的容积约为4 L，工作压力为34.3 MPa，如图9－8所示。外壳4是一个长圆形钢瓶，由优质无缝钢管收口成形，内装有波纹无接缝结构橡胶气囊。气囊口端装有充气阀3（实际上是一个单向阀），由此阀向气囊中充氮气。为了防止蓄能器爆炸，在胶囊中禁止充氧气或压缩空气。在蓄能器的进液端装有托阀6，以防止充满气体的胶囊被挤出进液口。

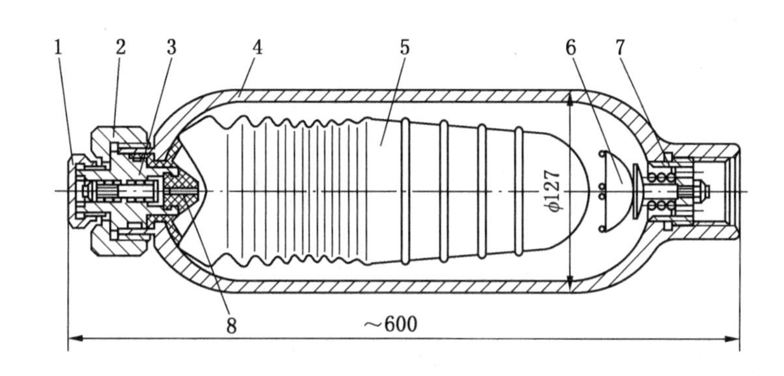

1—螺盖；2—压帽；3—充气阀；4—壳体；5—胶囊；6—托阀；7—阀座；8—橡胶塞

图9－8 蓄能器

当蓄能器接入液压系统后，压力液进入进液口，压缩胶囊，使蓄能器壳体内形成两部分：囊中是压缩氮气，囊外是乳化液。当泵压升高时，有一部分乳化液进入蓄能器，胶囊进一步被压缩，从而减缓了管路压力的升高；当泵压降低时，胶囊中氮气膨胀，将一部分乳化液挤出蓄能器而进入管路系统，从而补偿了系统中的压力降低，这样，蓄能器就起到了减小压力波动的作用。

第三节 乳化液泵站的运转、维护及故障处理

一、运转

1. 开泵前的准备

在开泵前应对泵站进行如下几项内容检查：

（1）检查各部件有无损坏，连接螺钉是否松动。

（2）乳化液泵润滑油油位是否符合要求，不足时应及时补充。

（3）检查乳化液箱液位，附有自动配液装置的液箱，检查乳化油油位是否符合要求，不足时应补充，严禁只用清水。

（4）检查吸液断路器是否接通，过滤器是否堵塞，必要时应进行清洗。

（5）检查各工作管路、电路是否接通。

2. 开泵顺序

（1）打开泵的吸液截止阀以及回液管在乳化液箱上的截止阀。

（2）打开手动卸载阀，使泵在空载下起动。

（3）闭合磁力起动器换向开关。

（4）“点动”开关，检查运动方向正确后再开泵，禁止倒车。

（5）当电动机转速正常后，先关闭去工作面的截止阀，然后反复开、关手动卸载阀使自动卸载阀多次动作，检查自动卸载阀的动作是否灵敏，动作压力是否符合要求。

（6）上述检查正常后，打开去工作面的截止阀，关闭手动卸载阀，把泵输出的高压乳化液输送到工作面去。

起动过程中要注意各有关部位有无漏液现象。

3. 停泵顺序

（1）先打开手动卸载阀，使泵液排回乳化液箱，卸载运行。

（2）按动磁力起动器停止按钮，使泵停止运转。

（3）将磁力起动器的换向开关打回零位，并进行闭锁。

4. 运转中应注意的事项

（1）不允许同时开启两台高压泵，当使用一台高压泵、一台低压泵时，不准两台泵同时起动。

（2）不准在运转中随意调整安全阀、卸载阀、减压阀的动作压力。

（3）不准甩开高压过滤器直接供液。

（4）不准甩开系统中的任何保护元件。

（5）注意机器运转声音是否正常。

（6）要经常观察压力表的指针是否正常。

（7）注意卸载阀的工作状态是否正常。

（8）注意润滑泵的压力是否符合要求（润滑油压力一般要高于0.2 MPa）。

（9）检查机器温度，最高不得超过60 ℃。

（10）检查乳化液温度，最高不得超过40 ℃。

（11）泵在正常运转过程中，如发现蓄能器、卸载阀、安全阀、压力表等保护装置失效，应立即停泵，进行处理，在未排除故障前，严禁再次开泵。

（12）泵站周围应清洁无杂物，工作中不准随意打开乳化液箱盖。

二、维护

1. 日检

（1）检查各部分连接螺栓、销钉是否松动。

（2）检查管路、阀门、柱塞腔、油箱的密封情况，是否有渗漏现象。
（3）检查乳化液箱内的乳化液量，乳化液的配比以及乳化液是否变质。
（4）检查曲轴内的箱润滑油，观察油位是否在规定的范围内。
（5）检查泵的运转声音是否正常，卸载阀的动作情况是否正常。
（6）检查、清洗过滤器，擦拭机器。
如发现以上检查内容出现问题，应立即处理。

2. 周检

（1）包括日检的全部内容。
（2）更换乳化液箱内的乳化液。
（3）检查吸、排液阀的工作性能，检查复位弹簧是否断裂。
（4）检查泵各运动件和连接件是否松动、变形、损坏等。
（5）检查各部位密封圈是否有损坏现象，柱塞表面是否完好。
（6）检查蓄能器的充氮压力是否符合要求。
（7）检查电气系统、防爆面、开关接触器是否完好。

3. 升井检查

泵站经半年运行后，由于磨损及锈蚀等原因，失去原有的精度和性能，因而应进行升井检查和维修，更换必要的易损件，调整各运动部件的间隙，以恢复其原来的性能。
升井检修中应注意下列事项：
（1）零件要进行清洗。
（2）各部零件发现锈点，应清洗干净，进行防锈处理。
（3）应更换损坏的过滤网。
（4）各种密封圈如发现切断、损坏、老化，应更换新件。
（5）各阀面如发现损坏，应修复或更换新件。
（6）升井检修后进行装配，并按出厂检验要求进行试验。

4. 检修质量标准

（1）齿轮箱、乳化液箱不得有裂纹、开焊和严重损伤。
（2）乳化液泵滚动轴承要符合有关规定，其径向间隙不得超过0.10 mm；曲轴曲拐与轴瓦最大配合间隙应大于0.2 mm；椭圆度不得超过0.02 mm；连杆衬套与滑块销最大配合间隙应大于0.17 mm；滑块与滑块孔最大配合间隙应大于0.3 mm；柱塞与导向铜套的最大配合间隙应不大于0.2 mm；进排液阀阀芯与阀座的径向间隙应不大于0.2 mm。
（3）齿轮箱内的齿轮、齿面不得出现大面积的点蚀，不得有塑性变形。
（4）齿轮的啮合特性符合有关规定。
（5）泵箱内必须严格清洗，不得有浊污、铁屑等杂物。
（6）液位保护、温度、高低压保护、润滑油压力保护装置等，必须达到规定值，其误差不得超过原调整值的10%。
（7）蓄能器充气压力达到原机规定要求。
（8）在额定压力和流量下，测定高压过滤器两端的压力差，不得大于0.98 MPa。
（9）泵站检修后，先经30 min空载超过规定值。
（10）附有自动配液装置的泵站，检修后应恢复性能，满足配液要求。

三、常见故障及其处理方法

泵站常见故障及其处理方法见表9－1。

表9－1　泵站常见故障及其处理方法

故障现象	产生原因	处理方法
泵启动后无流量或流量不足，压力脉动大，管路抖动厉害	1. 泵内空气未放尽，包括吸液管路系统有吸气部位 2. 柱塞密封损坏严重 3. 进排液阀密封不好，泄露严重或动作不灵活 4. 进排液阀弹簧断裂 5. 吸液过滤器堵塞 6. 吸液软管过细过长 7. 乳化液箱液位过低 8. 蓄能器无压力或压力过高 9. 卸载阀动作频繁 10. 卸载阀漏液严重	1. 放气 2. 检查、更换 3. 更换、修复 4. 更换 5. 清洗 6. 调整 7. 加乳化液 8. 充气或放气 9. 检查原因并排除故障 10. 检查原因并排除故障
有流量无压力或压力不足	1. 卸载阀或卸压阀密封不良 2. 先导阀密封不良 3. 卸载阀调压弹簧断裂或疲劳 4. 主阀密封不良 5. 压力表开关体未打开或阀座变形、堵塞 6. 排液管道开裂	1. 修复或更换 2. 修复或更换 3. 更换 4. 修复或更换 5. 打开、更换 6. 更换
柱塞密封处漏液严重	1. 密封圈损坏 2. 柱塞表面有严重划伤、拉毛	1. 更换 2. 注意正确装配工艺
转动噪声大，撞击严重	1. 曲轴轴拐与轴瓦磨损严重，间隙过大 2. 连杆螺钉松动 3. 泵内有杂物 4. 齿轮加工精度低或齿面损坏 5. 柱塞端部与承压块间隙加大 6. 泵体上轴承精度差 7. 联轴器安装不对中心 8. 连杆衬套与滑块磨损严重 9. 吸液不足	1. 更换或调整间隙 2. 拧紧 3. 清洗 4. 修复或更换 5. 更换 6. 更换 7. 更换 8. 更换 9. 检查吸液系统
润滑油油温升高，发热异常	1. 润滑油不足或过多，太脏或油质不符合要求，黏度低 2. 轴拐与轴瓦黏毛或轴瓦受压面不良或配合间隙太小 3. 连杆大头侧面与曲轴限板蹩卡 4. 两半联轴器间隔距离过小 5. 超负荷运行时间过长	1. 按油质要求控制油量 2. 更换，调整间隙 3. 检查原因并排除故障 4. 调整 5. 调整负荷
泵压突然升高	1. 泵用安全阀失灵 2. 卸载阀、先导阀或主阀不动作 3. 系统中的故障	1. 修复安全阀 2. 检查修复 3. 检查原因并排除
滑块处漏油严重	1. 缸壁拉毛 2. 活塞环失效	1. 更换泵体 2. 更换活塞环

表9-1（续）

故障现象	产生原因	处理方法
支架停止供液时卸载阀动作频繁	1. 支架输液管道渗漏 2. 卸载阀内单向阀密封环 3. 卸载阀内顶杆O形密封圈损坏 4. 蓄能器压力过高	1. 更换管道 2. 修理或更换 3. 更换密封圈 4. 放气
液箱前后液位差太大	过滤网板被污物堵死	清洗过滤网板

第四节 乳 化 液

目前，国内外广泛使用乳化液作为液压支架传递液压能、润滑和防锈的工作介质。

一、乳化液的组成及特性

乳化液是由两种互不相溶的液体混合而成，其中一种液体呈细粒状均匀分散在另一种液体中，形成乳状液体，呈细粒状的一相称为分散相或内相；而另一相称为连接相或外相。

若将油分散于水中，即油为内相，水为外相，混合成的乳化液称为水包油型乳化液，以O/W表示；若将水分散于油中，即水为内相，油为外相，混合成的乳化液称为油包水型乳化液，以W/O表示，如图9-9所示。

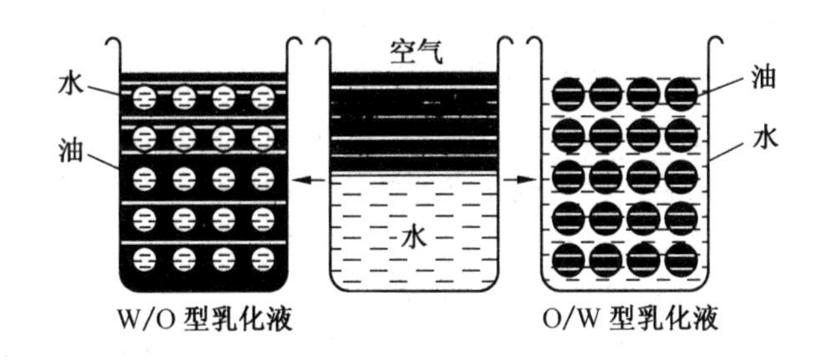

图9-9 油包水型乳化液

一般来说，能使油和水形成稳定的乳化液的物质称为乳化剂，而能与水“自动”形成稳定的水包油型乳化液的“油”称为乳化油（有的国家称为可溶性油），由此可知，水包油型乳化液由水和乳化油组成。

目前，国内外液压支架均采用由水和乳化油组成的水包油型乳化液，即由5%的乳化油均匀分散在95%的水中，其颗粒度为0.001~0.005 mm。

1. 乳化油

乳化油的主要成分是基础油、乳化剂、防锈剂和其他添加剂（耦合剂、防霉剂、抗泡剂、络合剂）。

（1）基础油。基础油是浮化油的主要成分，它作为各种添加剂的载体时，会形成水包油型乳化液中的小油滴，增加乳化液的润滑性，其含量一般占乳化油组成的 50% ~ 80%。

常用的基础油为轻质润滑油。为了使乳化油流动性好，易于在水中分散乳化，多半选用黏度低的 5 号或 7 号高速机械油，常用的 M—10 乳化油以 5 号高速机械油为基础油。

（2）乳化剂。乳化剂是使基础油和水乳化成稳定乳化液的关键性添加剂，它是一种能强烈地吸附在液体表面或聚集于溶液表面，并改变液体的性能（如降低液体的表面张力），促使两种互不相溶的液体形成乳化液的表面活性物质，乳化剂能在基础油的油滴周围形成一层凝胶状结构的保护薄膜，以阻止油滴发生积聚现象，使乳化液保持稳定，同时它还具有清洗、分散、起泡、渗透、润滑等作用。

（3）防锈剂。防锈剂是乳化液的一个不可缺少的组成部分，用以防止与液压介质相接触的金属料不受腐蚀，或使腐蚀速度降低到不影响使用性能的最低限度。用于乳化油的防锈剂主要为油溶性防锈剂，是一种能溶于油中，并能降低油的表面张力的表面活性剂。油溶性防锈剂是由极性和非极性两种基团组成。使用过程中，极性基团吸附在金属与油的界面，同金属（或氧化膜）发生作用，在金属表面形成水不溶性或难溶性化合物；而非极性基团则向外和油互溶，从而形成紧密的栅栏，阻止水、氧等其他腐蚀介质进入表面，起到防锈作用。

（4）其他添加剂。乳化油除基础油、乳化剂、防锈剂这三种主要成分外，为了满足使用性能的全面要求，还加入了一些其他添加剂。

① 耦合剂。乳化油中应用耦合剂，可使乳化油的皂类借耦合剂的附着作用与其他添加剂充分互溶，以降低乳化油的黏度，改善乳化油及乳化液的稳定性。

② 防霉剂。加入防霉剂后，可防止乳化油中的动植物脂的皂类，在温度适宜或使用时间较长的情况下引起霉菌生长，造成乳化液变质发臭。

③ 抗泡剂。加入抗泡剂后，可降低乳化液的起泡性。由于乳化液中含有较多的表面活性剂，具有一定的起泡能力，在使用过程中，有时因激烈搅动，或者水质变化，会产生大量气泡，严重时可造成气阻，影响液压支架的正常动作。另外，由于气泡的存在，使乳化液的冷却性能和润滑性能降低，甚至造成摩擦部位的局部过热和磨损，因此，在乳化油的配方中必须考虑加入抗泡剂，以满足使用要求。

④ 络合剂。络合剂可在乳化油中与钙、镁等金属离子形成稳定常数大的水溶性络合物，以提高乳化液的抗硬水能力。

2. 水

配制乳化液所用的水的质量十分重要，它不但直接影响到乳化液的稳定性、防腐性、防霉性和起泡性，也关系到泵站和液压支架各类过滤器的效率和使用寿命。

世界各国对配制乳化液的用水都有严格的要求，我国根据矿井水质的具体条件，参照国内外使用液压支架的经验和当前国内乳化油的研究和生产情况，对配制乳化液的用水质量有如下要求：

（1）配制乳化液的用水应为无色、透明、无臭味、不能含有机械化杂质和悬浮物。

（2）配制乳化液用水的 pH 值在 6 ~ 9 范围内为宜。

（3）氯离子的含量不大于 200 mg/L。

（4）硫酸根离子的含量不大于 400 mg/L。

（5）水的硬度不应过高，以避免降低乳化液中阴离子乳化剂的浓度和丧失乳化能力，具体可参照《液压支架用乳化油、浓缩液及其高含水液压液》（MT 76—2011）。应根据不同水质硬度来确定乳化油的种类（抗低硬、抗中硬、抗高硬、通用型等类）。

3. 液压支架用水包油型乳化液的特性

（1）具有足够的安全性，因水包油型乳化液含有95%以上的中性水溶液，既不引燃，也不助燃，所以在要求防爆井下具有足够的安全性。

（2）经济性好，水包油型乳化液的来源广、价格便宜。

（3）黏度小，黏温性能良好。水包油型乳化液的黏度接近于水的黏度。由于黏度小，减少了支架管路中能量的损耗。良好的黏温性能（即黏度随温度变化的值）有利于泵站和各种阀类工作性能的稳定。

（4）具有良好的防锈性与润滑性。由于水包油型乳化液中有一定成分的防锈剂和基础油，所以在井下使用时，对支架具有良好的防锈性能和润滑性能。

（5）稳定性好。由于水包油型乳化液中有一定成分的乳化剂、耦合剂和抗泡剂，使其不易产生气泡，故具有良好的稳定性。

（6）对密封材料的适应性好，水包油型乳化液对常用的丁腈橡胶密封材料有良好的适应性，不会使密封材料过分收缩和膨胀，造成密封失效。

（7）对人身体无害，无刺激性，对环境污染小，冷却性好。

水包油型乳化液的缺点是：黏度小，容易漏损；润滑性不好，故要求乳化液泵和液压阀有很好的密封性能和防锈性能。

二、乳化液的使用和管理

1. 乳化液的检验

乳化液在配制和使用过程中应按规定进行性能检验。

（1）稳定性：将100 mL的试验用乳化液装入容量瓶内，并封闭瓶口，在70 ℃温度下放置168 h，如果析出油和脂状物量不大于0.1 mL，且无沉淀物为合格。

（2）防锈性：将45号钢试棒、62号铜试棒（要求试棒光滑明亮、无明显的加工痕迹）插入温度为60 ℃的试验用乳化液中，并放置24 h后取出，观察锈蚀情况，45号钢试棒以无锈蚀和无色变为合格，62号铜试棒除无色变、锈蚀外，还要观察试液是否变绿，如试液变绿，尽管试棒无色变，也为不合格。

（3）对橡胶密封材料的适应性，将丁腈橡胶试件放入试验用（70 ± 2）℃的乳化液中，静置168 h后取出，计算试件的体积膨胀量，如果试件体积膨胀百分数在 -2 ~ +6 之间为合格。

（4）消泡性：将50 mL的试验用乳化液装入100 mL的量筒内，在室温条件下，上下剧烈摇动1 min，静置观察消泡情况。若15 min内泡沫全消，则认为该乳化液的消泡性良好。

（5）防霉性：将50 mL的试验用乳化液放入烧杯内，加入新鲜玉米粉2 g，然后在20 ~ 35 ℃的暗处静置30天，观察有无黑色物质或臭味产生，没有即为合格。

2. 乳化油的贮存和管理

（1）使用单位要有乳化油油库，不同牌号的乳化油要分类保管，统一分发，做到早生产的乳化油先用，防止超期变质。

（2）乳化油的贮存期不得超过1年，凡超过贮存期的，必须经检验合格后才能使用。

（3）桶装乳化油应放置在室内，防止日晒雨淋。冬季室内温度不得低于10 ℃，以保证乳化油有足够的流动性。

（4）乳化油是易燃品，在贮存、运输时应注意防火。

（5）井下存放乳化油的油箱要严格密封。油箱过滤器要齐全，防止杂物进入油箱。

（6）乳化油的领用和运送应由专人负责。使用专用的容器和工具，不得使用铝容器。防止杂物混入，影响乳化油的质量。

3. 乳化液的配制和使用

（1）配液后，应严格检验配油浓度是否达到5%的规定要求。浓度检验可用折光仪，也可用计量法或化学破乳法。

（2）工作过程中如发现浮化液大量分油、析皂、变色、发臭或不乳化等异常现象，必须立即更换新液，然后查明原因。

（3）泵站乳化液箱可备有容量足够的副液箱，以备存贮大量回液和清洗液。

（4）杜绝乳化液随意放泄，保持工作环境卫生，以防污染。

（5）应采用同一牌号，同一工厂生产的乳化油，如果两种牌号的乳化油混用，要进行乳化油的相溶性、稳定性和防锈性试验，合格后才能使用。

（6）乳化液的工作温度不得高于40 ℃。

4. 乳化液的防冻问题

水包油型乳化液是低浓度的乳化液，它的凝固点在 -3 ℃左右，并具有与水相类似的冻结膨胀性，受冻后，不但体积膨胀，而且稳定性也受到严重影响，3%浓度的乳化液受冻后，几乎全部破乳。因此，在严寒季节时，对于液压支架（包括乳化液泵站）的地面贮存、运输、检修，必须采取足够的有效措施，以防缸体、管路受冻损坏。

第十章

综采工作面生产工艺

第一节　缓倾斜走向长壁综采生产工艺

一、薄及中厚煤层走向长壁综采生产工艺

综采工作面生产工艺过程，主要包括割煤、运煤、支护和处理采空区4个工序。

（一）割煤

割煤工序包括落煤与装煤。完成落煤工序的设备为滚筒式采煤机（或刨煤机），为了适应采高的变化及煤层顶底板的起伏，通常采用可调高双滚筒采煤机。双滚筒采煤机不论上行或下行，一般均采用前滚筒在上割顶煤，后滚筒在下割底煤。采煤机滚筒在割煤的同时，利用滚筒的螺旋叶片和滚筒旋转的抛掷作用，把煤直接装入工作面刮板输送机上。为提高装煤效果，在滚筒后部装有弧形挡煤板，把煤直接装入工作面刮板输送机上。加装挡煤板后滚筒的装煤率可提高到90%以上，否则装煤率只能达到60%～70%。但配有弯摇臂和较大升角的三头螺旋叶片的滚筒，在相应滚筒转速条件下，可不配挡煤板，也能较好地满足装煤要求，从而简化操作程序。

采煤机的割煤方式可分为单向割煤和双向割煤两种。

1. 单向割煤

（1）特点：单向割煤方式的主要特点是，采煤机单程割煤，回程装煤或空行，沿工作面往返一次进一刀，如图10－1所示。

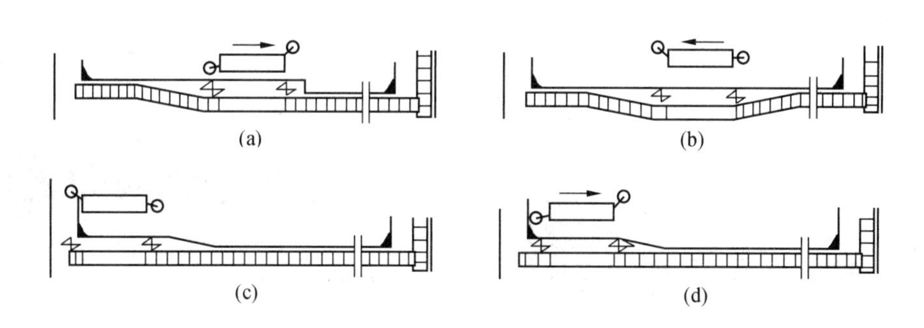

图10－1　滚筒采煤机单向割煤方式

① 采煤机由工作面上端下行割煤，推移刮板输送机机尾至煤壁，采煤机继续下行直至割通工作面，如图 10－1a 所示。

② 采煤机上行装煤或空行，随即移机头和刮板输送机，如图 10－1b 所示。

③ 采煤机行至上端刮板输送机机尾处，沿机尾处弯曲段斜切进刀，如图 10－1c 所示。

④ 采煤机从机尾处开始下行割煤，如图 10－1d 所示。

根据工作面条件不同，单向割煤方式可分为下行式或上行式。

（2）下行单向割煤方式。下行式单向割煤多适用于坚硬煤层中。下行单向割煤的优点：采煤机装煤率高，切割阻力小，有利于减少采煤机牵引事故的发生。工作面各工种和各工序之间互相干扰少。缺点是：采煤机利用率低，下行割煤时，采煤机司机在回风流中，吸尘量大。割煤后顶板悬露面积大、时间长，空顶范围内的顶板较难维护。

（3）上行单向割煤方式。采煤机由工作面下端进刀上行割煤，下行时装煤或空行。使用这种割煤方式的主要优点是：采煤机司机吸尘量小，有利于防止液压支架及刮板输送机的下滑。缺点同下行式大体相同，煤层倾角小，煤质松软。采煤机切割阻力小时可采用上行单向割煤方式。

2. 采煤机双向割煤

（1）特点：双向割煤方式的主要特点是，采煤机沿工作面不论上行或下行都一次采全高，并同时完成推移刮板输送机、支架等一个采煤循环的全过程，采煤机沿工作面往返一次进两刀，完成两个采煤循环。

在中厚煤层工作面，一般都采用双滚筒采煤机一次采全高。当工作面条件许可，生产技术水平较高时，应采用双向割煤方式。

（2）优缺点：双向割煤的主要优点是能充分发挥采煤机的效率，提高工作面生产效率。存在的问题是，工人劳动强度大，要求各工种操作技术水平高，工作面管理水平高。

3. 双滚筒采煤机的作业方式

双滚筒采煤机在中厚煤层中割煤时，一般均采用“前顶后底”的割煤方式，即前滚筒沿顶板割顶煤，后滚筒沿底板割底煤。条件特殊时，也可采用“前底后顶”的割煤方式。

（1）“前顶后底”割煤方式，如图 10－2 所示。采煤机向右牵引时，前滚筒为右螺旋，顺时针方向旋转，沿顶板割煤；后滚筒为左螺旋，逆时针旋转，沿底板割煤。向左牵引时（采煤机反向时），调整滚筒摇臂，原割顶煤的落下割底煤，割底煤的升起割顶煤，前后滚筒的旋转方向也相反。

采用这种方式，司机操作安全，装煤效果好，煤尘少。一般多采用这种方式。

（2）“前底后顶”割煤方式，如图 10－3 所示。采煤机向右牵引时，前滚筒为左螺旋，

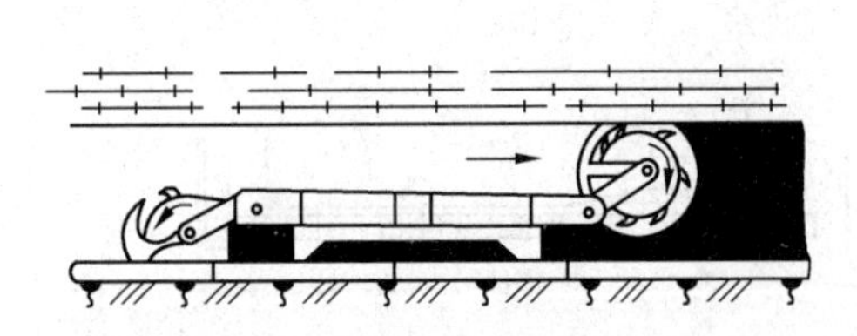

图 10－2 双滚筒采煤机“前顶后底”割煤方式

图 10－3 双滚筒采煤机“前底后顶”割煤方式

逆时针旋转，沿底板割煤；后滚筒为右螺旋，顺时针旋转，沿顶板割煤。向左牵引时则相反。

这种形式应用很少，只有在煤层中有硬夹石层的特殊条件下才采用。

（二）采煤机进刀方式

采煤机沿工作面全长每割通一刀，工作面就向前推进一个截深的距离，在重新开始截割下一刀之前，首先要使滚筒切入煤壁，通常把采煤机滚筒切入煤壁的过程叫作进刀或入刀。采煤机进刀方式不同，所用时间也不同，因此进刀方式是影响采煤机截割效率的一个重要因素。常用的进刀方式为推入式（预开缺口式）、钻入式（自开缺口式）、斜切式（无缺口）三种类型，其中应用最多的是斜切式进刀方式。

随着综采机械的快速发展，综采生产水平不断提高，推入式和钻入式进刀方式已很少采用，现多采用斜切进刀方式。

1. 斜切式进刀方式

斜切式进刀是采煤机沿着刮板输送机的弯曲段，逐渐切入煤壁的一种进刀方式。在实际工作中最常用的斜切式进刀有以下几种。

（1）割三角煤斜切进刀方式，如图 10－4 所示。采煤机下行割煤至工作面下端停机，机体下端的滚筒一边转动一边下降到底板，同时升起上端滚筒，然后，翻转挡煤板，如图 10－4a 所示；采煤机上行，顺着刮板输送机的弯曲段逐渐切入新的煤壁（后滚筒同时把下一刀留下的底煤割净），直到前后滚筒完全切入煤壁，采煤机完全进入刮板输送机的直线段（距下巷约为 25～30 mm）停止牵引，机体上端滚筒边转动边下降，下端滚筒升起，如图 10－4b 所示；翻转挡煤板，采煤机下行割去三角煤直至下巷，然后再次调换上下滚筒，翻转挡煤板，换向上行，如图 10－4c 所示；采煤机上行正常割煤，前滚筒割顶煤，后滚筒割底煤，直至上平巷，如图 10－4d 所示。在工作面上端进刀时，采用同样步骤。

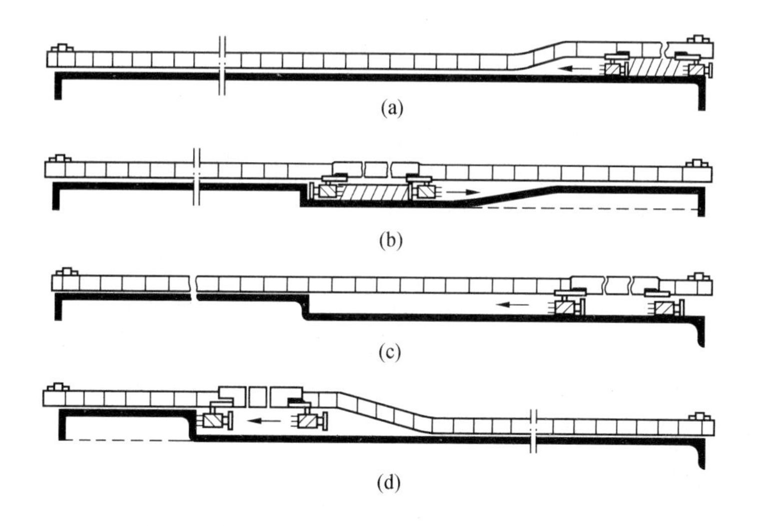

图 10－4 割三角煤斜切进刀方式

采用这种进刀方式的突出优点是，可实现双向割煤方式，充分发挥采煤机的作用，提高采煤机工时利用率，采煤机切入煤壁阻力小，操作简单，因此被广泛采用。存在的问题是：采煤机往返割三角煤，增加了两次停机时间和换向工序。工作面两端空顶距离较长，不利于顶板控制。

割三角煤斜切进刀应用于顶板较稳定，工作面回风巷及运输巷有足够的宽度，工作面刮板输送机的机头和机尾伸向工作面巷道内，能保证采煤机往返斜切时其前滚能割透工作面巷道内侧煤壁。

（2）留三角煤斜切进刀方式，如图 10－5 所示。当采煤机单向割煤时，为减少采煤机端头停机换向工序，可采用留三角煤斜切进刀方式。在工作面上端采煤机下行割煤，按照割三角煤的方式斜切进刀后（图 10－5a），采煤机一直向上割煤，直至工作面下端（图 10－5b）。采煤机割通工作面后换向上行，沿工作面空行或装煤，至工作上端割去三角煤（图 10－5c）。若工作面倾角不大，煤层松软时也可从工作面下端进刀，其步骤和上端进刀一样。

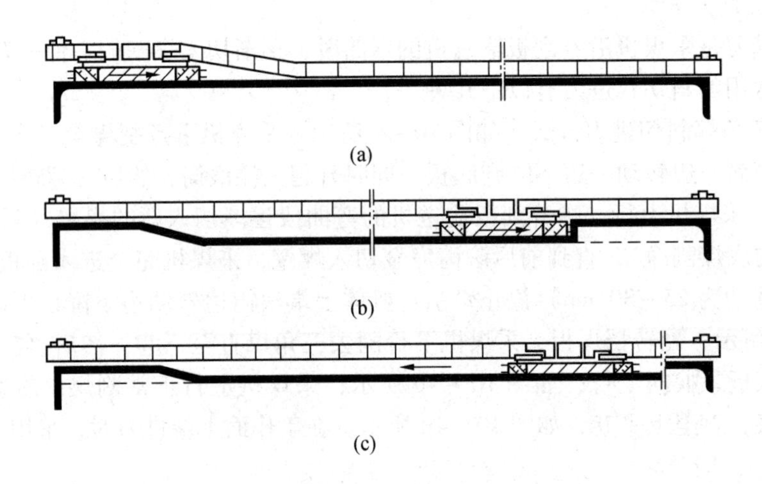

图 10－5　留三角煤斜切进刀方式

这种方式与割三角煤相比，省去端头处采煤机停机换向工序，工艺过程简单，但它属单向割煤方式，多用于煤质坚硬、倾角较大、采煤机上行切割阻力较大时。

（3）工作面中部斜切进刀方式，如图 10－6 所示。采煤机在工作面下（上）端，刮板输送机在工作面中部弯曲，并使刮板输送机上（下）半部靠近煤壁（图 10－6a），采煤机空载上（下）行到工作面中部，沿着刮板输送机弯曲段逐渐斜切进刀并正常截割上（下）半部（图 10－6b）。与此同时，从工作面中部由上向下（由下向上）顺序推移刮板输送机和支架，采煤机割到工作面上（下）端后，调换滚筒，翻转挡煤板，反向下（上）行（图 10－6c）。采煤机行至工作面中部时，由于下（上）半部刮板输送机已移近煤壁，采煤机就沿着刮板输送机一直向下运行，先割去一段三角煤，然后继续向下（上）割煤，直到工作面进风巷、回风巷割透煤壁。

采用工作面中部斜切进刀方式的主要优点是，简化工作面端部的工序，作业方式灵活。存在的问题是，采煤机沿工作面往返一次只割一刀煤，延长了采煤机空行时间。一般在工作面长度不大，采用单向割煤方式时，采用这种进刀方式。

2. 钻入式进刀方式（图 10－7）

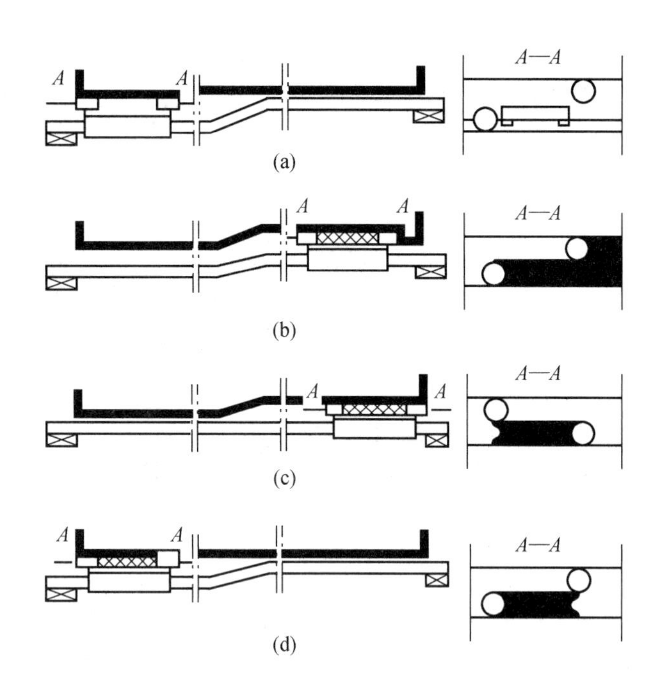

图 10－6　工作面中部斜切进刀

当采煤机下行至工作面端头，停止牵引，调换上、下滚筒，把门式挡煤板一开一合（图 10－7a），牵引采煤机向上运行一个机身长度的距离，下滚筒把采煤机下行时遗留在两个滚筒之间的一段底煤割掉，采煤机停机，打开下滚筒的门式挡煤板（图 10－7b）。下滚筒再度升起，用千斤顶将刮板输送机及采煤机推向煤壁。在 1 m 范围内往返牵引，或两个滚筒摇臂上下摆动，利用滚筒的端面截齿，在千斤顶推力作用下钻入煤壁（图 10－7c）。采煤机下行，上端滚筒割底煤，下端滚筒割顶煤，割透煤壁后，采煤机停机（图 10－7d），调整滚筒，下端滚筒落下，上端滚筒升起，把下端滚筒门式挡煤板再度合上，采煤机上行，正常割煤。

采用这种进刀方式，进刀时往返截割距离短，空顶面积小，便于维护。存在的问题是，滚筒正面钻入煤壁阻力大，需要加强千斤顶的推力作用，故对采煤机、刮板输送机及推千斤顶的使用寿命有很大影响。门式挡煤板装煤效果差，一般用于顶板破碎煤层或薄煤层、采煤机滚筒有端盘截齿、不用挡煤板或门式挡煤板的条件下。另对刮板输送机机头、中部槽、推移千斤顶及采煤机的强度有特殊要求，否则不宜采用。

二、厚煤层放顶综采生产工艺

（一）放顶煤方式

综采放顶煤工艺依工作面刮板输送机数量可分为单输送机与双输送机放顶煤两种；按液压支架上的放煤口位置又可分为高位、中位、低位放顶煤 3 种。

1. 按刮板输送机数量分

双输送机放顶煤的工艺过程是以采煤机前部刮板输送机为导轨，首先沿底板割煤，前

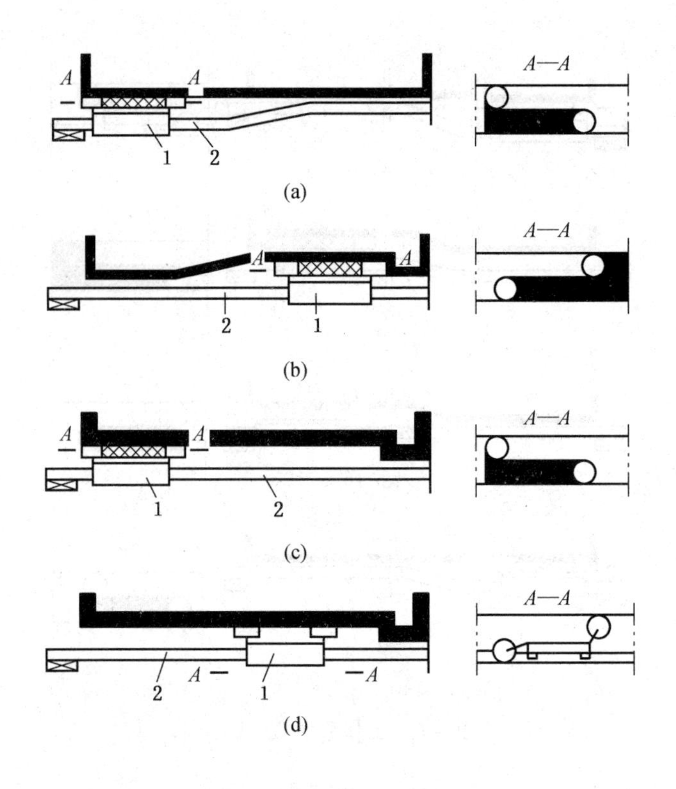

1—采煤机；2—输送机

图 10－7　钻入式进刀方式

部刮板输送机运煤，随支架的前移，顶煤垮落，达到规定放煤步距后，打开液压支架放入煤窗口，将垮落的顶煤放入后部输送机运走。具体工艺过程如下：

（1）采煤机割煤、称架、移前部刮板输送机。放顶煤工作面内有两条运输煤路线，工作面采煤机割煤、移架、移前部刮板输送机及出煤方式与普通综采相同。

（2）移后部刮板输送机。移架后，后部刮板输送机随支架前移。前移操作中应注意中部槽的连接部位，避免发生错槽事故。

（3）放顶煤。初采支架推出开切眼，顶煤一垮落就开始放煤。放顶煤前要把支架排成直线，自工作面一端向另一端依次放煤，视情况可一次一架或同时放两架。也可割煤、放煤平行作业，即沿工作面全长一分为二，实行前半部放煤，后半部割煤，或前半部割煤，后半部放煤。在放煤口出现矸石时，及时停止放煤。如遇大块煤堵塞放煤窗口，要反复升降放煤板处理。顶煤较硬，不能及时垮落的，应预先注液软化。

单输送机放顶煤工艺与双输送机放顶煤工艺基本相同。其特点是设备占用少，机头移动简单，端头易于维护，减少刮板输送机的管理和操作程序。但顶煤松软，煤层较厚时，容易产生架上、架前冒空，煤尘量大，难以控制。

2. 放煤口位置分

（1）低位放煤口，采用底开门插板式支架。这种支架的放煤口位置最低，初放时留的底煤少。

（2）中位放煤口，采用单输送机支架，放煤口在支架顶梁上，与前两种支架相比放煤口位置最高，初放煤时需采取强迫垮落措施，煤炭损失较大。

（二）放煤顺序

目前采用的放煤顺序有以下几种。

1. 多轮顺序放煤

（1）放煤方法。按1，2，3…号支架顺序放煤，每次放出顶煤量的1/2～1/3。第一轮放完后，再从1号开始放第二轮，一般两轮就可将顶煤全部放完，特殊情况下放三轮。

（2）多轮顺序放煤的优缺点。能使垮落后的煤炭分界面均匀下降，可得到回采率高、含矸率低的效果；要求操作水平高，放煤速度较慢；适用于顶煤厚度在3 m以上和破碎效果差时使用。

2. 多轮间隔顺序放煤

（1）放煤方法。按1，3，5…号支架顺序放煤，每次放出顶煤量的1/3～1/2。第一轮放完后再按2，4，6…号支架顺序放煤，每次放出顶煤量的1/3～1/2，反复放煤2～3次。

（2）优缺点。操作复杂，不易掌握，一般不采用。

3. 单轮顺序放煤

（1）放煤方法。放完第一号窗口的煤后，再放第二号窗口，依次顺序将每个窗口的煤全部放完。

（2）存在问题。第一次放煤漏斗曲线与第二次放煤漏斗曲线相交，不是混矸严重，就是丢煤太多。一般不采用。

4. 单轮间隔顺序放煤

（1）放煤方法。隔一架支架，打开放煤口，单数的放煤口放完后，再放双数，直至放完。最好放完后，再顺序打开重放一次，以提高回采率。

（2）优点。操作简单，容易掌握，放煤效果好，被广泛采用。

（三）放煤步距

放煤步距是指两次放煤工序之间，工作面向前推进的距离。合理选择放煤步距，对提高回采率，降低含矸率是至关重要的。放煤步距与顶煤厚度、顶煤可放性、顶煤垮落时的垮角及直接顶厚度有关。实践证明，放煤步距太大，顶板方向上矸石将先于采空区后方的煤到达放煤口，迫使放煤口关闭，采空区方向放出的煤将被关在放煤口外形成脊背煤损。放煤步距太小。采空区方向的矸石将先于上部顶煤到达放煤口。而使上部顶煤的一部分被关在放煤口外，当然这时脊背煤损较小。只有合理的放煤步距，才能得到较高的回收率。

（四）综采放顶煤开采技术的适用条件

（1）煤层厚度。缓倾斜煤层放顶回采工作面最佳煤层厚度为6～12 m；大于上限（12 m）的中硬以上煤层宜采用多次放顶煤。

（2）顶板条件。顶板岩石性质最理想的是Ⅰ、Ⅱ级顶板，随采随冒，直接顶有一定厚度，采空区不悬顶，冒落的松散岩石基本上充满采空区，从而使漏风减少，避免顶煤冒落到采空区。

（3）煤层可放性。煤质松软、节理裂隙发育对顺利实现顶煤开采十分有利。煤质中硬以下（$f<2$）最好。个别条件，如阳泉局15号煤层硬度系数$f=2.6$，但其节理很发育，顶煤也能随移架而冒落。

（4）地质构造。煤层厚度变化较大，地质构造复杂，被断层切割的块段、阶段煤柱以及采区上山煤柱等，无法应用长壁式开采的煤层，也可应用放顶煤开采。工作面虽短，也能获得较高的产量和效率。

三、厚煤层大采高综采生产工艺特点

通常把一次采全高超过3.5 m的综采工作面，称为大采高综采工作面。大采高综采能实现厚煤层一次采全高，减少分层巷道的掘进量，提高工作面生产能力，便于集中生产。

1. 大采高工作面主要特点

（1）工作面特点。顶板压力大，矿压显现强烈，顶板小块冒落也会导致严重的顶板事故。煤壁片帮的可能性增加，片帮时块度大，片帮煤量不均匀，易造成输送机事故。支架高度大，稳定性降低，工作面开采强度大。

（2）对设备的要求。支架支护强度大、阻力高，其结构应有很高的纵向和横向稳定性。支架顶梁对顶板覆盖率高，有可靠的护帮防倾倒功能，护帮板上应留有能向煤壁钻锚杆眼的孔，以便加固煤壁。采煤机功率高、强度高、稳定性好。工作面输送机具有较高的强度，以及较大的短时输送能力。

（3）主要优缺点。其优点是，有利于集中生产，简化生产环节，减少搬家换面次数，提高采区回采率。与分层开采相比，减少了巷道工程量，降低了万吨掘进率，节省了巷道工程费用、生产准备费用，降低了生产成本。存在的问题是，煤壁易片帮，支架稳定性差，技术管理难度大。

2. 生产工艺特点

（1）端头与两巷的连接。为了减少生产过程中回采巷道维护的困难，大采高综采工作面的回采巷道一般沿煤层顶板掘进，丢下一定量的底煤，但工作面内不允许丢底煤的，致使工作面的端头不得不留设两个三角底煤，以实现与两巷的连接。这样便造成端头处液压支架工作状况的恶化，支护质量不易保证，对此必须引起注意，同时还要严格控制采煤机在两端头处的卧底量，保证三角底煤有一个合理的坡度。

（2）控制工作面采高。初采时，采高不能过大，一般与两巷高度相当，直到初次来压才逐渐加大到正常采高。采高增大量主要靠调料采煤机，即使采煤机向煤壁倾斜来实现，并合理确定过渡段的坡度，在这一工序过程中严禁留顶煤。

（3）控制煤壁片帮。采高大，顶板事故的处理就特别困难，而煤壁片帮则往往导致顶板事故的发生。因此，要求大综采工作面除采用及时支护外，支架必须设有效防止煤壁片帮的护帮装置，煤壁片帮严重的地段必须采取加固煤壁的措施。

（4）预防支架倾倒。生产过程中必须随时加强对支护质量的监察，及时调整不合格的支架，保证支架的工作状况达到规定要求，坚持用好配置的防倒装置，及时支护，严防局部冒顶以及支架倾倒事故的发生。

第二节　倾斜煤层走向长壁综采生产工艺特点

随着综采的发展，工艺水平的不断提高，在倾斜煤层中也已采用了综合机械化开采工艺，但由于煤层倾角大（25°～45°），采用综采的工作面，设备的防滑防倒以及煤岩块飞

起伤人等事故，是生产过程中必须很好解决的主要问题。

一、采煤机及工作面输刮板送机的防滑

1. 采煤机防滑

（1）采用锚链牵引的采煤机，必须配用同步安全液压防滑绞车。无链牵引的采煤机应配用液压防滑制动装置。

（2）注意事项：防滑液压绞车必须安置在巷道顶板完整的地点，必须加打戗柱固定牢靠。防滑绞车移位时，尽量使采煤机下行截入煤壁，同时采取相应的锁定措施。采煤机必须与防滑绞车同步工作，并要经常检查两者是否同步，若不同步，应禁止采煤机开机。采煤机正常停机方面，上行割煤时，务必使两个滚筒全部降到底板，再停机牵引。下行割煤时，应使滚筒切入煤壁后再行停机。

2. 移动电缆防滑

（1）分段固定。采煤机下行割煤时，为防止电缆下滑，可用木楔或旧胶带条将移动电缆分段固定在电缆槽中，待采煤机临近时方解除固定。

（2）改变电缆布设方式。采用如图10－8所示的布设方式，可有效地防止电缆出槽下滑，但需电缆槽有较大空间。

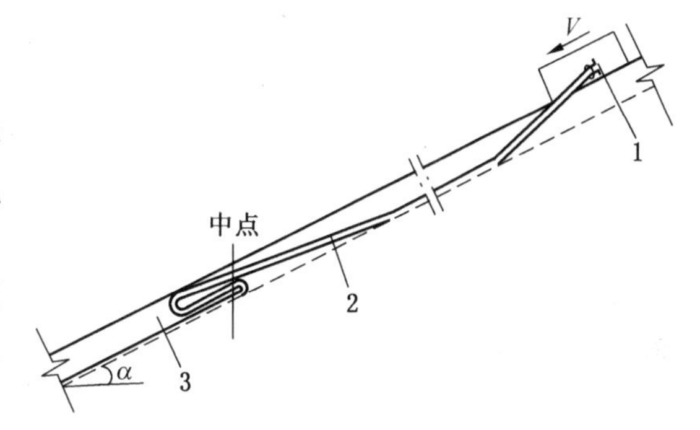

1—采煤机；2—电缆链；3—电缆槽

图10－8　电缆防滑布设方式

3. 工作面刮板输送机防滑

（1）锚固刮板输送机防滑。坚持正确使用工作面刮板输送机机头、机尾锚固防滑装置。

（2）配合液压支架防滑。沿工作面全长分段设置刮板输送机与液压支架间的斜拉防滑千斤顶，如图10－9a所示。分段长度应根据工作面倾角大小与斜拉千斤顶的拉力而定。另外，限制液压支架与工作面刮板输送机间的推移装置在支架底座空间的横向自由度，以达到支架与刮板输送机之间相互制约，共同防滑，如图10－9b所示。

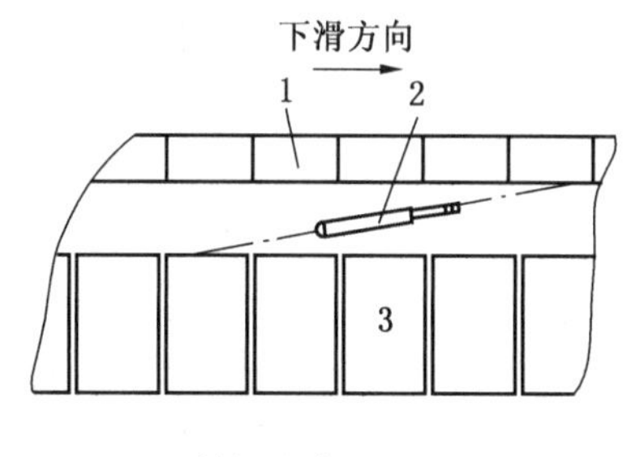

(a) 斜拉千斤顶防滑

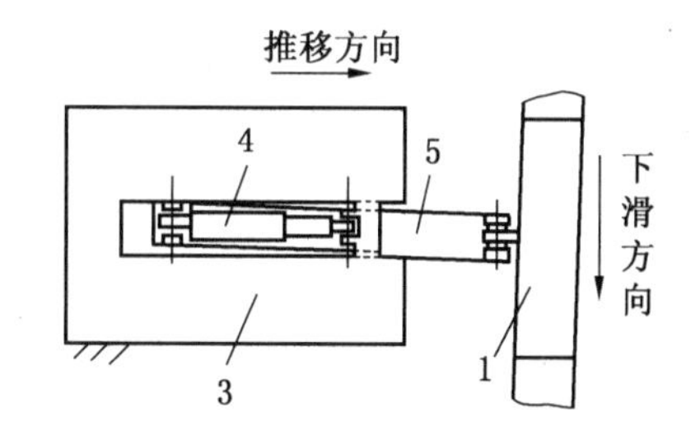

(b) 限制推拉杆在底座间横向自由空间防滑

1—刮板输送机；2—斜拉千斤顶与锚链；3—支架底座；4—推移千斤顶；5—推拉杆

图10－9　工作面刮板输送机防滑

4. 工艺措施防滑

（1）工作面伪斜推进。人为使工作面下端超前上端，工作面全伪斜推进，可有效防止刮板输送机和支架的下滑。伪斜布置的工作面液压支架仍垂直煤壁，伪斜角一般不超过6°。

（2）上行顺序推移刮板输送机。无论采煤机是上行割煤还是下行割煤，推移刮板输送机时都必须依上行顺序推行。

二、液压支架的防滑与防倒

1. 排头支架的防滑与防倒

（1）防滑：在底座前部或后部设防滑装置。前部用移步横梁将排头支架组成整体，相邻两架间设双作用防滑千斤顶，支架与刮板输送机用推移装置连接，互相锚固。后部多用千斤顶加锚链的软连接装置与上部支架相互连接，达到牵拉防滑。支架移架时，牵拉装置暂时放松，到位后，先拉紧调整支架后再升柱支撑顶板。也可在端头支架的前探梁下加打临时支柱，以增加支架的防滑能力，在工艺上可采取在排头支架范围内留设三角底煤，减缓端头处坡度，以减弱排头支架组的下滑力。

（2）防倒：在相邻架间设置防倒装置，即在相邻两架顶梁处设置双作用防倒千斤顶或是在相邻两架间设置由千斤顶锚链组成的斜拉防倒千斤顶，一端固定在上方支架的底座上，一端固定在下方支架的顶梁上，调节千斤顶防倒。在生产工艺上，必须加强端头处的顶板维护，严防发生顶板事故，以防排头支架组因不能有效支撑而发生倒架。

（3）移架操作。五架一组的移架操作顺序为3、4、5、1、2，其操作要求为：以支架1、2为导向，降支架3前移，同时操作调整后升架支撑顶板，保证达到支架的初撑力，然后移置架4和架5，其移置操作过程同架3。架1移置时下无依靠，必须正确使用支架的防倒防滑装置，且移架时速度要快，并随即调架，支撑顶板，最后以架1为导向，按要求移架2。三架一组的移架操作，一般先移置架3，再移置架1，最后移置架2。

2. 工作面中部支架的防滑与防倒

工作面中部支架同排头支架一样也必须设置防倒防滑装置。

（1）防滑装置。支架底座前部，相邻架间可隔一设一或隔数设一加设双作用防滑千斤顶。支架后部，两架间底座设置由千斤顶控制的侧推装置以防滑。在工艺措施方面，一是可将工作面调成伪斜，二是无论采煤机上行还是下行割煤，均应采用上行顺序移架方式移架。但当支架上窜严重时，可适当进行下行顺序移架。

（2）防倒装置。可隔架在两支架间设置双作用防倒千斤顶，隔架数依实际情况而定，倾角越大，隔架数越少。

（3）工艺措施。严格进行支护工程的质量检查，保证支架状况良好。及时处理煤壁片帮和局部小冒顶，严格控制好采高。支架的倾倒和下滑主要发生在支架卸载前移的过程中，因此，在移架时，必须协调好支架的防倒防滑装置。支架移置应一次性到位，定向前移，到位时要达到足够的初撑力。

3. 工作面排尾支架的防倒防滑

在防滑方面可采用中部支架防滑装置和方法，必要时采用排头支架的防滑办法；在防倒上同排头支架；在支架移置上可用上行式或采用排头支架移置方式移置。

三、预防煤炭块飞起伤人

由于工作面倾角较大，煤炭在运输过程中，可能会形成飞块导致伤人事故，因此应适当加高工作面刮板输送机挡煤板，在支架顶梁上设安全挡板，最好在顶梁上悬挂金属网或轻质、强度高、透视好的隔挡物。

第三节　倾斜长壁综采生产工艺特点

倾斜长壁采煤即回采工作面沿走向布置，沿倾斜（向下俯斜开采或向上仰斜开采）推进，该方法使巷道布置及生产系统简单，运输环节少，回采工作面长度几乎可始终保持不变，减免了由于工作长度变化而增减工作设备的工作量。采用该方法，回采工作面沿倾斜连续推进长度大（一个阶段的斜长），工作面搬家次数少，采区回采率高，所以倾斜长壁综采逐渐得到推广。

一、倾斜长壁综采的适用条件及优缺点

1. 倾斜开采（工作面沿倾斜从下向上推进）

（1）适应条件。倾斜开采适用于煤层中厚以下、煤质坚硬、不易片帮、顶板较稳定、仰角小于12°的条件。

（2）优缺点。其优点是，当顶板有淋水时可以下接流入采空区，使工作面保持良好的工作环境；倾斜开采装煤效果好，可以充分利用煤的自重提高装煤效率，减少残留煤量，利用实施充填法处理采空区及向采空区灌浆，预防自然发火。存在的问题是，有平行工作面的同向节理时，煤壁易片帮；顶板有局部变化时，支架前易冒顶，采煤机割煤时易飘刀，机身易挤坏刮板输送机挡煤板，移架阻力大，易拉坏挡煤板。

2. 俯斜开采（工作面沿倾斜从上向下推进）

（1）适应条件。俯斜开采适应于煤层较厚、煤质松软易片帮、工作面瓦斯涌出量较大、顶底板和煤层渗水较小、倾角小于12°的条件。

（2）优缺点。其优点是，有利于防止煤壁片帮和梁端漏顶事故发生，工作面不易积聚瓦斯，有利于通风安全，顶板裂缝不易张开，有利于顶板稳定等。其缺点是，煤层及顶底板渗水量大，工作面因故障停产时，会造成工作面积水，使底板软化，影响机械发挥效能，恶化工作面劳动条件；采煤机割煤时易啃底，机械装煤效率低。

二、生产工艺特点

1. 工作面仰斜推进

（1）采煤机稳定性。当采煤机仰斜割煤时，受本身自重沿倾斜方向的分力及其截割煤体时的轴向阻力的共同作用，易向采空区一侧滑移，从而使截深减小，生产能力降低。随倾角的增大，采煤机向采空区一侧倾覆的力矩增大，使其有向采空区一侧翻转的可能，因此在工作面仰斜推进时必须采取一定措施：

① 当煤层倾角较大（小于12°）时，可采用如图10－10a所示的双侧导向装置。

② 为降低采煤机的重心，增大抗下滑的摩擦阻力，采煤机可沿底板运行（图10－

10b）或者将采煤机偏置在输送机上（图 10－10c）。偏置后的采煤机需设置调斜装置，使采煤机割煤过程中不留三角顶底煤。

③ 刮板输送机应加设锚固装置。

④ 根据具体条件，可考虑减少采煤机截深。

（2）装煤。仰斜推进时机械装煤效果好，装煤率高，但是要控制好滚筒转速度，否则易将煤甩到采空区，因此应适当加高刮板输送机挡煤板。

（3）运煤。由于工作面倾斜，刮板输送机会向采空区一侧滑移。装在刮板输送机中部槽中的煤也会偏向采空区一侧，使下帮刮板链负荷加大，链道磨损严重，断链事故增多，为克服上述问题，可在支架推移千斤顶上设液力锁或限位装置，防止刮板输送机回滑。选用中双链刮板输送机或单链刮板输送机，使牵引力均匀，并选用高强耐磨损机型，在刮板输送机靠采空区一侧加一调节三角架以保证刮板输送机水平状态，如图 10－10b、c 所示。

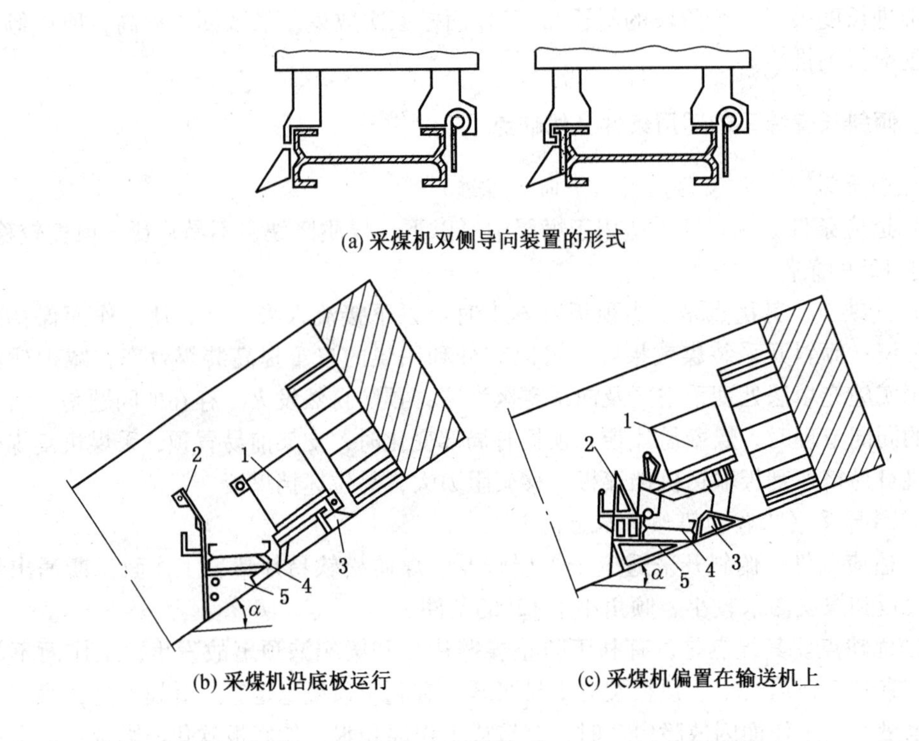

1—采煤机；2—输送机挡煤板；3—铲煤板；4—输送机；5—输送机底托架（三角架）

图 10－10　仰斜推进工作面采煤机割煤时的措施

（4）仰斜工作面矿压及支护特点。由于顶板岩层的重力分力指向采空区，顶板岩层处于受拉状态，且易向采空区移动、断裂，并有将支架推向采空区一侧的趋势，使支架的纵向稳定性受到很大影响。另外，煤壁受支架压力作用，压酥后出现水平移动，使片帮和压出现象趋于严重，导致顶板岩层的稳定性变差，增加了顶板控制难度。为了有效地防止顶板因受拉顶断裂、移动，要求支架的纵向稳定性强，有很好的水平支撑能力，一般应选用掩护式（压力小时）或支撑掩护式液压支架（压力较大时）。为防止煤壁片帮，液压支架应配置护帮装置，为防止顶板恶化，移架时应尽可能采取带压擦顶前移方式。

2. 工作面俯斜推进

俯斜推进的综采工作面特点如下。

(1) 采煤机稳定性。采煤机割煤时，采煤机身和滚筒受其重力沿倾斜方向的分力作用，使采煤机逐渐钻入煤壁，不利于采煤机的稳定性。因此俯斜割煤时也同仰斜推进一样，采煤机底托架采用双侧导向装置。

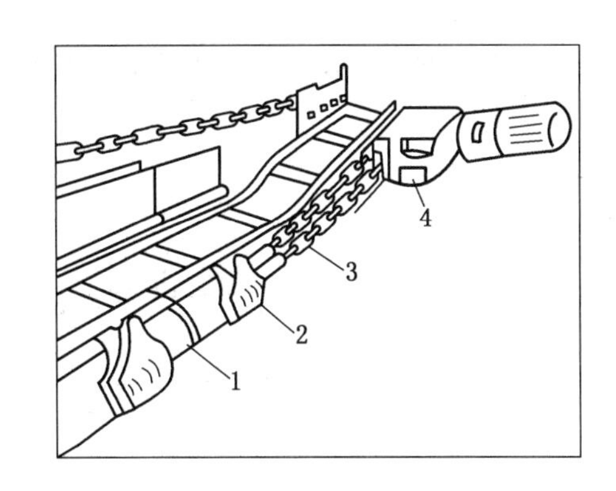

1—护罩板；2—装煤犁；3—牵引链；4—传动装置

图 10－11 装煤犁

(2) 装煤。俯斜开采时采煤机机械装煤效率低，为提高机械装煤效率一般可用以下几种措施：采用单向割煤；选择三头螺旋滚筒；刮板输送机装设辅助装煤装置，即刮板输送机装煤犁，如图 10－11 所示。它由护罩板 1、装煤犁 2、牵引链 3 和传动装置 4 组成，安设在靠煤壁一侧的刮板输送机槽帮上，刮板输送机前移时，装煤犁往复运动将余煤装入刮板输送机中。

(3) 运煤。其特点是输送机的中部槽和刮板链会向煤壁侧滑移，降低了刮板输送机的输送能力。双边链牵引的刮板输送机内链负荷大，易磨损和断链，因此液压支架千斤顶须限制输送机中部槽向煤壁侧滑移。选用中双链刮板输送机以改善两链受力状况，采用强度高耐磨性好的机型。

(4) 工作面俯推进时矿压与支护特点：

① 由于顶板岩层的重力分力指向煤壁，顶板岩层处于挤压状态，有利于裂隙的闭合，保持岩层的连接性和稳定性，但采空区矸石有向工作面涌入的趋势。

② 为了有效地防止采空区矸石涌入工作空间，特别是支架空间，应选用侧护能力好的掩护式或支撑掩护式液压支架；为了防止顶板岩石垮落时直接冲击掩护梁，以及液压支架向煤壁滑移，可将顶梁后部加长，或将底座后部加长，使垮落矸石压在其上以增加支架滑移阻力。

以上所述为倾斜长壁采煤法综合机械化开采之特点，工作面生产工艺过程与走向长壁采煤法生产工艺过程基本相同。

第四节 急倾斜厚煤层综采放顶煤生产工艺特点

一、适用条件

(1) 煤层厚度：保证工作面的有效长度不应小于 10 m。

(2) 煤层垮落性好，便于顶煤垮落。

(3) 煤层顶板：Ⅱ级中等垮落性顶板。

二、工作面布置及有关参数

1. 工作面布置

工作面水平分段，其分段高一般为 10 ~ 14 m，采取下列方式分段开采。工作面两巷沿煤层顶底板掘出并在同一平面上，工作面的采放高度控制在 1∶5～1∶4，如图 10－12 所示。

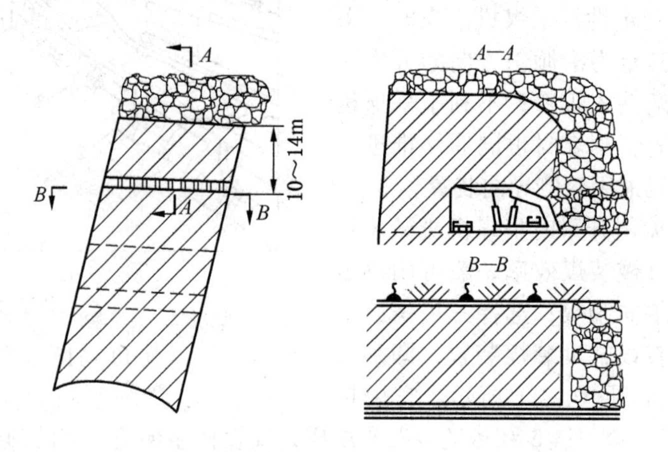

图 10－12　工作面布置

2. 工作面设备布置

工作面设备布置如图 10－13 所示。

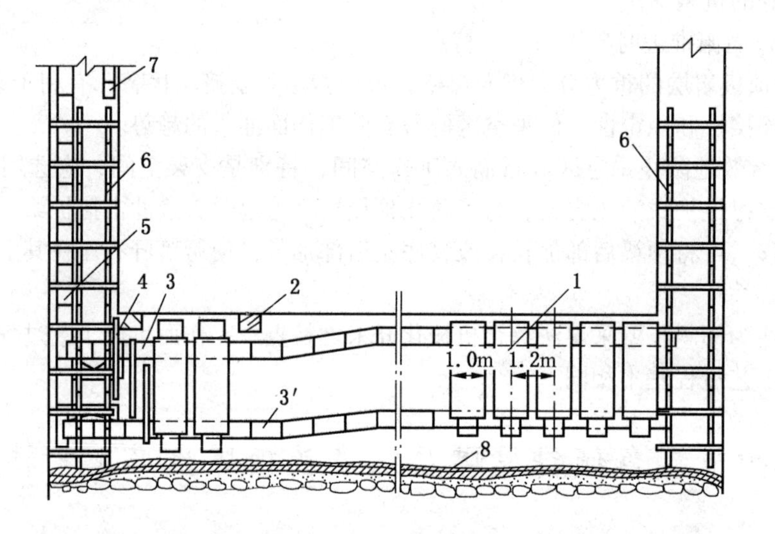

1—放顶煤液压支架；2—采煤机；3—工作面前部输送机；3′—工作面后部输送机；
4—端头抬棚；5—转载机；6—铰接棚子；7—变电站及泵站；8—金属网

图 10－13　工作面设备布置

3. 主要设备的选择

（1）采煤机：选用正面截割式滚筒采煤机，当工作面长度较大时，也可选用双滚筒采煤机。

（2）刮板输送机：前部刮板输送机同一般综采工作的有关要求，后部刮板输送机以能及时运走放出顶煤量为准。

（3）液压支架：据煤层物性质和回采工艺等综合因素，选用轻型或重型放顶煤支架。

三、综采工作面放顶煤生产工艺

1. 回采工艺过程

该工作面采煤工艺与普通综采面采煤工艺过程区别不大，只是增加了一个放煤工序。放煤工序一般为1～1.5 m最佳，回采率最高，常用的是“两刀一放”，即采煤机割两刀煤，放一次顶煤。对于双刮板输送机，放顶煤支架的操作程序是：采煤机割第一刀煤—移架—推前部刮板输送机—移后部刮板输送机—采煤机割第二刀煤—移架—推前部刮板输送机—放顶煤。

2. 放顶煤工序

（1）一般采取“随采随放”的作业方式，采放煤量要协调掌握好，割煤、移架、放煤等工序要协调配合。

（2）放煤方式采用分段多轮顺序连续放煤，第一轮放煤以不扰动煤岩分界面为原则；第二轮放煤见矸关窗（矸石占到10%左右），第二轮比第一轮滞后10架左右。

（3）放煤操作：

① 打开支架上的放煤喷雾。属自动喷雾系统则随放煤工序自动喷雾。

② 工作人员站在本架的前立柱后操作放煤支架的窗口控制手把，两眼紧盯放煤口，收回插板缓慢操作尾梁千斤顶，把煤放入刮板输送机中。

③ 放煤过程中，注意放煤口的放煤量，防止放煤过多而使刮板输送机超载损坏机器。

④ 估计放煤量达到规定要求，或矸石出现，应及时关闭窗口，以防第一轮放煤过多或第二轮大量矸石涌入后部刮板输送机，造成煤炭损失或含矸率超标。

⑤ 逐架放煤达到要求，及时关闭放煤窗口，手把恢复零位，关闭本架放煤喷雾。

（4）特殊问题的处理：

① 顶煤放不下来时的处理：可反复打开和关闭窗口将棚口块煤挤碎，将煤放下来，如还放不下来，可关闭窗口，进行下一步；操作支架立柱，小范围内反复升降几次，以破碎顶煤，然后按照放煤操作顺序进行放煤。

② 放下大块矸石的处理：放下大块矸石时，及时给刮板输送机司机发停机信号，同时关闭放煤窗口；协助打碳（矸）工，用大锤、尖镐或手动工具，将大块矸石破碎，然后发出开机信号，待刮板输送机启动后，继续进行下组支架的放煤工序。

第四部分

中级液压支架工技能要求

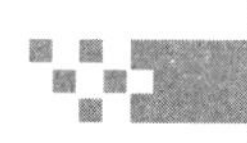

第十一章

综采工作面设备的安装与撤出

综采工作面机电设备数量多、吨位重、体积大，搬家换面工作较为复杂，又由于综采工作面推进速度快，搬家换面次数相应增多，设备的安装与撤出次数也相应增多，因此怎样用最短的时间、最少的费用、最好的方法来完成这一工作，这对于保证矿井均衡生产具有十分重要的意义。

第一节　综采工作面安装前的准备

一、综采工作面开切眼的准备

综采工作面必须按设计和衔接要求把整个工作面按时掘出来，其中，工作面运输巷和回风巷的掘进与一般巷道掘进基本相同，而综采开切眼断面则较大，施工较困难。开切眼内要安装采煤机、可弯曲刮板输送机、液压支架，其宽度和高度须根据液压支架的高度和宽度以及便于设备的安装来确定。在施工手段上应尽量采用掘进机全断面一次掘成，用锚杆支护。顶板松软破碎一次掘全宽确有困难时，可先掘小断面，在支架安装过程中，边扩帮边安装。

1. 开切眼位置的选择

综采工作面开切眼应布置在煤层赋存平缓、围岩稳定的地带。尽量避开地质构造（如断层、冲刷带、节理裂隙发育带、陷落柱等）、上层煤柱下方、老巷上下方及有煤和瓦斯突出危险的地带。

2. 对开切眼的要求

近水平煤层，开切眼应与工作面巷道垂直。缓倾斜煤层时，为防止工作面刮板输送机和液压支架的下滑，开切眼与工作面巷道可有一定的夹角。开切眼一定要有足够的安装空间和可靠的支护方式。上下两个端头处安全出口要畅通，所有支架必须架设牢固。开切眼内浮煤、杂物等要清理干净。为了便于液压支架的运输，开切眼与工作面回风巷连接处应弯曲，曲率半径适宜，轨道铺设符合标准。

3. 开切眼的准备方式

根据我国综采设备的安装方法，开切眼的准备方式一般有 3 种，即全长全断面一次掘成、一次扩全长及边扩帮边安装。

（1）全长全断面一次掘成即据设备安装需要设计的开切眼宽度和高度，采用综掘机全断面一次掘成，如图 11－1 所示。掘出的开切眼采用锚杆点柱混合支护。开切眼内设备的安装顺序依次是工作面刮板输送机、液压支架、采煤机。其准备方式、设备方式、设备安装不受巷道工程的影响，有良好的安装条件，能充分利用人力、空间和时间，有利于提高设备安装质量，快速完成设备安装任务。施工组织简单，支护用材料少，适用于顶板完整、稳定的条件下。

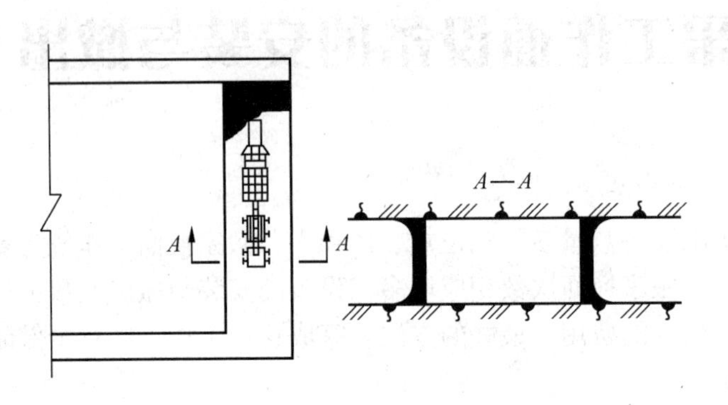

图 11－1　全断面一次掘成

（2）一次扩全长如图 11－2 所示，先开掘出小开切眼，在设备安装前，沿工作面全长扩至安装所需要的宽度。支护方式采用锚杆、点柱或锚杆与亲口棚混合支护。开切眼内设备安装顺序依次是工作面刮板输送机、液压支架、采煤机。该方式安装工序连续性强，进架与调向可平行作业，有利于提高质量、快速完成安装任务。存在的问题是，支护工作量较大，对设备安装有一定的影响，所需支护材料多、消耗大，要求能回收支护材料。这种方式适应于稳定及中等稳定和不稳定顶板条件下。

（3）边护帮边安装。即先掘小开切眼，在设备安装时，边扩帮边安装液压支架，如图 11－3 所示，开切眼内采用梯形亲口棚支护。扩帮后可采用鸭嘴木棚。工作面设备安装顺序有两种，一种是工作面刮板输送机、液压支架、采煤机；另一种是在利用采煤机扩帮的情况下，其顺序为工作面刮板输送机、采煤机、液压支架。采用边扩帮边安装开切眼准备方式的主要优点是有利于控制顶板，但存在着施工复杂，对安装速度有一定影响的问题。它可适应各种类型的顶板。

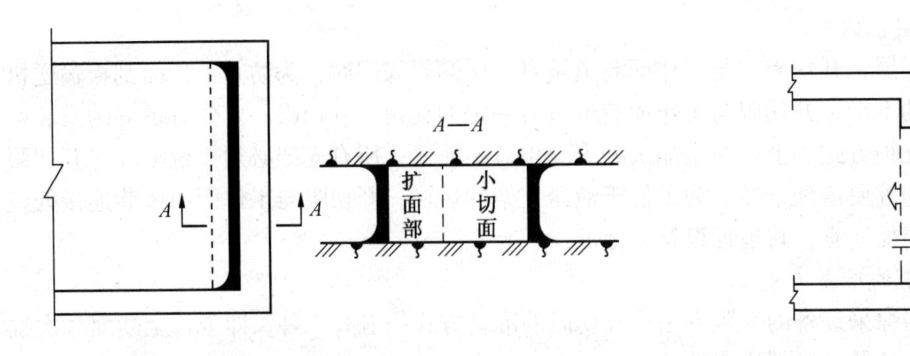

图 11－2　一次扩全长　　图 11－3　边扩帮边安装

4. 开切眼支护

开切眼的支护要求必须有足够的强度和稳定性，维护好开切眼空间，又要为设备的安装创造方便。根据顶板岩石性质，开切眼内支护方式有以下四种：

（1）当顶板坚硬、稳定时均采用锚杆支护方式。其特点是断面空间大，节省替换棚（柱）的工作量和时间，设备安装方便、速度快。

（2）顶板完整稳定而压力较大时，一般采用锚杆支护或锚杆与点柱配合使用支护。其特点是支护强度高、稳定性好，在安装液压支架时，须逐架撤收点柱。

（3）顶板松软或分层开采金属网假顶时，采用金属棚支护或锚网与金属棚复合支护。安装液压支架时，沿支架安装方向逐架拆除金属棚，改设跨度较大的一梁二柱金属棚，棚距等于液压支架的宽度。在支架安装地点，根据顶板情况超前设数架，背好顶。当支架到位安装符合要求后升柱支撑顶板，拆除后边的金属棚，以后逐架安装，逐架改棚和拆除。其特点是设备安装速度慢。

（4）顶板破碎时应采用铺设金属网顶板，用金属棚支护或锚网与金属棚复合支护。在安装支架时，本架顶梁预先挑上长 2～2.5 m 平行工作面的大板梁，构成超前支护，给下一架安装创造条件。这种方式多应用于边扩帮边安装开切眼。但由于顶板破碎，支护复杂，设备安装速度慢。

二、综采设备安装前的准备

综采设备安装前，需要做好安装与施工组织设计、组织准备、设备准备、装车准备、安装准备等准备工作。

1. 安装与施工组织设计

安装与施工组织设计包括安装方法和所用设备的选择、组装硐室、绞车硐室、调车线的设计、施工组织安排及施工安全措施等。安装方法根据井巷条件分别采用解体入井或整体入井的安装设计：当受到矿井井巷条件和支架外形尺寸的限制，需将支架解体入井时，在工作面进设备的巷道内需预先掘出支架组装硐室，以便在此组装支架后运入工作面；如果井巷条件允许液压支架整体装车入井并能顺利运进工作面，则无须专门开掘支架组装硐室。组装硐室位置如图 11－4 所示。

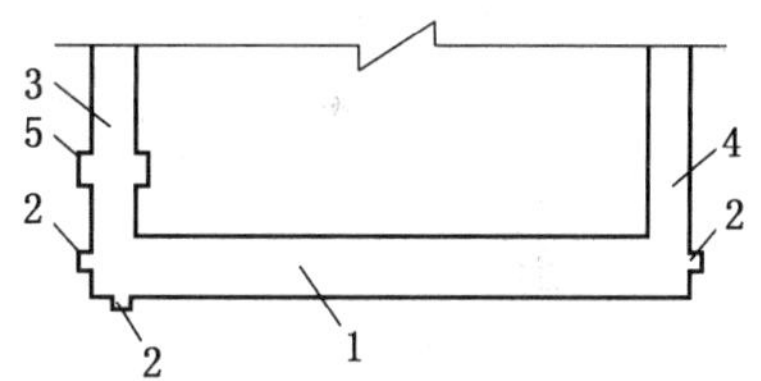

1—开切眼；2—绞车硐室；3—工作面运输巷；4—工作面回风巷；5—液压支架组装硐室

图 11－4　开切眼组装硐室位置示意图

液压支架组装硐室的规格一般为 800 mm × 5000 mm × 4500 mm（长 × 宽 × 高）。锚杆或工字钢棚子支护，棚梁上装配起吊用的防爆电动葫芦。绞车硐室为安装牵引绞车而设置。开切眼内一般要开 2～3 个绞车硐室，其规格为 2000 mm × 2000 mm × 2000 mm（长 × 宽 × 高）。在支架组装硐室外设双轨调车线，调车线每条长度要保证存放 7～10 辆平车。

2. 组织准备

成立临时指挥机构。由主管矿长负责，生产、机电、运输、供应及综采队等部门人员参加的临时指挥机构。负责制订工作计划，统一指挥调度，及时解决出现的问题，并认真组织和培训安装队伍，搞好工程检查和验收等工作。

安装计划的主要内容包括安装方案、安装程序、方法、进度日程及劳动组织、任务分工、各专业配合要求、质量要求、物质准备、作业规程及安全措施。

为了完成安装计划，要做到任务、人员、时间三固定及四包，即做到包任务完成，包质量合格，包设备完好，包安全生产。将安装人员划分成若干个专业小组，实行流水作业和平行作业。各专业组根据三定四包内容，将每日实际进度填入工作面设备安装进度表内，并与计划对照，发现工作进度和时间要求有变化或冲突时，及时协调平衡，搞好配合，使安装工作顺利进行。为提高安装质量，还应组织安装人员认真学习讨论安装计划和安装方法，组织短期培训，使其掌握工作面安装的各设备的性能、结构、操作方法、安装方法及安装质量标准，使工作面全套安装完毕后一次试运转验收全部合格。

3. 井巷准备

综采设备从立井进入，为了保证设备和井口提升安全，应注意提升罐笼的配重适当。通常采取料石车或矸石车配重，掌握好提升速度，防止意外事故。载架罐笼到达井底后，用料石车（或矸石车）顶支架车出罐，防止因支架车单独出罐，罐笼突然卸载，提升钢丝绳立即收缩而把空罐提起。料石车要以匀速推顶支架车单独罐笼，并用小绞车限制支架车出罐的速度，以防车辆相互撞击。凡综采设备经过的巷道，必须指定专人按所运设备的最大外形尺寸和《煤矿安全规程》的有关规定，事先进行认真检查，必须达到畅通无阻。为了确保液压支架在井下运输时的安全，要求按支架实际运输时的最大尺寸模拟一木制框架，以保证实际运输时的安全。对于工作面巷道设计质量要求严格验收。如发现巷道不通，高度和宽度不够，支护不合乎等情况后，要及时处理。巷道内的浮煤、浮矸、杂物、积水等必须清理干净。运送综采设备的轨道，必须是质量在 18 kg/m 以上的钢轨。当运送物件的单车质量超过 12 t 时，枕木应加密或采取措施，以保证设备运送中的安全。

4. 设备准备

新到矿的或升井检修后的全套综采设备及新型号、新配套的综采设备，入井前都必须实地先进行组装与试运转，检查配套性能及联合运转情况，都要达到规定要求后才能按顺序装车下井。对安装所用设备和辅助设备如单轨吊、卡轨车、运输绞车、安装绞车、起重设备、配车设备等，均应按质量标准认真检查和验收维修。对装运设备中拆开的液压胶管，一律用塑料堵封。

5. 装车准备

综采工作面大量的设备是液压支架，装车准备主要是根据矿井实际条件确定液压支架的装车方式。运送支架的车辆主要是平板车、材料车和矿车等。要求平板车要有特定的锁紧装置，以固定物件。自制专用车辆宽度和轴距，必须符合巷道宽度和曲率半径的要求。车辆的数量应能同时满足地面装车、运输、安装、空车回程等要求。一般平板车不少于 30～50 辆。根据井下设备安装顺序、车场长度、安装进度要求，按照设备入井时实际需要进行配车。无论是液压支架或是采煤机及工作面刮板输送机都必须注意车辆的入井顺序。设备装车时要根据工作面的要求、排列顺序、进入工作面的路线、巷道及道岔的数量，确定好设备哪一端朝前及各车辆顺序编组编号，使入井的车辆尽量避免在井下频繁调车，最大限度地减少支架调向工作，提高安装效率，加快安装速度。

液压支架的装车方式，一般有整体装车和分部装车两种。整体装车指把车架预先在地面组装好，经过试运后不再拆卸，整架装车运到井下工作面，该方式在地面组装支架的工作条件好，组装质量有保证，组装效率高。但它要求有较大的起重和运输提升设备，井巷断面大，运输线路的弯道和交叉点有足够的宽度，以保证装运设备的车辆顺利通过。分部装车即支架在地面经过组装试运转后，拆开分成几大部件分别装车，运到井下再组装。例如，把四柱支撑掩护式液压支架的底座和四根立柱（活柱完全缩回）、控制阀组、推移千斤顶等作为一个运输部件，装在一辆特制的平板车上，这一部分各个元件都不拆开，并用液压管连接好；另一运输部件包括带四边杆的掩护梁，以及装在箱子里的螺栓和小零件，也装在一辆特制的平板车上；第三个部件是顶梁、前探梁和前梁千斤顶等装在一辆插有支柱的平板车上。每三个部件的运输车辆编为一个车组，按所需顺序运至回采工作面的上平巷的组装硐室附近，再行组装完整后运往工作面。

6. 安装准备的内容和要求

（1）安装准备。一是准备好起重运输机具，根据工作面起吊运输的设备、零部件的需要，选好自动葫芦、手动葫芦、钢丝绳、锚链、绞车、各种滑轮、起动横梁、装设备的各种车辆和工具，并认真检查这些设备，保证台台（件件）完好。二是泵站、组装硐室、临时乳化液泵站及管路，根据安装施工组织设计，铺设道轨、安装绞车及变向轮等。

（2）设备运输、起吊中的安全措施及要求。设备运送时要求车辆连接装置必须牢固可靠，斜坡运输时必须加有保险绳。机车运输时，接近风门、巷口、硐室出口、弯道、道岔、坡度较大等处以及前方有机车可视线不清时，都必须发出警号并低速运行，以防紧急刹车、车辆间相互碰撞或掉道。要求两列车同向运行，其间距不得小于100 m。在能自溜的坡道上停放车辆，必须用可靠的制动器或阻车器稳住车辆，以防发生跑车事故。在轨道斜坡用绞车拉运设备时，必须配备专职的、操作熟练的绞车司机、把钩工、信号工，对绞车的各部件和制动装置应仔细检查，确保绳套在设备的重心点上，起吊前必须检查绳索是否捆好。要统一信号，吊装指挥应站在所有人员能看到的位置，严禁人员随同起吊设备升降或从起吊设备的下方通过。起吊设备必须是垂直上吊，严禁斜吊，以防起吊歪倒。根据不同起重作业要求，正确选择钢丝绳结扣和绳卡。使用锚链起重时，连接环螺母必须拧紧，严禁使用报废的锚链起吊设备。用千斤顶起重时，千斤顶应放平整，并在其下垫上坚韧的木料，不能用铁板或有油污的木料垫衬，防止打滑。为了预防千斤顶滑脱或损坏而发生危险，必须及时在重物下垫保险枕木。

综采设备安装必须是在一切准备工作全部就绪的前提下进行，准备工作的质量和速度是关系到工作面设备安装是否顺利，矿井生产会不会受到影响，工作面能否尽快投产的一个重要因素。因此必须认真做好一切准备工作。

第二节　综采设备的安装

一、综采设备安装顺序

综采工作面全套设备的顺序一般是：供电系统—泵站—工作面刮板输送机—支架—采煤机，但是由于工作顶板岩石性质、开切眼断面尺寸等的不同，综采设备安装顺序又分以下三种形式：

（1）安装液压支架→工作面刮板输送机→采煤机。工作面转载机、可伸缩带式输送机和电气设备的安装，可与工作面的设备安装平行作业。该方式适应于工作面顶板破碎，开切眼断面较小的条件下，可以边安装液压支架，边刷帮扩大开切眼断面。

这种方式的优点是可避免因开切眼面积过大，顶板难以维护，给液压支架开始工作造成困难。它存在的问题是，液压支架的安装与开切眼刷帮交叉作业，两者相互干扰，组织工作比较复杂。

（2）安装工作面刮板输送机、工作面转载机和可伸缩带式输送机→采煤机→液压支架。该方式应用于工作面顶板较破碎，小断面开切眼的条件下。工作面首先安装刮板输送机、工作面转载机和可伸缩带式输送机，形成运输系统。采煤机安装好后即可进行割煤扩帮，刷大开切眼。顶板用棚式支架或单体液压支柱支护，其主要优越性是工作面刮板输送机预先安装好，便于液压支架的安装定位。

（3）同时安装工作面刮板输送机、工作面转载机、可伸缩带式输送机、泵站、电气设备等→液压支架→采煤机。

该方式应用于工作面顶板中等稳定以上，开切眼断面一次形成的条件下。由于工作面刮板输送机也是预先安装好，对液压支架的运送、安装、定位比较有利，组织工作比较简单。但开切眼断面大，支柱（或棚子）的替换工作比较复杂。

二、设备进入工作面的顺序、路线和作业方式

（1）设备进入工作面的顺序和路线。设备进入工作面的顺序和路线适应设备的安装顺序。一般情况下，沿工作面运输巷运入的设备有：工作面刮板输送机机头部、转载机及其推进装置、破碎机、可伸缩带式输送机、乳化液泵站、冷却灭尘泵、电气设备、电缆及各种管路等。沿工作面回风巷往返的设备有：工作面刮板输送机中部槽及其配套的挡煤板和铲煤板、工作面刮板输送机机尾、液压支架、采煤机和工作面管路等。

（2）作业方式。综采工作面设备安装应平行作业。其具体做法是：由液压支架安装组，液压支架运输组、支护专业组等组成工作面安装作业大组；由运输机专业组、电气设备组与综合作业组等组成作业大组。工作面刮板输送机机头安装完毕后，以此为起点，两个作业组分头向工作面机尾和工作面运输巷口方向顺序安装。安装完一台设备，专业组长就检查验收一台，直至全部完成。

三、液压支架的安装

1. 工作面液压支架的运送方法

液压支架的运送方法在前面已经讲过，这里不再叙述。

2. 液压支架的安装方法

设备在安装之前，需要对开切眼进行扩面。开切眼的扩面工作，应根据现场情况采用不同方式。当顶板比较稳定时，可采取一次扩完，如果顶板比较破碎，矿山压力较大，为了保证有适合支架整体安装的空间，扩面工作可采用边扩面边安装。这样可以缩小工作面空顶时间，减少顶板事故，提高安装质量。

开切眼扩面的支护方式可采取连锁走向棚，如在矿压较大或假顶条件下时应再辅以抬棚或木垛进行支护。

根据开切眼内顶板状况，液压支架的安装方法有前进式和后退式两种。

（1）前进式安装。其安装示意图如图11－5所示，工作面压力大，顶板破碎时，采用分段扩面、分段安装或边扩面边安装的前进式安装方法。此法的安装顺序方向与支架运送方向一致，支架由入口依次往里安装。工作面扩好一段，支架开始由入口往里安装，同时开始下一段的扩面工作。安装与扩面工作同时进行，分段将工作面依次安装完毕。该方式工作面空顶时间短，随着支架的安装超前铺设轨道，支架的运输路线始终在已经安装好的支架掩护下进行。支架进入时应使尾部在前，以便调向入位，减小空顶面积。安装本架时，本梁上可预先挑上3块2～2.5 m长的大板梁，给下架支架安装创造条件。

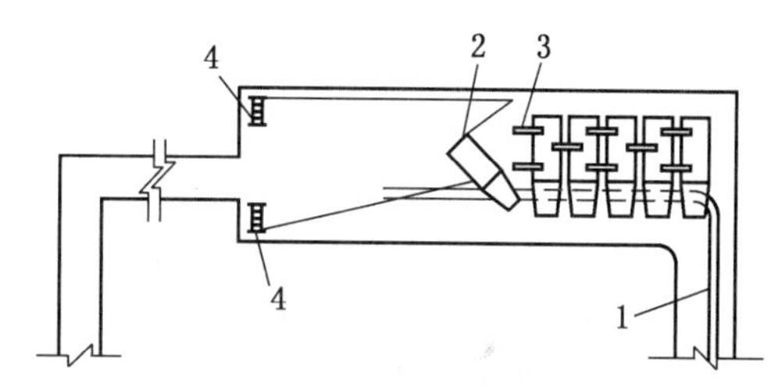

1—轨道；2—支护板；3—支架；4—绞车

图11－5　前进式安装示意图

支架卸车、调向、摆正、定位，主要用绞车牵引，同时必须注意钢丝绳与支架的连接。支架调向严防碰倒临时支架的棚腿，对碍事的棚柱，可替换，打临时支柱，以防冒顶。

前进式安装不仅对顶板管理有利，且有利于扩面和工作面安装平行作业，提高安装速度，有利于人员调配，减少窝工现象，解决人力、空间、时间三者的矛盾，但安装前必须沿工作面方向给出安装支架的基准线。存在的问题是扩帮、装煤及运煤工作量大，劳动强度大。

（2）后退式安装。在顶板较好的情况下，开切眼一次掘好或一次扩好，铺轨后（或不铺轨）即可由里向外逐架进行安装。

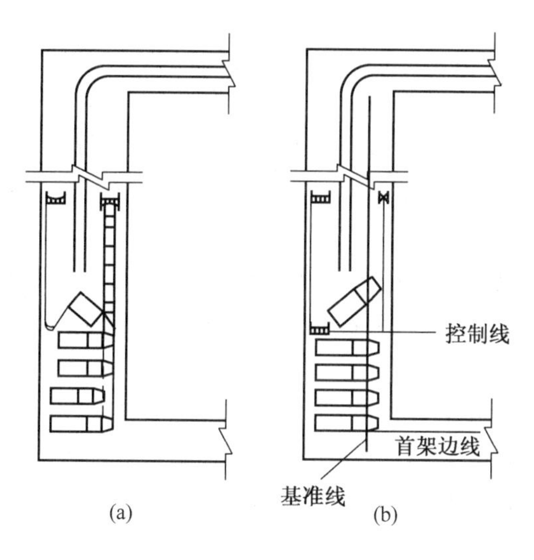

图11－6　后退式安装法

为了便于掌握支架间距，保证安装质量，将运送支架的轨道铺设在靠采空区一侧，工作面输送机先于支架安装，每安装一架就与输送机中部槽连接一架，如图10－6a所示。若先安装支架，后安装输送机时，先在工作面距煤壁1.6 m处，平行工作面挂一条支架安装基准线，然后垂直基准线在工作面端部安装第一架支架并进行定位，以后沿工作面每6 m挂一条垂直基准线的控制线，在此6 m范围内安装4架支架，如图10－6b所示。在支架安装过程中，不断使用控制线校核支架位置，以保证支架定位准确，便于与输送机的连接。

支架在工作面安装地点的卸车、调向、定位等与前进式基本相同。为了便于调向，可制作一辆专为安装使用的转盘车，支架可以在车上转动。支架运到组装硐室后，吊起至转盘平板车上，运行至安装地点，旋转90°，对准安装位置，用绞车拉下并拖到安装位置即可。

支架定位后，接通连接泵站的高压乳化液管和回油管，将支架升起支撑顶板。为排除支架立柱内存留的空气，应将支架反复升降几次。

安装完毕后，要详细检查，达到安装质量标准和设备完好标准后，方可安装下一台支架。

后退式安装应根据刮板输送机机头位置，确定工作面第一架支架位置和全部支架的安装定位，确保支架间距1.5 m；能够保证安装后液压支架垂直于工作面刮板输送机；安装工作面刮板输送机工作空间较大，不受液压支架影响和制约；开切眼内出现片帮和局部冒顶后，可以通过已形成的运煤系统进行清理，缩短清理时间，减轻劳动强度，开切眼内整洁，便于做到文明施工，安全施工。

综采放顶煤液压支架的安装与一般液压支架的安装基本相同，只是低位、中位综采放顶煤液压支架在安装时，随支架的安装及时安装工作面后部刮板输送机。

3. 液压支架安装质量要求

（1）安装的支架要符合质量标准规定，保证支架上下呈一条直线，保证支架间距为1.5 m并垂直于工作面刮板输送机。

（2）支架位置调好后，立即接通供液管路，将支架升起，顶梁与顶板接触要严密，不准歪斜，局部超高或接触不好的用木垛垫实，支架须达到初撑力。

（3）支架安装后要及时更换损坏或丢失的零部件，管路排列整齐，并达到完好标准要求，液箱清洁干净，乳化液配比符合3%～5%的规定，支架工作压力符合规定要求。

（4）支架内无浮矸、杂物、钢轨、木料等。

四、工作面刮板输送机的安装

1. 准备工作

根据工作面设计和采区运输条件，确定机头、机尾分别进入工作面回风巷、进风巷的路线。对各部件、零件、附件及专用工具进行校对检查，应完整无缺。各螺栓、螺帽和锁轴等，应按使用部位分别装箱，准备好各种润滑油脂。对安装工作面工程质量进行验收，确保安装位置平、直、无浮煤、杂物、障碍等。

2. 安装过程

（1）安装机头。输送机安装应该由机头向机尾依次进行，保证机头与转载机尾部相互配置合理，机头链轮轴线要垂直于开切眼安装中心线，与转载机尾的相互位置一般应以转载机机尾轴与工作面侧中部槽重合为好。

（2）安装中部槽和底链。从工作面回风巷运进中部槽和刮板链到预定地点，将刮板链穿过机头并绕过链轮，把刮板链由机头侧向机尾侧穿过接入中部槽的下槽，将刮板链拉直，推动中部槽，使中部槽沿刮板链下滑，并与过渡槽相接。按上述方法继续接长底链，并穿过中部槽，逐节把中部槽接上，下至机尾。

（3）铺上链。把机尾下部的刮板链绕过机尾轮，放在中部槽的中板上，继续下一段刮板链，再让接好的刮板链将刮板倾斜，使两根链环都进入槽内，然后拉直，直至机头。

（4）紧链，去掉多余链条，将刮板链两头接上适当的调节链。

（5）安装挡煤板、铲煤板及其他装置。

3. 安装质量要求

机头必须摆正，稳固，垫实不晃动。中部槽的铺设要平、稳、直，方向必须正确，即每节的搭接板必须向着机头。挡煤板与中部槽帮之间要靠紧、贴严无缝隙，铲煤板上中部槽帮之间也要靠紧、贴严无缝隙。圆环链焊口不得朝向中板，不得拧链。双链刮板之间各段链环数量必须相等。使用旧链时，长度不得超限，两边长度必须相等。刮板的方向不要装错，水平方向连接刮板的螺栓，头部必须朝运行方向，垂直方向连接刮板的螺栓，头部必须朝向中板。安装的信号等装置要符合有关规定的要求。

五、采煤机安装

首先确定工作面端部支护方式，维护好顶板，开出机窝，一般机窝在工作面上端头运料道口，长约 15 ~20 m，深度不小于 1.5 m。在对准机窝运料道上帮硐室中装一台 14 t 回柱绞车，并在机窝上方适当位置固定一个吊装机组部件的滑轮，另外准备好撬棍、绳套及有关专用工具即可进行采煤机的安装工作。

对于有底托架的采煤机安装，一般是在刮板输送机上先安装底托架，然后在底托架上组装牵引部、电机部、左右截割部、连接调高调斜千斤顶、油管、水管、电缆等附属装置，再安装滚筒的挡煤板，最后铺设和张紧牵引链，接通电源和水源等。无底托架采煤机安装时，第一步，把完整的左（或右）截割部（不带滚筒和挡煤板）安装在刮板输送机上，并用木柱将其稳住，把滑行装置固定在刮板输送机导向管上；第二步，把牵引部和电动机组合件置于右截割部左侧，同样用木柱垫起来，然后将右截割和牵引部两个结合面擦干净，用螺栓将这两大部件连接在一起；第三步，用同样方法将左截割部与电动机和牵引部组合件的左截割部位连接。然后固定滑行装置，并将液压管路及水管接头擦干净，与千斤顶及有关部位接通。再将两个滚筒分别固定在左右摇臂上，装上挡煤板。铺上牵引链，将牵引链接到工作面输送机头和机尾的锚固装置上，最后接通电源和水源。

采煤机安装质量要求：零部件完整无损，螺栓齐全紧固，手把按钮动作灵活、正确，电机部与牵引部、截割部的连接螺栓连接牢固，滚筒及其弧形挡煤板的螺钉齐全牢固，油质和油量符合要求，无漏油漏水现象。电机接线正确，滚筒旋转方向适合工作面要求，空载试验低压正常，运转声响无异常。牵引锚链固定正确，无拧链，连接环应垂直安装。电缆尼龙夹齐全，长度符合要求。冷却水、内外喷雾系统符合要求，截齿齐全。

第三节　综采工作面设备的撤出

一、撤出准备

综采设备的撤出是一项既费工又费时的工作。当撤出液压支架时，支架一侧是采空区，支架上面的顶板已受到采动影响，稳定性受到较大的破坏，因此支架的撤出更为复杂。为了提高工作面回撤速度，保证矿井的均衡生产，综采工作面设备的撤出，必须充分做好撤出前的准备工作。

准备工作的主要内容：

（1）成立领导小组，由分管综采的副矿级领导干部为组长，生产、机电、运输、通风及调度等有关部门人员参加。

（2）制订撤出计划，包括撤出方案、程序、方法、任务分工、劳动组织、质量要求、安全技术措施、撤出所需设备及材料的准备等。

(3) 确定撤出顺序，选择撤出方法。

① 撤出顺序。综采工作面设备撤出的顺序一般为：采煤机→工作面刮板运输机→液压支架。工作面巷道设备可与工作面设备同时或先行撤出。

② 撤出方法的选择。综采工作面设备撤出难度最大的是液压支架，其撤出方法有两种：一是掘进辅助巷道撤出。预先在终采线上开掘平行工作面的辅助巷道，条件允许也可利用现有的采区（盘区）上、下山轨道巷，并开一条或若干条联络巷与工作面相通，从辅助巷道向外撤出液压支架。二是工作面留通道撤出。当工作面采到终采线时，将工作面采直，并达到规定采高，支架前梁与煤壁间留有 1 m 以上宽的通道空间，采取新的顶板控制措施，作为液压支架拆除时的通道。

(4) 搞好工程准备。根据撤出方案，在规定地点提前掘出供撤出用的辅助巷道及联络巷，并铺设好轨道。根据撤出需要，在装车点进行挑顶，卧底（或挖地槽），并在需要地点安装拉架和起重用绞车、起重用机具、变向滑轮及必要的信号装置。在工作面设备撤出前，要对工作面所有设备进行一次完好状况检查，影响拆除安全的问题要提前进行处理。设备撤出后，如果是直接运到衔接工作面安装，需要对各种设备逐台进行可靠程度鉴定，摸清设备状态，对需升井检修的设备有计划地安排在搬家期间进行。不需升井的设备存在的问题，应有计划地安排在安装前进行处理。

(5) 做好组织准备。确定施工队组，进行专业承包。包任务、包质量、包时间、包安全，做到固定任务、固定人员、固定时间、明确分工、密切配合、责任到人。建立严格的考核制度，如经济承包制、岗位责任制、交接班制等，以保证撤出工作按时、按质、按量、安全顺利地完成。

二、采煤机及工作面输送机的撤出

(1) 准备工作。为方便采煤机的撤出，需在工作面刮板输送机尾部做一个长 15 m、宽 1.5 m 的缺口，并铺设轨道，为采煤机的拆卸、装车提供作业空间。待工作面撤出通道做好后，将采煤机放在该缺口内。工作面撤出通道完工后，应将全巷道内的杂物、浮煤、浮矸清理干净。为便于采煤机、刮板输送机的拆卸，凡需解体的螺栓应预先浸油松动。为了防止拆卸过程中小零件的丢失，应配备一定数量的小集装箱。为方便拆运，应配齐所用的一切工具。

(2) 采煤机的撤出。先行拆除采煤机牵引锚链、张紧器、电缆拖移装置、喷雾降尘与水冷系统等附属装置，拆除采煤机前后弧形挡煤板、滚筒。然后拆除采煤机截割部、电机部、牵引部、电控箱，并装车运走。最后拆除底托架、行走滑靴、调斜及防滑装置、拆除缺口内的轨道。

(3) 输送机的撤出。解脱电缆槽底座与液压支架推移杆的连接装置，拆除铲煤板、挡煤板、电缆、电缆槽、采煤机爬行导轨、齿条等。拆除刮板输送机全部刮板链。拆除机头、机尾部传动装置，然后拆除机尾架、后过渡槽及全部中部槽，拆除前过渡槽、机头架、底座。

三、工作面巷道设备的撤出

工作面巷道设备撤出的顺序与方法，取决于工作面“三机”的拆运路线，如果工作面撤出的设备需经工作面运输巷运走，则应先撤出运输巷的设备，否则，工作面巷道设备可与采煤机、刮板输送机同时平行撤出。工作面巷道设备的撤出一般是由外向里顺序拆除。

四、液压支架的撤出

综采工作面设备拆除难度最大的是液压支架，目前大多是在工作面内安设小绞车，用于支架的调向（由垂直煤壁调成与煤壁平行），然后用工作面上（下）出口处的绞车沿底板把支架拉出。在上平巷设置起吊硐室处装车运走。如果底板松软，可在工作面刮板输送机撤出后，沿工作面铺设临时轨道直接在工作面装车，提拉到上平巷运走。为了简化装车工序、降低装车高度，把支架直接拉上平板车，可沿工作面底板挖地槽，临时在地槽内铺设轨道，装车方便、快速。

为了方便支架的撤运、避免顶板等事故的发生，回撤支架前采取工作面留有通道或预先在终采线处提前掘出一条平行工作面的辅助巷道，进行支架的撤出。

1. 工作面留通道撤出（图 11 - 7）

在工作面至终采线前的最后一班，将工作面采直，支架调成一条直线，使支架前梁端头与煤壁之间形成 1400 ~ 2500 mm 净宽的空间，作为撤运支架的通道。

对顶板不稳定的工作面，为了保证支架撤出时安全，当工作面采到距终采线 10 ~ 12 m 时，开始沿煤壁方向铺设双层交错搭接式金属顶网，一直铺到终采线，并沿煤壁下垂到拆架通道巷高的 1/2 ~ 1/3 处以下。当顶板破碎，压力大时，在距终采线 6 ~ 7 m 处，开始在支架顶梁和金属网之间铺设规格约为 150 mm × 100 mm × 2500 mm 的矩形板梁，板梁间距为 500 ~ 600 mm，每割一刀煤铺一排板梁，并铺成上下交错连锁式，如图 11 - 8 所示。

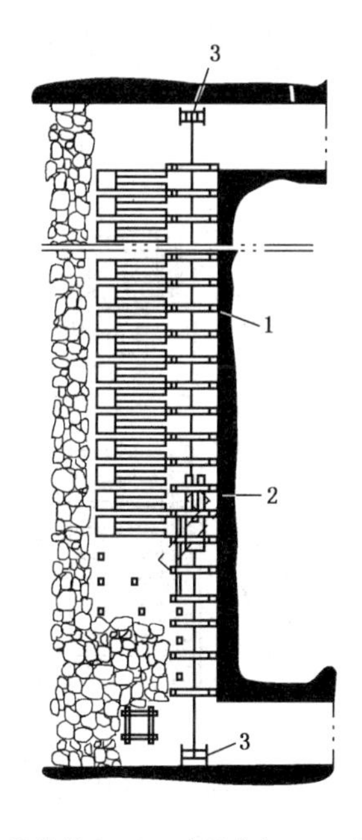

1—通道棚子；2—液压支架；3—绞车

图 11 - 7　工作面留有通道的设备撤出

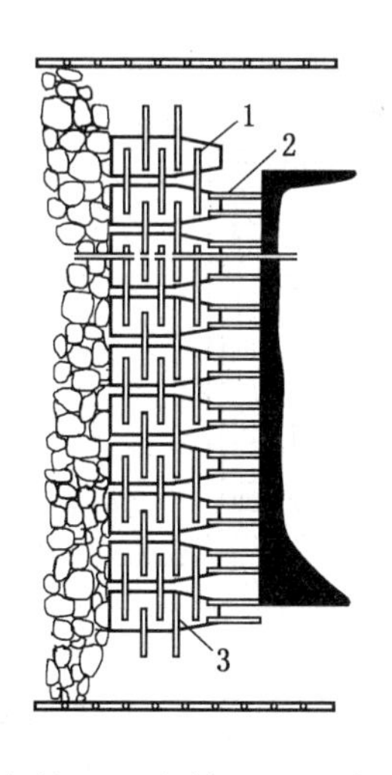

1—木板梁；2—通道棚子；3—液压支架

图 11 - 8　木板梁铺设

对于工作面顶板稳定的，可采取锚杆支护，形成锚杆通道，如图 11－9 所示。

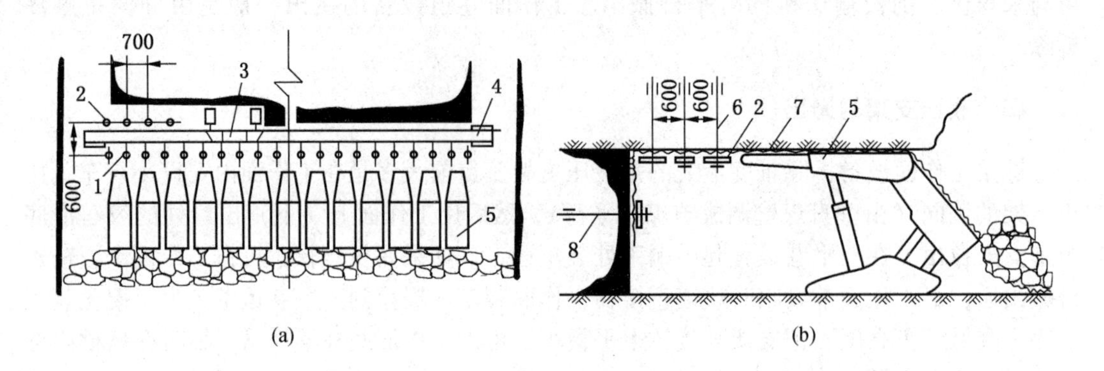

1—托板垂直工作面锚杆；2—托板平行工作面锚杆；3—采煤机；4—刮板输送机；
5—液压支架；6—顶锚杆；7—金属网；8—帮锚杆

图 11－9　锚杆通道

当液压支架停止前移后，继续推移工作面刮板输送机，采煤机割过煤后，距下滚筒 5～20 m 范围内停止采煤机和刮板输送机运转，支设带帽点柱或在支架顶梁上挑木板梁维护顶板，并采取防片帮措施。开始打锚杆眼，铺设金属网，安装锚杆和托板，托板规格为 ϕ200 mm 的半圆木，沿工作面平行或垂直相互交叉布置，锚杆距 700 mm，排距 600 mm。依上述工序周而复始地进行，直至通道符合规格要求，铺设护帮金属网，打帮锚杆至成巷。

2. 开掘辅助巷道撤出（图 11－10）

在工作面终采线 *A*—*A* 处，提前掘出一条平行于工作面的辅助巷道 4，并用一梁两柱棚子支护，在靠工作面一侧再打一梁四柱的交错双抬棚。在此巷道内的底板上掘出一条倒

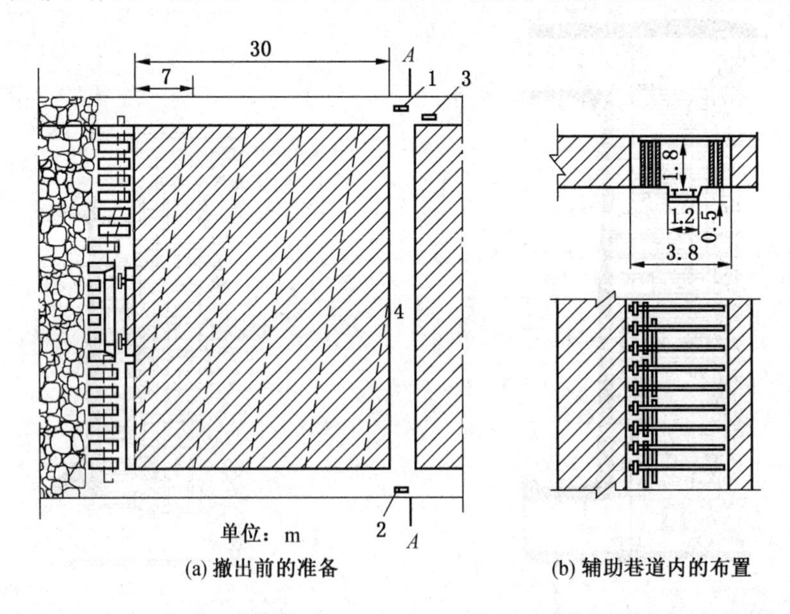

(a) 撤出前的准备　　(b) 辅助巷道内的布置

1、2—撤架绞车；3—泵站；4—辅助巷道

图 11－10　开掘辅助巷道的设备撤出

梯形地槽（底宽 12 m，深 0.5 m），并在地槽内铺好运输支架的轨道。

为便于撤出，从工作面采到距辅助巷约 30 m 处开始使工作面刮板输送机机尾超前推进，将工作面采成伪斜，伪斜角为 5°～7°。当工作面和辅助巷采透后，分段拆除刮板输送机中部槽，缩短刮板输送机，并换上临时机尾，工作面和辅助巷全部采透后，此时工作面长度约为全长的 1/2，回采工作面结束，将采煤机拆除。然后从工作面中部向两端拆架。

另外也可采用在工作面终采线前方掘一条辅助巷，或利用现有采区运输巷（采区轨道上、（下）山）作辅助巷，然后再根据若干联络巷与工作面贯通，设备经联络巷辅助巷撤出，如图 11－11 所示。

3. 液压支架撤出工序

当工作面顶板完整稳定，压力小，撤出通道为锚杆支护形式时，可进行直接撤出。即先将液压支架侧护板缩回，并使支架降柱，用绞车或液压支架千斤顶牵引液压支架沿垂直煤壁方向拉出，再使支架调向 90°后，把支架拖运到装车地点，装车外运。支架撤出后的顶板，可用点柱、丛柱或木垛等方法维护，如图 11－12 所示。

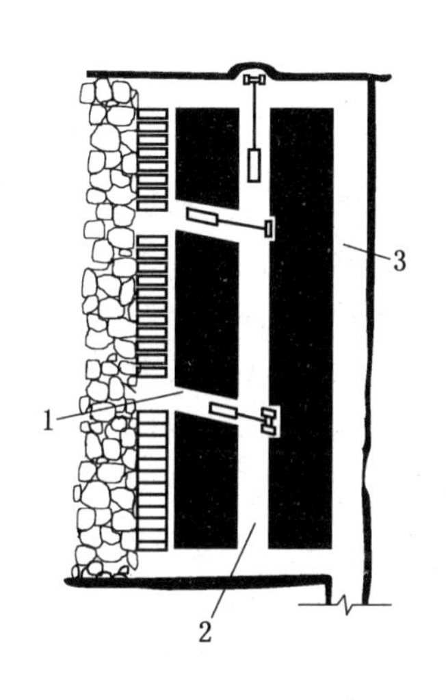

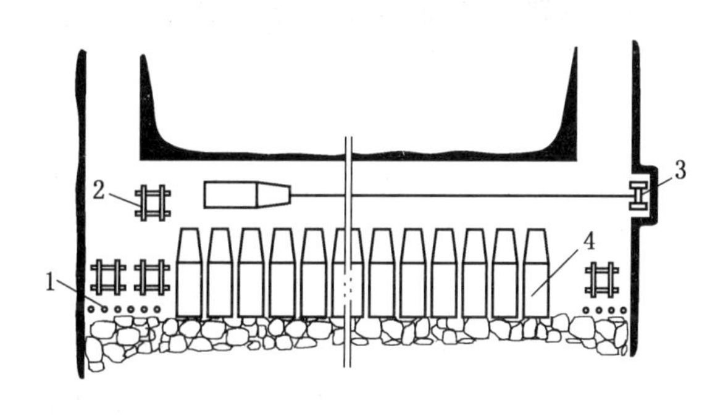

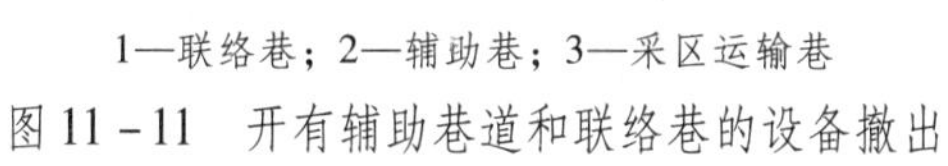

1—联络巷；2—辅助巷；3—采区运输巷

图 11－11　开有辅助巷道和联络巷的设备撤出

1—支柱；2—木垛；3—绞车；4—液压支架

图 11－12　直接撤出

工作面顶板中等稳定以下时，可采取掩护式撤出支架，如图 11－13 所示。

支架的撤出沿工作面自下而上或自上而下顺序进行，为保证支架拆除时的安全，先用一般方法把 3、4 两组支架撤出，然后利用绞车把 1、2 两组支架由垂直煤壁调为平行煤壁，并前移靠近第 5 号支架，拆除 5 号架，拆除以后马上前移 1、2 两架，靠近 6 号支架进行第 6 号支架的拆除，以此类推进行剩余支架的拆除。

液压支架的撤出一般是自下而上撤出，当工作面倾角不大，顶板完整稳定时也可自上而下或从工作面中部分别向工作面两端背向撤出。支架拆除后的顶板要用点柱或铺设木垛及时维护，并随着支架的撤出，相隔一定距离回收点柱和木垛，使顶板垮落。但为保证支架撤出过程中的通风良好，应在煤壁附近适当留下斜撑。

对于大倾角综采工作面，自下而上撤出液压支架时，应该注意以下几个问题：

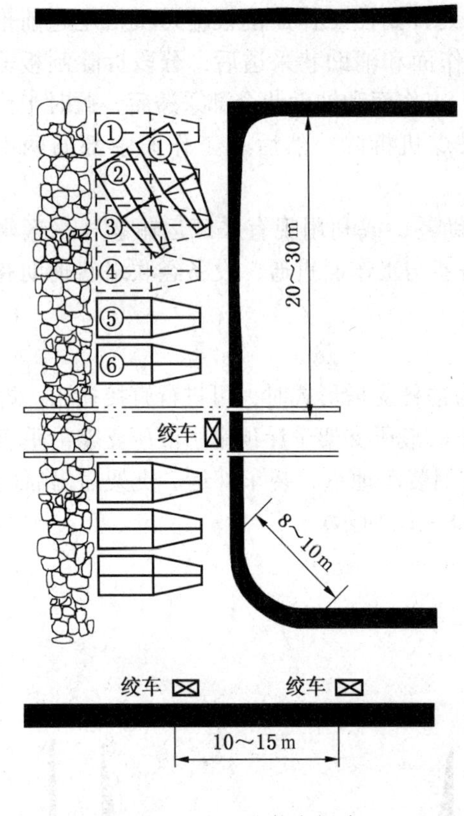

图 11－13　掩护式拆除

（1）由于支架抽出后是上行运输，因而增加运输环节及不安全因素。解决的最好办法是在工作面底板上铺设密集钢轨滑道，支架装在导向滑橇上运输，以减少阻力，并用多台绞车联合牵引。

（2）为了防止在运输支架过程中发生意外，运输支架时人员都要躲在工作面液压支架的空间里，在支架的保护下进行跟运，并及时处理意外故障。

（3）支架撤出后如果其上方顶板垮落，会沿倾斜方向垮落，造成上方未撤出、支架顶梁上空顶，支架会因失去支撑而发生下滑、倾倒，给支架拆除工作带来困难和危险。因此，在支架拆除过程中，应随支架拆除沿工作面打两排木垛以及抬棚、点柱、金属网、大板梁等来控制顶板。

4. 液压支架的装车方法

起吊装车如图 1－14 所示，液压支架从工作面拆除运到起吊硐室后，利用起吊硐室的起吊机具（如电动葫芦、起吊绞车等）装车外运。不能整体装车的有关部件拆去，其主体吊装在运输车辆上且应捆绑牢靠后方可运走。

自吊装车如图 11－15 所示，当液压支架从工作面拆出并拖运到自吊装车架的滑板上后，先用调位千斤顶将支架调整在合适位置，接通液压管路给支架供液压支架升起，然后用吊装横担上的四个挂钩挂住支架两侧的四个起吊点，再给支架供液降柱，使支架底座吊起。这时，将装支架的平板车由轨道推入到装车滑板的沟槽中，并置于被吊起支架下方的适当位置，然后再升柱，使支架放落在平板车上，摘去吊装挂钩后，支架降到最低高度，捆绑好推到运输轨道上运走。

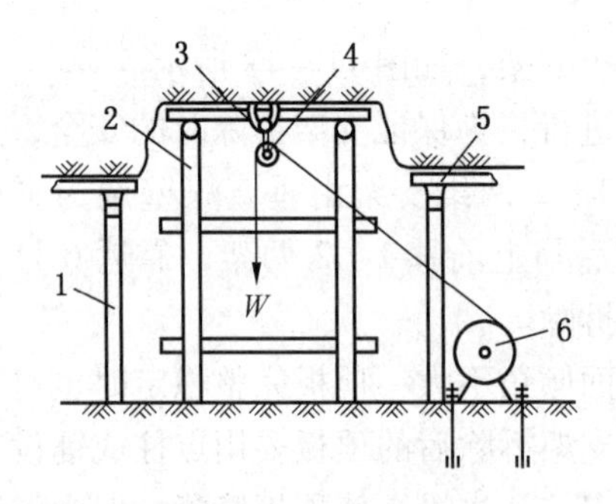

1—单体支柱；2—木支架；3—横梁；4—滑轮；5—构木；6—起重吊车

图 11－14　起吊装车

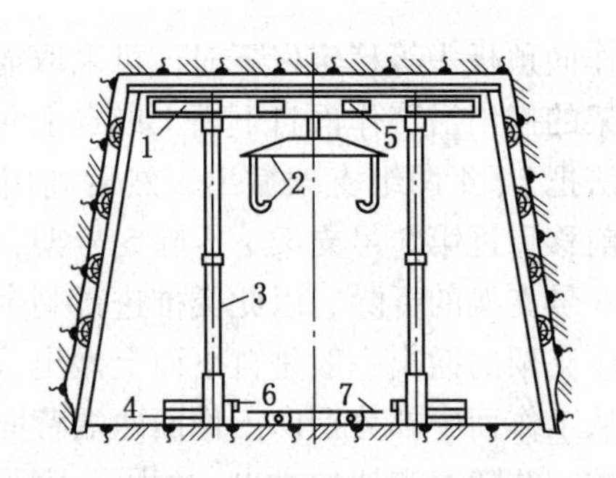

1—横梁；2—吊装横担及挂钩；3—单体液压支柱；4—底座；5—横撑；6—调位千斤顶；7—滑板

图 11－15　自吊装车

地槽装车如图 11－16 所示，如图 11－16a 为工作面全长地槽，液压支架在工作面拆除时直接装车。支架与地槽方向垂直，将装支架的平板车停在要拆除支架正前方，用两根导轨，导轨一端横在平板车上另一端支在拆除支架前方底板上，用绞车牵引，使支架沿导轨被牵引到平板车上，然后利用变向滑轮、单体液压支柱和辅助千斤顶使支架调向 90°，调整好位置，捆绑牢靠后外运。

如图 11－16b 所示为上平巷支架装卸点卧底，形成一个深度以平板车面与巷道底板等高为准，长 3.5 m，宽 1.3 m，坡度约为 30°的装卸地槽（地槽周围用混凝土浇筑牢固）。支架从工作面拆出并运到装车点后，先将装支架平板车推入地槽内，用挡车横木或其他方法将平板车稳定，然后用绞车牵引直接把支架拉上平板车，调整好位置，捆绑牢靠，去掉挡车横木或稳固装置后运走。

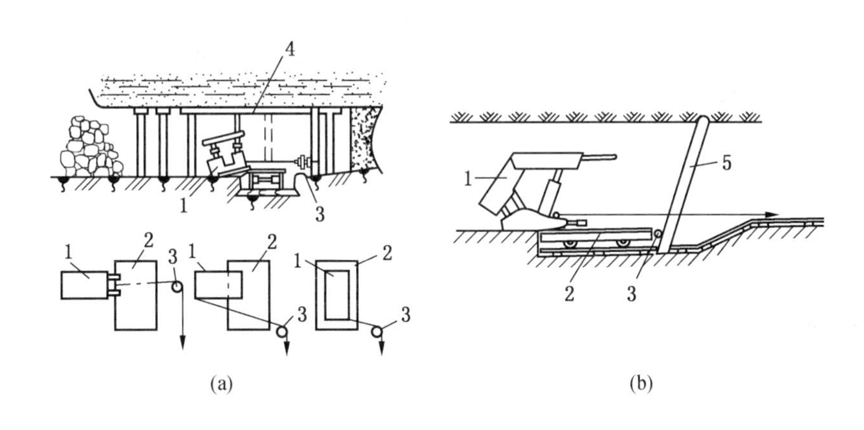

1—液压支架；2—平板车；3—滑轮；4—横木；5—戗木

图 11－16　地槽装车

平台或斜台装车如图 11－17 所示，在工作面上出口装车点设置平台或斜台，液压支架从工作面拆除拉至装车点后，将装支架平板车推入装车点，并与平台（或斜台）挂环固定，然后开动绞车，将支架经斜台拉上平板车，使其平衡稳定，捆绑可靠后运走。

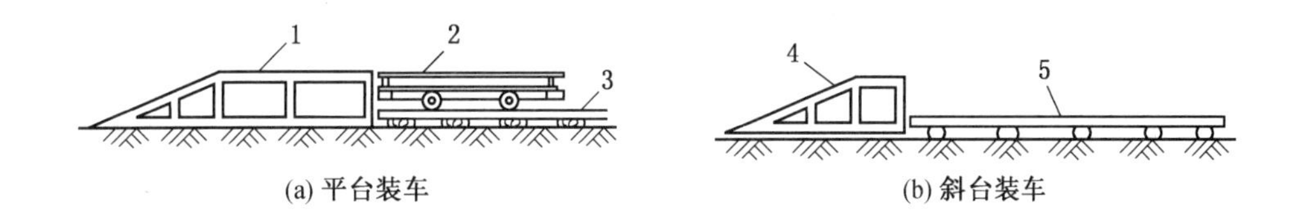

1—平台；2—平板车；3、5—轨道；4—斜台

图 11－17　平台、斜台装车

当支架整体装车有困难时，可采用解体装车，如图 11－18 所示。

(1) 将支架拉入装车站的起装架下，调整支架。

(2) 拆除前连杆固定销、操纵阀组架，解除立柱的连接管路，取出立柱的上下固定销。

（3）将解体架前方横排4～6根垫木，操作起吊设施，将支架顶梁吊起，让立柱自动倒在垫木上，将立柱上下腔油嘴封堵，用小绞车吊起立柱，装入专用车内运走。

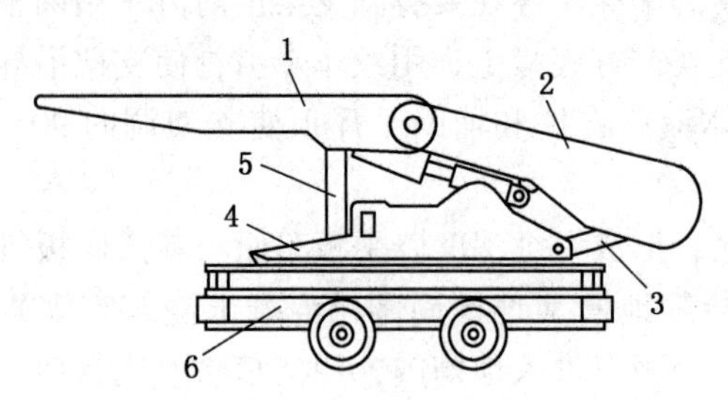

1—顶梁；2—掩护梁；3—连杆；
4—底座；5—垫木；6—平板车

图11－18 支架解体装车

（4）调整起吊装置，在顶梁下的柱窝内垫两根约12～14 cm粗，80 cm左右长的短圆木，使解体后的顶梁与底座之间保持一定的空间距离，以保护两者间的管路和阀组等不受挤压，并捆绑好顶梁与底座。

（5）将支架吊起，放置在平板车上，用钢丝绳、螺丝或套板等将支架与平板车固定牢靠后运走。

工作面设备和巷道设备（包括拆除支架时用的乳化液泵）全部拆除完毕后，应将工作面巷道内支架等回收干净，然后将其密闭。

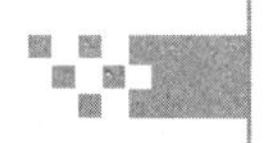

第十二章

液压支架的操作工艺

第一节　基　本　要　求

在综采工作面，合理地选择架型是管理好顶板的前提条件，而正确地使用液压支架则是管理好顶板重要的保证。任何性能良好的支架，只有与正确的使用结合起来，才能发挥支护作用，有效地控制工作面矿山压力。

根据各矿生产实践经验，可把使用液压支架的基本要求概括为细、匀、净、快、够、正、平、紧、严9个字，即准备工作要做到细、匀、净，移架操作要做到快、够、正，支架的工作状况要平、紧、严。

一、准备工作

准备工作要做到细、匀、净。

1. 细

在移架操作之前要做好细致的准备工作。

（1）认真检查管路、阀组和移架千斤顶是否处于正确位置。

（2）细心观察煤壁和顶板情况，煤壁有探头煤时要处理掉，底板松软时要预先铺设垫板或为实施其他措施做好准备，为支架的顺利前移创造好条件。顶板破碎时还必须为采取相应的护顶措施准备必要的材料。

（3）各种材料、备件要准备齐全。

2. 匀

移架前要检查支架间距是否符合要求并保持均匀，否则移架时要调整间距。若支架间距过大，就不能有效地支护顶板，还容易发生漏矸甚至冒顶。支架间距过小，容易出现挤架、卡架甚至倒架现象，给移架造成困难，严重时会损坏支架。

3. 净

移架前必须将底板上的浮煤、浮矸清理干净，以保证工作面输送机和支架的顺利前移及支架底座平整接底。若底板浮煤、浮矸过多，将会降低支架的实际工作阻力，增加顶板下沉量，甚至会出现顶板离层、破碎、台阶式下沉，给支架带来更大的压力，不易前移并可能把支架压死。

二、移架操作

移架操作要做到快、够、正。

1. 快

移架及时、迅速，做到少降快拉，移架速度应与采煤机牵引速度相适应，否则会影响采煤机效能的充分发挥，新暴露出的顶板得不到及时支护，采煤机被迫降速或停机。为提高移架速度，应尽量缩短支架升柱和降柱的动作时间，采取擦顶前移或带压前移的方法，加快移架速度，也有利于控制顶板。

2. 够

每次移架步距，除放顶煤综采外，应达到采煤机一刀截深足量，支架移过后应排成一条直线。

3. 正

支架要定向前移，不上下歪斜，不前倾后仰。

三、支架工作状况

支架的工作状况要平、紧、严。

1. 平

要使支架顶梁、底座与顶底板接触平整，力求顶梁上受力分布均匀，支架垂直顶底板支撑，保证支架稳定可靠。

2. 紧

要使支架顶梁紧贴顶板，移架后保证有足够的初撑力。

3. 严

架间要靠严，侧护板要保持正常工作状况，防止顶板漏矸或采空区矸石窜入支架空间。

为达到上述要求，应掌握在各种复杂条件下顺利移架的本领。井下地质条件复杂多变，即使在同一煤层、同一采区，同一工作面的推进范围内，经常能碰到各种不同的地质构造，煤层和顶底板岩层也可能发生变化，经常出现局部顶板破碎或底板起伏不平现象。在实际工作中，不能因为地质条件的变化而轻易搬家换面或更换架型，应针对具体情况，采取相应的措施来保证支架顺利工作。

四、液压支架重要部位的操作及要求

1. 立柱机械加长杆的拉出和缩回操作

采煤过程中，随着采煤工作面煤层厚度的变化，立柱机械加长段需要抽出或缩回。下面主要说明立柱机械加长段伸出的操作过程。

（1）用木柱或单体液压支柱支撑在顶梁与底板之间，稍微降柱，使支撑稳定。

（2）依次拆卸开口销、销轴、卡环、承压块。

（3）操作降柱，使加长杆抽出至需要的长度。

（4）依次安装承压块、卡环、销轴、开口销。

（5）稍微操作升柱，拆掉木柱或单体液压支柱。

立柱机械加长杆的缩回操作与拉出过程相反，这里不再叙述。

注意事项：在拆卸过程中，左右两根立柱要依次拆卸，不允许两根立柱同时拆卸，以免支撑打滑，造成拆卸后顶梁突然下降发生事故。

2. 平衡千斤顶的操作及要求

（1）基本顶来压时，应向平衡千斤顶活塞杆腔供液，使支架顶梁受拉，这时支架外载合力作用点后移，增强支架的切顶能力。

（2）在中等稳定以下顶板或直接顶较松软的工作面使用、端面顶板需要加强维护时，应向平衡千斤顶活塞杆腔供液，千斤顶活塞杆外伸，使支架顶梁受压，支架外载合力作用点前移，有利于顶梁端部对端面顶板的维护。

（3）在松软底板的工作面直接顶许可的条件下，向平衡千斤顶活塞杆腔供液，使顶梁受拉，支架外载合力作用点后移，减小支架底座前部的比压，可以避免底座前部陷入底板，对移架造成困难。

3. 侧护板的操作及要求

液压支架在工作面布置时，支架下侧的侧护板为活动侧护板，上侧的侧护板为固定侧护板，移架时上方的支架总是以下方的支架为支点，沿下方支架的固定侧护板向前移动。因此，上方支架在降柱时其侧板的上边缘不能低于下方支架固定侧护板的下边缘，以防止出现咬架或倒架现象。

第二节　液压支架防滑及其下滑后的处理

在综采工作面，普遍存在刮板输送机和液压支架下滑的问题，即使工作面倾角很小（3°～5°），刮板输送机有锚固装置，刮板输送机和支架也经常向下滑移。一般情况下，工作面倾角大时下滑明显，下行顺序推移刮板输送机比上行顺序推移刮板输送机明显。

一、下滑的原因

刮板输送机在使用过程中，由于本身自重就有下滑的趋势，再加上煤炭向下坡运输和采煤机切割阻力及采煤机牵引运行的综合使用，将会使刮板输送机在推移过程中，产生很小的向下滑移。在煤层倾角很小的工作面，如果不仔细观察，这种轻微位移是很难发觉的。但是这微小下滑量却带动推移千斤顶和液压支架的导向腿向下偏斜，当千斤顶顺着这个偏斜方向推移刮板输送机时，又加大了刮板输送机的下滑量，千斤顶和导向腿的偏斜度又随着刮板输送机的下滑而增大。移架时，支架也同样会被迫改变规定的前移方向，而沿着这个偏斜方向下移。如此反复多次，刮板输送机和液压支架的下滑量就逐渐积累起来，如不及早发现和处理，就会给生产带来极大的不利。

二、下滑事故的预防

（1）利用工作面刮板输送机配用的锚固装置对机头、机尾进行锚固，以防止刮板输送机沿工作面下滑，进而利用相互制约关系防止液压支架下滑。

（2）工作面煤层倾角较大时，采取上行顺序推移，即采用上行顺序推移工作面刮板输送机和移置液压支架可有效地防止两者下滑。

（3）调斜工作面，是当前普遍采用而且是防止工作面刮板输送机和液压支架下滑的最有效的工艺措施。如图 12－1 所示，把工作面调成下部超前，上部落后的伪倾斜，工作面实行伪倾斜推进，当工作面推进一刀后，应相应产生一定上移量，从而克服输送机和支架的下滑。伪倾斜较为合理的角度一般取 2°～6°。

三、下滑事故的处理

（1）调斜工作面或增大伪斜角度。若工作面未采取调斜防滑措施而发生工作面输送机和液压支架下滑时，可把工作面调成伪倾斜。若工作面已调成伪斜仍发生下滑，则可适当增大伪斜角度 α，并辅以逐刀上行顺序推移措施处理。增大伪斜角 α 的方法，即在工作面下部多吃一刀煤。若工作面调斜后有上窜现象，则表明伪斜角 α 调大了，则割煤时应在工作面上端多吃一刀煤。

（2）调整刮板输送机和液压支架。在刮板输送机机头后部和中间槽之间，往往安装有 1 m 或 0.5 m 长的调节槽，刮板输送机下滑 0.5 m 后，可更换一次调节槽，这样刮板输送机就可缩架 0.5 m，保证了刮板输送机和转载机的正常搭接关系。液压支架下滑后，在支架前移过程中，可利用其侧护板、防滑装置，由上至下逐架上调。顶板不好时慎用。

（3）用千斤顶向上牵引刮板输送机。在工作面内，每隔 10～15 m（7～10 架）安置一个牵引千斤顶，其两端分别经锚链与工作面刮板输送机和液压支架底座相连接。千斤顶的活塞杆腔通过邻近架的操纵阀与泵站的压力管路接通，在本架支架推移输送机前，先操纵邻架操纵阀，使牵引千斤顶活塞杆收回并拉紧锚链，然后切断其液路，再操纵本架推移输送机，这时锚链斜角变大便给输送机一个向上的牵引力，如图 12－2 所示。

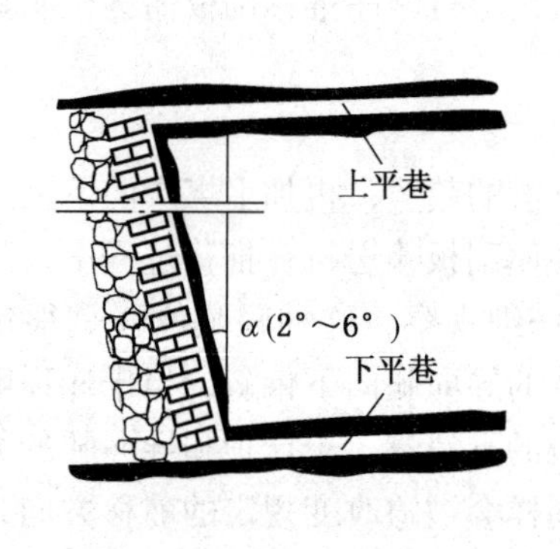

图 12－1　工作面伪斜防下滑

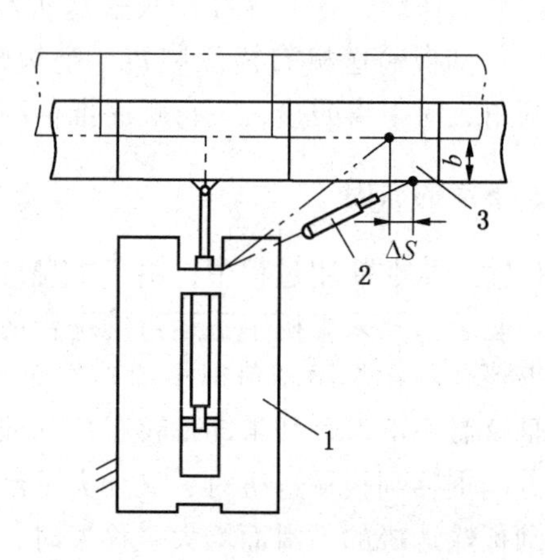

1—液压支架；2—牵引千斤顶；
3—工作面刮板输送机

图 12－2　千斤顶向上牵引刮板输送机

第三节　液压支架下陷的处理

在底板松软条件下使用液压支架，不仅会降低支架的支撑强度，而且会给移架带来困难，有时会因液压支架移不动而影响整个工作面的正常生产。因此在松软底板的煤层中布置综采工作面时，应考虑工作面底板岩层（或煤层）的抗压入强度，工作面涌水量对底板的影响以及正确选择架型等问题。底板抗压入强度最小值应大于支架底座对底板的最大比压值且应考虑工作面涌水对底板强度的影响。松软底板往往遇水后容易膨胀、鼓起，其抗压强度显著降低。因此，松软底板条件的工作面，应适当控制涌水量。资料表明对于综采工作面涌水量不应超过 15 m^3/h，所以在综采面还要控制冷却和洒水灭尘的水量，在基本满足冷却、灭尘的前提下尽量减少供水。

液压支架在顶板压力的作用下，如果底座陷入底板，根据不同情况可采取以下几种相应的措施。

一、轻微下陷时

移架前，在支架底座下垫块木板，支架即可降柱前移，如图 12－3 所示。

二、底座下降稍深时

在支架顶梁下打一个斜撑柱，并系上安全绳，以防倒柱伤人。然后降柱提起底座，此时也可将木板垫入，再移架到新的工作位置，如图 12－4 所示。

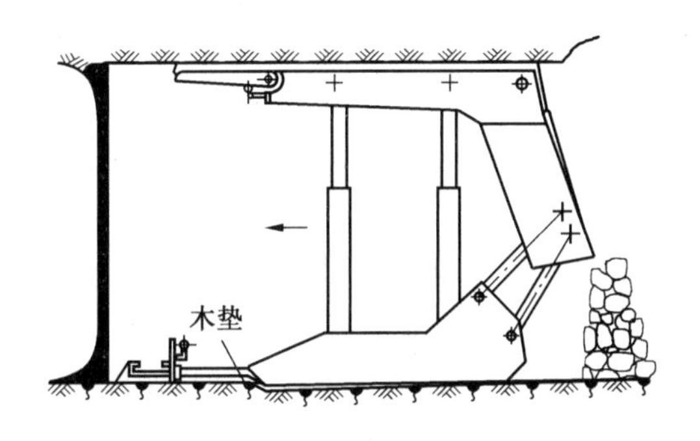

图 12－3　在底座下垫木板移架

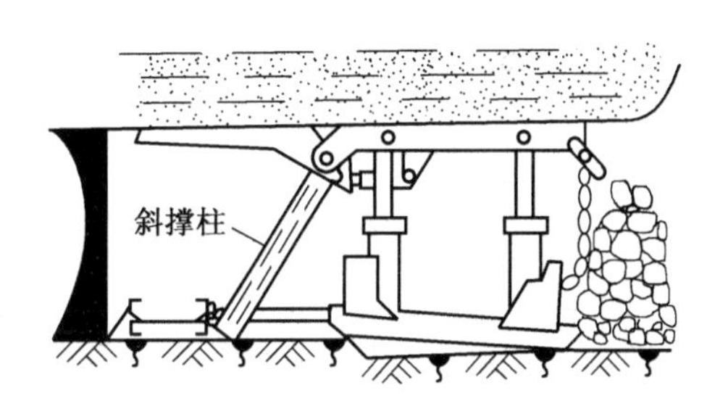

图 12－4　打斜撑柱提底座前移

三、底座陷入较深时

（1）借助邻架前梁进行处理，即将锚链或钢丝绳的一头拴在邻架的前梁上，另一头拴在本架底座上，降下邻架的前梁，在本架降柱移架的同时，升起邻架的前梁，把本架底座吊起前移，如图 12－5 所示。

（2）利用邻架前梁悬挂千斤顶提底座。在顶板条件不允许邻架前梁下降时，可在邻架前梁下悬挂一千斤顶，并让此千斤顶处于活塞杆伸出状态，用钢丝绳或锚链将本架底座和千斤顶连起来，当向千斤顶供液使其活塞杆压缩时，把本架底座吊起，同时降柱移架，如图 12－6 所示。

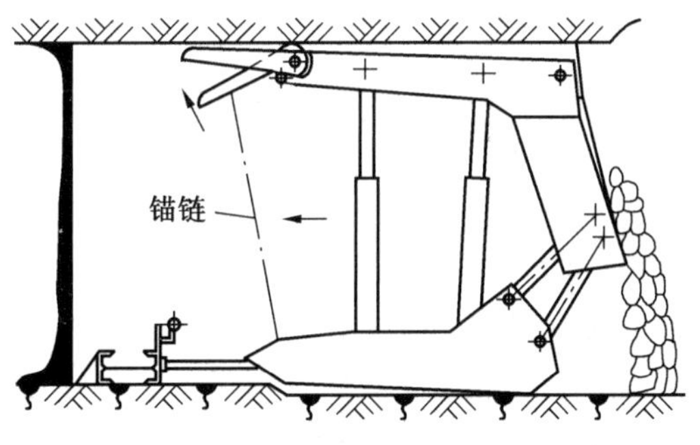

图 12－5　借助邻架前梁提底座

(3) 利用邻架推移千斤顶的力量移架。支架下陷量过大时，移架时可能会把工作面刮板输送机拉回来。这时可同时操作数架相邻支架的推移千斤顶，先把刮板输送机拉向支架，然后用锚链或钢丝绳将下陷支架的底座与刮板输送机连接可靠。最后除本架（下陷支架）千斤顶不动外，相邻数台支架的推移千斤顶同时推移刮板输送机，使下陷支架前移。但是要求提前铲除下陷支架前方底板上的障碍，以减少阻力，同时要注意刮板输送机的强度，保证不被损坏，如图 12－7 所示。

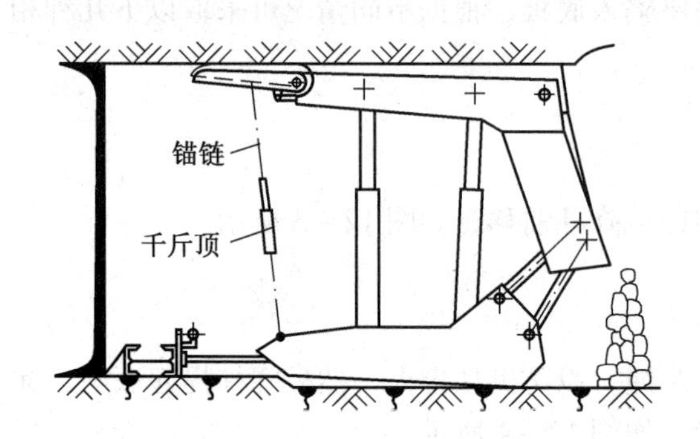

图 12－6　邻架前梁下悬挂千斤顶提底座

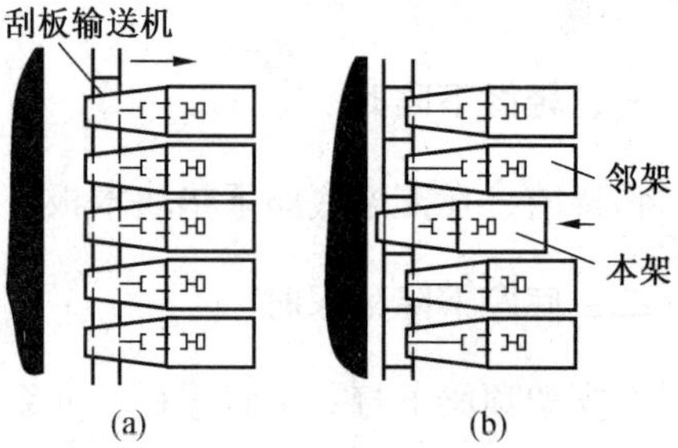

刮板输送机
邻架
本架
(a)
(b)

图 12－7　利用邻架千斤顶的力量移架

第四节　液压支架倾倒的预防及处理

在生产过程中，有时会遇到液压支架的倾斜歪倒事故，即倒架。倒架事故不仅给移架工作带来很大困难，而且常因倒架区域顶板得不到有效支撑引起局部冒顶事故。如果不及时处理，还会由一架支架倾倒使相邻支架相继倾倒造成事故的继续扩大，严重影响生产。因此，发现有倒架趋势，应及时进行调架处理，防止倒架事故的发生。如果一旦发生倒架事故，要立即扶起，避免事故的扩大。

一、倒架的原因

引起倒架的因素很多，有时往往几种因素同时存在，归纳起来，主要有以下几个方面。

(1) 工作面的采高和煤层倾角大时，支架的稳定性就差，支架的合力作用线落在底座之处，造成支架倾倒。倾角越大，支架重心偏移越远，支架越不稳定。但是，在煤层倾角较小的情况下，如果工作面凹凸不平，人为地使工作面底板坡度发生变化，那么在凹凸不平的范围内也会使支架歪斜、倾倒和挤架。

(2) 在工作面采高掌握不好，部分区域采高大于支架最大支撑高度，或工作面局部顶板冒空时，会因支架吃不上劲而歪倒。当顶板破碎起伏不平时，顶梁不能平整地和顶板接触，支架受力不均，产生偏心载荷而使支架失稳发生歪斜倾倒。

(3) 当工作面底板松软或浮煤、浮矸过多时，造成支架底座下陷，压力不均，支架底座不能平整地和底板接触，支架稳定性降低，也易发生倒架事故。

(4) 倒架事故往往发生在移架过程中，因此必须注意观察移架时支架的工作状态和顶底板变化等情况。例如，淮北朔里煤矿514掩护支架工作面，由于末端支架的侧护板脱落，造成末端支架与端头支架脱离，移架后掩护梁伸入端头支架掩护梁上达0.5 m，末端支架歪倒，又没有及时扶起，结果歪倒支架由一架发展到20架，顶板恶化，压力增大，最终被迫停产。因此，移架前发现有歪斜情况时，应处理后再移，降柱时也不能降得太多，使支架不能互相依靠，造成降架前移时的倒架事故。

二、倒架的预防

（1）严格执行液压支架的操作规定。

（2）正确使用较大倾角工作面支架配用的防倒装置。

（3）及时调整支架支撑状态不符合要求的液压支架。

（4）及时处理煤壁片帮及局部顶板垮落，严防因垮落区扩大而引起支架失稳，发生支架倾倒事故。

三、倒架的处理

轻微的歪斜一般无须采取特殊措施，移架时进行几次自调即可将支架扶正。严重倒架时可采取下列措施处理。

（1）用柱子顶。当支架倾斜比较严重时，移架前在支架倾倒方向顶梁下支一根斜撑柱，并系上安全绳，以防伤人。接架时，支架在此斜撑柱的作用下将支架摆正。如图12－8所示。

（2）用千斤顶扶架。若支架倾倒严重，可用两个或更多的防倒千斤顶扶架，如图12－9所示；在支架上方，用千斤顶拉顶梁，在支架下方用千斤顶拉底座。也可采取斜拉的方式扶正支架，如图12－10所示。

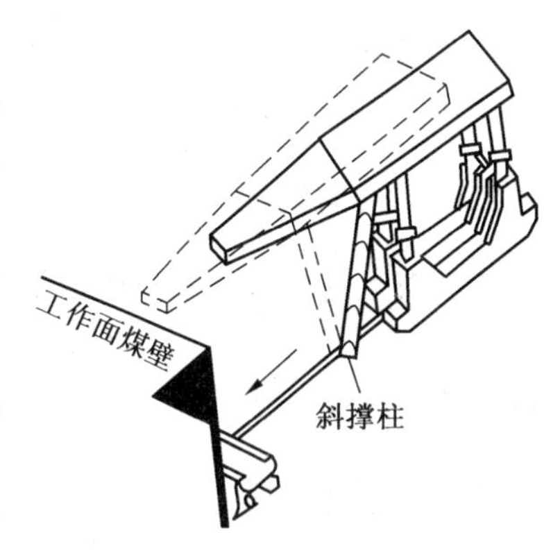

图12－8　用斜撑柱扶架

图12－9　用千斤顶扶架

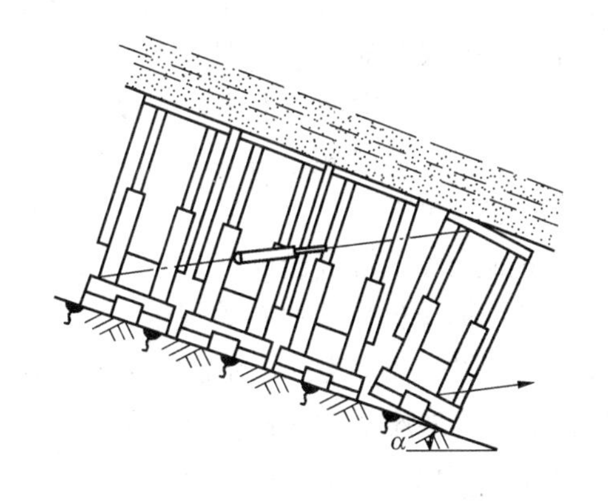

图12－10　用斜拉千斤顶扶架

（3）用绞车拉。当支架倒架现象严重而且是多台支架倾倒时，可用工作面巷道设置的绞车拉进行扶架并逐架拉正。

（4）用采煤机拉架。支架大面积倾倒时，工作面被迫处于停产状态，也可将钢丝绳一端固定在采煤机上，另一端拴在倾倒的支架上，利用采煤机的运行将支架拉正。

第五节　液压支架压架事故的预防及处理

压架即支架被压死，是指液压支架活柱被压缩，没有行程，支架无法降柱前移。

一、压架的原因

（1）当工作面煤层顶板坚硬，不易垮落，顶板悬露面积过大，没有及时强制放顶，顶板突然来压时，把支架压死。

（2）因采煤机割煤时没能严格控制采高，造成采高大于支架最大支撑高度，或因顶板局部冒落，底板浮煤、浮矸过多，支架不能有效地支撑顶板，引起顶板突然离层垮落，带来很大的冲击压力，把支架压死。

（3）由于煤层厚度变化，各种地质构造的影响，支架在使用过程中，活柱伸缩量本身就很小，顶板一来压就会把支架压死。

二、压架的预防

应针对上述情况，及早采取措施，进行强制放顶或加强无立柱空间的维护，严格控制采高，遇有顶板局部冒顶必须把顶背严，浮煤浮矸要清理干净，使支架始终处于正常工作状况，避免发生压架。

三、压架的处理

压架的处理措施有以下几个方面：

（1）增大支撑办法。用一根或几根备用支柱支在被压死的支柱处顶梁下，同时向备用支柱和被压死的支柱提供压力液，进行反复升柱，在加大支撑力的作用下，顶板逐渐松动，使被压支柱产生少量行程降柱后即可向前移架。在顶板破碎或使用金属网假顶条件下，这种方法效果明显。应特别注意，备用支柱在支架顶梁下方支设时，必须直立于顶梁下，并且在支柱与顶梁间垫上木板，以防滑移，倒柱伤人。

（2）挑顶法。在顶板条件许可时，可采用放小炮挑顶的办法处理压架。爆破要分次进行，每次装药量不宜过大，只要能使顶板松动，立柱稍微升起，即可进行拉架。严禁不打炮眼，将炸药和雷管直接放在支架与顶板空隙中爆破崩顶。要严格执行《煤矿安全规程》关于工作面爆破作业的有关规定。

（3）起底法（卧底法）。在顶板条件不好而不宜挑顶时，可采用起底的方法，即在支架底座的前方向底座下的底板打浅炮眼，少量装药进行爆破，将爆破后崩碎的岩石掏出，使底座下降，立柱有少量行程就可以移架。

（4）松顶松底法。当支架上方的岩石非常破碎或金属网假顶以及底座下有较多的浮煤、浮矸时，可不采用爆破的方法挑顶或起底，而是将顶梁和底座下的破碎矸石、浮煤等挖掉，使支柱有少量行程后即可进行移架。

（5）防压环法。支架上的立柱本身带有防压环装置，当支架被压“死”后，摘去防压环，活柱只要有少量行程，便可立即移架。

第六节　液压支架间距的调整

在综采工作面，由于受地质条件的影响以及割煤和推移刮板输送机过程中，没有严格执行作业规程，使工作面不直、长度发生变化、工作面伪斜、支架下滑等，支架间距会经常发生变化。支架间距变宽，引起支架间距顶板悬露，不能有效支撑，致使顶板垮落；支架间距变窄，使得支架发生挤架、卡架、爬架等事故，甚至损坏支架部件。因此，要随时注意对支架间距的调整。调整时，可掌握以下原则：

（1）在工作面不直时，如果支架按垂直输送机的方向布置，就会发生支架间距变窄（图 12－11a）或变宽（图 12－11b）的现象。这是为了使支架间距均匀，就按平行于工作面巷道方向调整支架（图 12－11c）。调整时，可利用支架的侧护板、防滑调架千斤顶、短坑木或千斤顶进行。生产过程中应尽量避免人为的出现工作面不直现象。

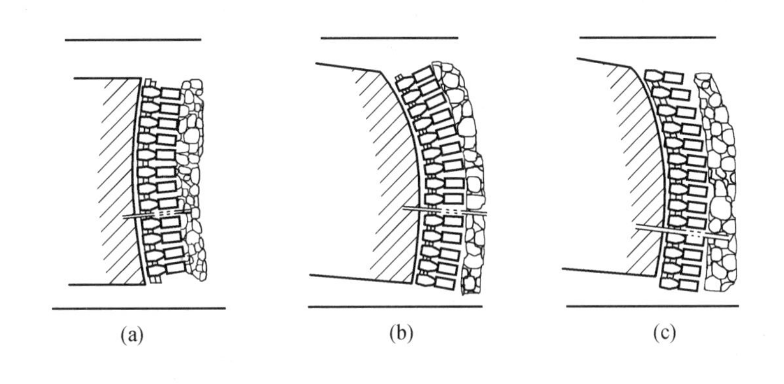

图 12－11　工作面不直时支架的调整

（2）受地质条件影响，工作面进风巷、回风巷不平行，但工作面与其中之一垂直（一般情况下首先使工作面与进风巷垂直），支架如果分别按平行、进风巷调整，则在工作面中部将会发生变窄（图 12－12a）或变宽现象。这时为了保持间距均匀，支架的排列必须平行于与工作面垂直的那个巷道，并与煤壁垂直，如图 12－12b 所示。

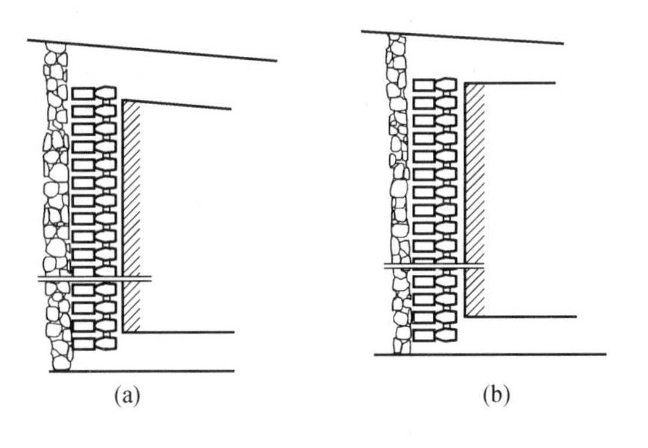

图 12－12　工作面巷道不平行调整

（3）在工作面回风巷、进风巷平行，工作面呈伪斜时，如果支架按垂直输送机方向排列，根据不同伪斜方向，则支架和输送机将会产生下滑和上窜现象，如图 12－13a、图 12－13b 所示。为避免这两种现象，支架应按平行巷道进行调整并沿走向方向推移支架，如图 12－13c 所示。

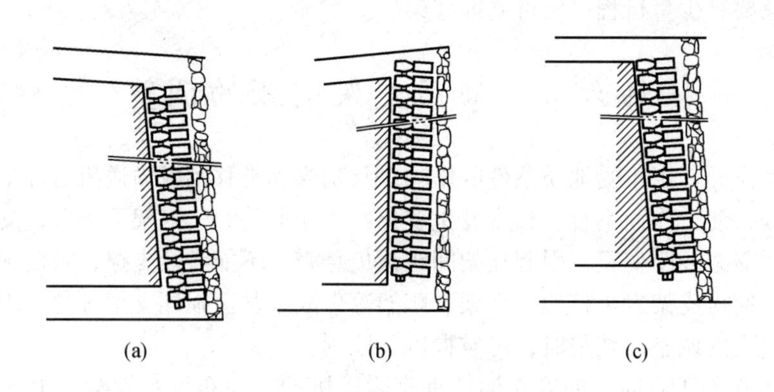

图 12-13　两顺槽平行、工作面呈伪斜时支架的调整

（4）在工作面回风巷、进风巷互不平行，工作面呈伪斜并与工作面巷道斜交时，应首先调整工作面位置，使其逐渐与一条巷道（最好是进风巷）垂直；垂直未调整好之前，支架的排列仍应平行于一条巷道，而不要与工作面煤壁垂直，并且在安装或调整支架时，也应以这条巷道为基准，以避免出现支架间距过大或过小的现象。

此外，当工作面加长或缩短需增加或减少支架时，均要通过工作面回风巷运送，如图 12-14 所示。

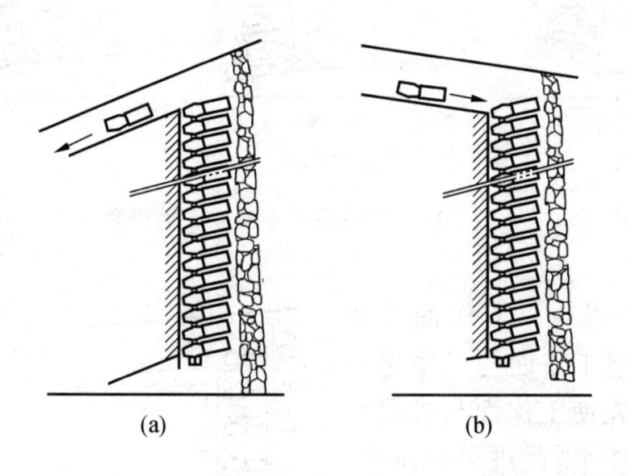

图 12-14　工作面伪斜，工作面进、回风巷不平行时支架的调整

第五部分
高级液压支架工知识要求

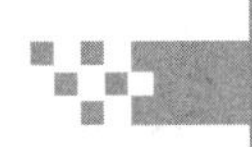

第十三章

图样的技术要求

机械图样中的技术要求主要是指零件几何精度方面的要求，如表面粗糙度、极限与配合、形状和位置公差等。从广义上讲，技术要求还包括理化性能方面的要求，如对材料、热处理和表面处理等方面的要求。技术要求通常是用符号、代号或标记标注在图形上，或者用简练的文字注写在标题栏附近。

第一节 表面粗糙度

一、表面粗糙度的基本概念

零件经过机械加工后的表面看似光滑平整，但在放大镜或显微镜下观察，就会发现许多高低不平的凸峰和凹谷。零件加工表面具有这种较小间距的峰和谷的微观几何形状特征，称为表面粗糙度。表面粗糙度与加工方法、所用刀具和工件材料等因素有密切的关系。

表面粗糙度是评定零件表面质量的一项重要技术指标，对于零件的配合、耐磨性、抗蚀性及密封性都有显著的影响，是零件图中必不可少的技术要求。

表面粗糙度的主要评定参数中的高度参数有 3 种，即轮廓算术平均偏差（*Ra*）、轮廓最大高度（*R*）、轮廓微观不平度十点高度（*Rz*）。由于 *Ra* 参数使用最为广泛，所以本内容仅介绍 *Ra* 的概念及其注法。

一般来说，凡是零件上有配合要求或有相对运动的表面，*Ra* 值就应尽量选用较大的值，值越小，表面质量要求越高，但加工成本也越高。因此，在满足使用要求的前提下，应尽量选用较大的 *Ra* 值，以降低成本。因此，在满足使用要求的前提下，应尽量选用较大的 *Ra* 值，以降低成本。关于零件表面的 *Ra* 值与加工方法的对应关系可参阅有关资料。

二、表面粗糙度的符号和代号的识读

（1）表面粗糙度的符号规定。GB/T 131 规定了 5 种表面粗糙度的符号，见表 13－1。表面粗糙度符号的画法如图 13－1 所示。表面粗糙度符号的尺寸比例见表 13－2。

（2）表面粗糙度代号的含义。表面粗糙度符号上注写要求的表面特征参数后即构成表面粗糙度代号，由于 *Ra* 是目前生产上使用最广泛的一种表面粗糙度高度参数，所以 *Ra*

值前的 *Ra* 字样可省略不注。如果需要还可同时填写 *Ra* 的上限值与下限值。如果只一个数值，则表示是 *Ra* 的上限值。表面粗糙度代号（*Ra*）的含义见表 13－3。

表 13－1　表面粗糙度的符号及意义

符　　号	说　　明
	基本符号，表示表面可用任何方法获得。当不加注粗糙度参数值或有关说明（如表面处理、局部热处理状况等）时，仅适用于简化代号标注
	基本符号加一短划，表示表面是用去除材料的方法获得。如车、铣、钻、磨、剪切、抛光、腐蚀、电火花加工、气割等
	基本符号加一小圆，表示表面是用不去除材料的方法获得。如铸、锻、冲压变形、热轧、冷轧、粉末冶金等 还可用于表示保持原供应状况的表面（包括保持上道工序的状况）
	在上述 3 个符号的长边上均可加一横线，用于标注有关参数和说明
	在上述 3 个符号上均可加一小圆，表示所有表面具有相同的表面粗糙度要求

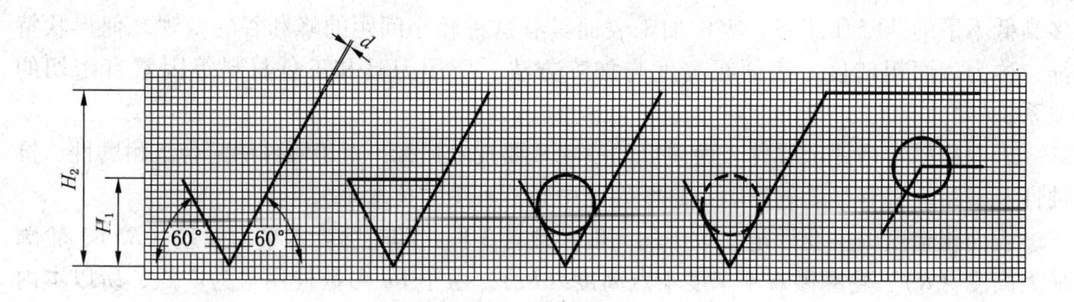

图 13－1　表面粗糙度符号的画法

表 13－2　表面粗糙度符号的尺寸比例　　mm

轮廓线的线宽 d	0.35	0.5	0.7	1	1.4	2	2.8
数字与字母的高度 h	2.5	3.5	5	7	10	14	20
符号的线宽 d' 数字与字母的笔画宽度	0.25	0.35	0.5	0.7	1	1.4	2
高度 H_1	3.5	5	7	10	14	20	28
高度 H_2	8	11	15	21	30	42	60

表 13－3　表面粗糙度代号（Ra）的含义

代　号	含　　义	代　号	含　　义
3.2	用任何方法获得的表面粗糙度，Ra 的上限值为 3.2 μm	3.2max	用任何方法获得的表面粗糙度，Ra 的最大值为 3.2 μm
3.2	用去除材料方法获得的表面粗糙度，Ra 的上限值为 3.2 μm	3.2max	用去除材料方法获得的表面粗糙度，Ra 的最大值为 3.2 μm
3.2	用不去除材料方法获得的表面粗糙度，Ra 的上限值为 3.2 μm	3.2max	用不去除材料方法获得的表面粗糙度，Ra 的最大值为 3.2 μm
3.2 1.6	用去除材料方法获得的表面粗糙度，Ra 的上限值为 3.2 μm，Ra 的下限值为 1.6 μm	3.2max 1.6min	用去除材料方法获得的表面粗糙度，Ra 的最大值为 3.2 μm，Ra 的最小值为 1.6 μm

这里必须明确，图样中给出上（下）限值和给出最大（小）值的含义是有不同意义的。按 GB/T 131 规定，若图样上给出上（下）限要求，则应理解为：当表面粗糙度参数的有实测值中超过规定值的个数少于总数的 16% 时，该表面仍是合格的。当注写最大（小）值要求时，则该表面的任一处的实测值均不得超过给定值。

第二节　极 限 与 配 合

一、零件的互换性

从一批相同零件中任取一件，不经修配就能装到机器上并保证使用要求，零件的这种性质称为互换性。零件具有互换性，不仅给机器的装配、维修带来方便，还满足了生产各部门和各专业厂家的协作要求，为大批量生产、流水作业提供了保证，进而提高了劳动效率和社会经济效益。

二、尺寸及其公差

零件在生产过程中，由于加工或测量等因素的影响，加工后的一批零件的实际尺寸总存在一定的误差。为保证零件的互换性，必须将零件的实际尺寸控制在允许的变动范围内，这个允许尺寸的变动量称为尺寸公差，简称公差。以下以图 13－2 所示圆孔尺寸为例对有关公差的术语作简要说明。

（1）基本尺寸：设计给定的尺寸，$\phi 30$。

（2）极限尺寸：允许尺寸变动的两个极限值。

最大极限尺寸：　　$30+0.01=30.01$

最小极限尺寸：　　$30-0.01=29.99$

（3）极限偏差：极限尺寸减速基本尺寸所得的代数差。孔的上偏差与下偏差分别用 ES 和 EI 表示，轴的上偏差与下偏差分别用 es 和 ei 表示。

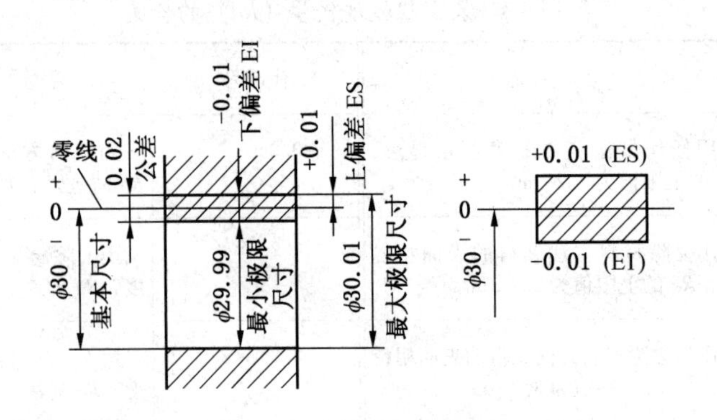

图 13－2　尺寸公差名词解释及公差带图

上偏差 ES：　　　　　　　　30.01－30＝＋0.01

下偏差 EI　　　　　　　　　29.99－30＝－0.01

（4）尺寸公差：允许尺寸的变动量，即最大极限尺寸减最小极限尺寸，也等于上偏差减下偏差所得的代数差。尺寸公差是一个没有符号的绝对值。

公差　　　　　　　　　　　30.01－29.99＝0.02

或　　　　　　　　　　　｜0.01－（－0.01）｜＝0.02

（5）公差带、零线和公差带图：公差带是表示大小和相对零线位置的一个区域，图 13－3a 表示了一对互相结合的孔和轴的基本尺寸、极限尺寸、偏差、公差的相互关系。为简化起见，一般只画出由孔和轴的上、下偏差围成的方框简图，称为公差带图，如图 13－3b 所示。在公差带图中，零线是表示基本尺寸的一条直线，零线上方的偏差为正值，下方的偏差为负值。

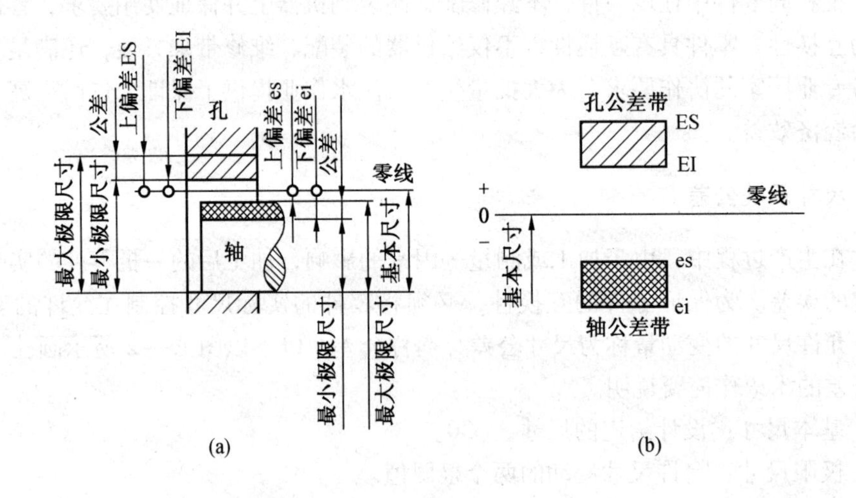

图 13－3　尺寸公差带及公差带图

（6）极限制：经标准化的公差与偏差的制度。

三、配合

配合是指基本尺寸相同的相互结合的孔、轴公差带之间的关系。根据使用要求不同，孔与轴之间的配合有松有紧，因此，国家标准规定配合分为三类：间隙配合、过盈配合和过渡配合。

（1）间隙配合（图 13－4a）。孔的实际尺寸总比轴的实际尺寸大，装配在一起后，即便轴的实际尺寸为最大极限尺寸，孔的实际尺寸为最小极限尺寸，轴与孔之间仍有间隙，轴在孔中能自由转动，孔的公差带在轴的公差带之上，如图 13－4b 所示。间隙配合包括最小间隙为零的配合。

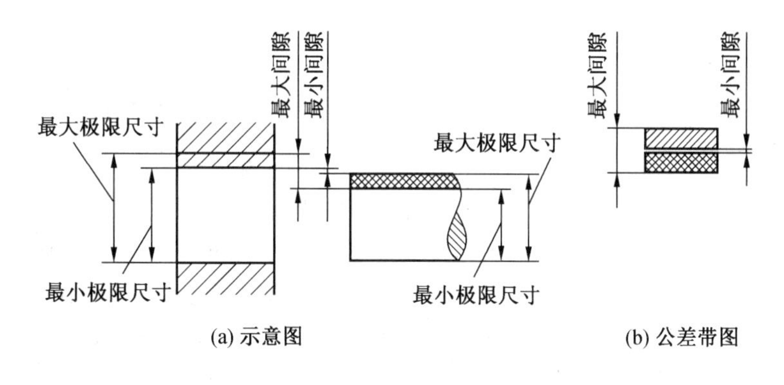

图 13－4　间隙配合

（2）过盈配合（图 13－5a）。孔的实际尺寸总比轴的实际尺寸小，装配时需要一定外力或使带孔零件加热膨胀后才能把轴装入孔中。所以轴与孔装配后不能做相对运动，如图 13－5b 所示，孔的公差带在轴的公差带之下。

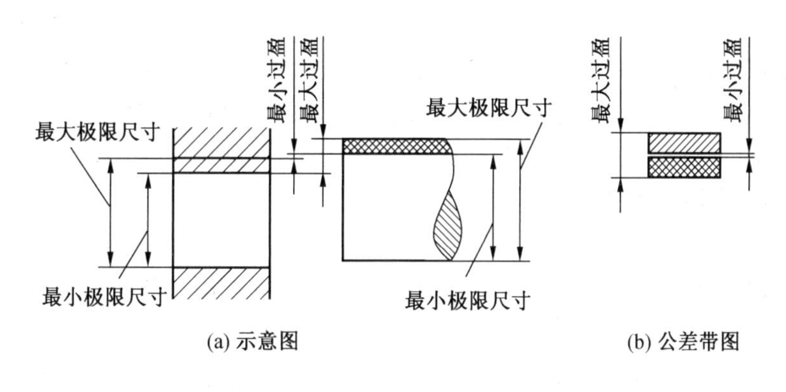

图 13－5　过盈配合

（3）过渡配合（图 13－6a）。轴的实际尺寸比孔的实际尺寸有时小，有时大。孔轴装配后，轴比孔小时能活动，但比间隙配合稍紧；轴比孔大时不能活动，但比过盈配合稍松。这种介于间隙与过盈之间的配合，称为过渡配合（图 13－6b），孔、轴公差带有重合。

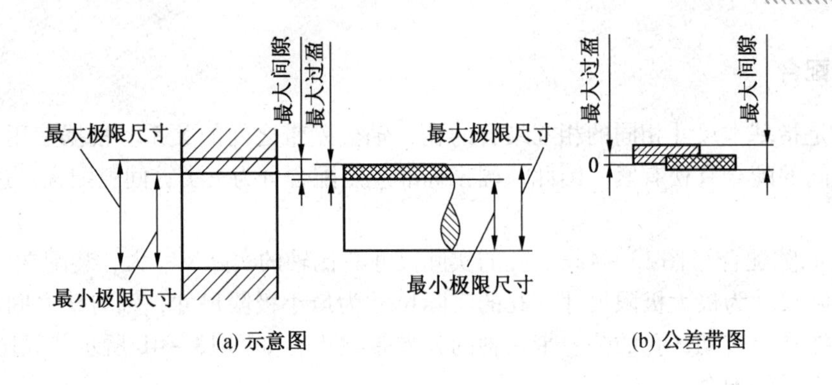

图 13-6　过渡配合

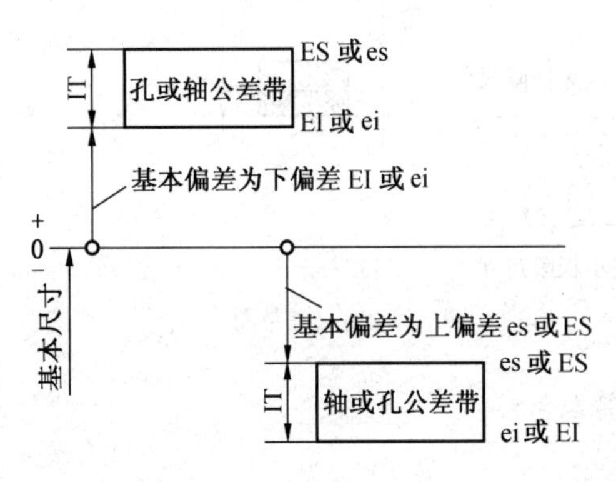

图 13-7　公差带的大小及位置

四、标准公差与基本偏差

为了便于生产，实现零件的互换性和满足不同的使用要求，国家标准《极限与配合》规定了公差带由标准公差和基本偏差两个要素组成。标准公差确定公差带大小，基本偏差确定公差位置，如图 13-7 所示。

(1) 标准公差（IT）。标准公差的数值与基本尺寸和公差等级有关。其中，公差等级确定尺寸的精确度，决定着加工的难易程度。标准公差分为 20 级，即 IT01，IT0，IT1，…，IT18。IT 表示公差，数字表示公差等级。IT01 公差值最小，精度最高；IT18 公差值最大，精度最低。在 20 级标准公差等级中，IT01 ~ IT12 用于配合尺寸，IT12 ~ IT18 用于非配合尺寸。

(2) 基本偏差。基本偏差是指在国家标准的极限与配合制中，决定公差相对零线位置的那个极限偏差。它可以是上偏差或下偏差，一般是指靠近零线的那个偏差。当公差带在零线的上方时，基本偏差为下偏差；反之则为上偏差，如图 13-8 所示。基本偏差的代号用字母表示。大写的为孔，小写的为轴，各 28 个。

基本偏差系列图如图 13-8 所示，其中，A ~ H（a ~ h）用于间隙配合；J ~ ZC（j ~ zc）用于过渡配合或过盈配合。从基本偏差系列图中可以看出：孔的基本偏差 A ~ H 为下偏差，J ~ ZC 一般为上偏差；轴的基本偏差 a ~ h 为上偏差，j ~ zc 一般为下偏差；JS 和 js 的公差带对称分布于零线两边，孔和轴的上、下偏差分别都是 $+\frac{IT}{2}$，$-\frac{IT}{2}$。基本偏差系列图只表示公差带的位置，不表示公差带的大小，因此，公差带的另一端是开口的，开口的一端由标准公差限定。

根据尺寸公差的定义，基本偏差和标准公差有以下关系：

$$ES = EI \quad 或 \quad EI = ES - IT$$

$$es = ei + IT \quad 或 \quad ei = es - IT$$

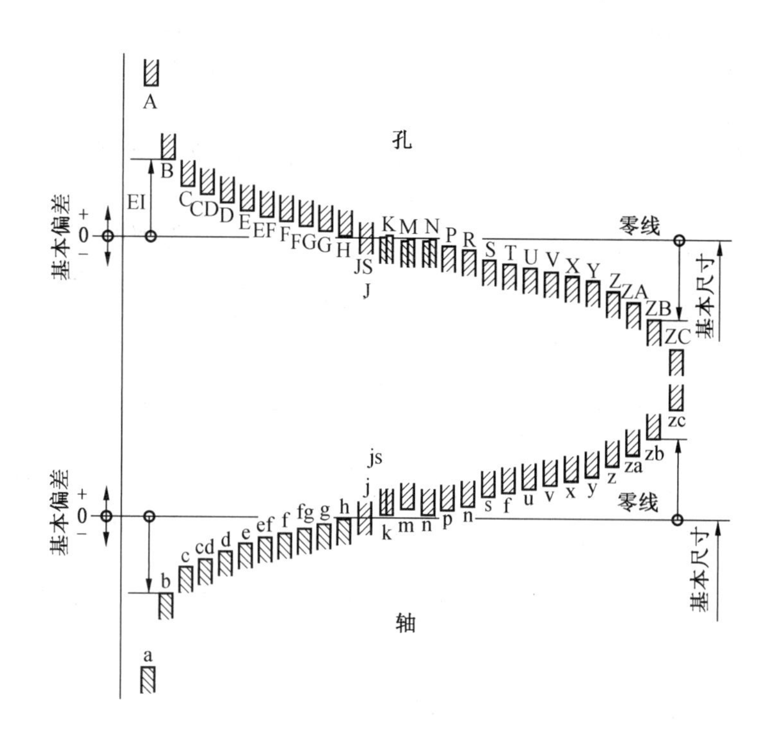

图 13－8　基本偏差系列图

孔和轴的公差带代号由基本偏差代号与公差等级代号组成。

五、配合制

在制造相互配合的零件时，使其中一种零件作为基准件，其基本偏差固定，通过改变另一件的基本偏差来获得不同性质的配合制度称为配合制。根据生产实际需要，国家标准规定了两种配合制。

（1）基孔制。基孔制即基本偏差为一定的孔的公差带，与不同基本偏差的轴的公差带形成各种配合的一种制度。基孔制的孔称为基准孔，其基本偏差代号为 H，下偏差为零，即它的最小极限尺寸等于基本尺寸。

如图 13－9 所示三例，就是采用基孔制所得的种种不同松紧程度的配合。

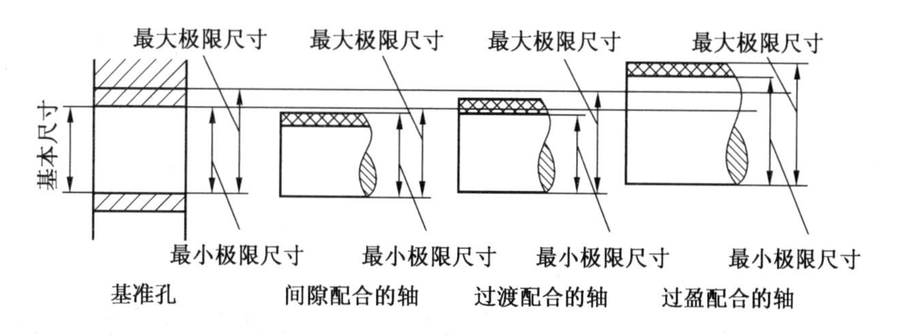

图 13－9　基孔制配合

（2）基轴制。基轴制即基本偏差为一定的轴的公差带，与不同基本偏差的孔的公差带形成各种配合的一种制度。基轴制的轴称为基准轴，其基本偏差代号为 h，上偏差为零，即它的最大极限尺寸等于基本尺寸。

如图 13－10 所示三例，就是采用基轴制所得到的各种不同松紧程度的配合。

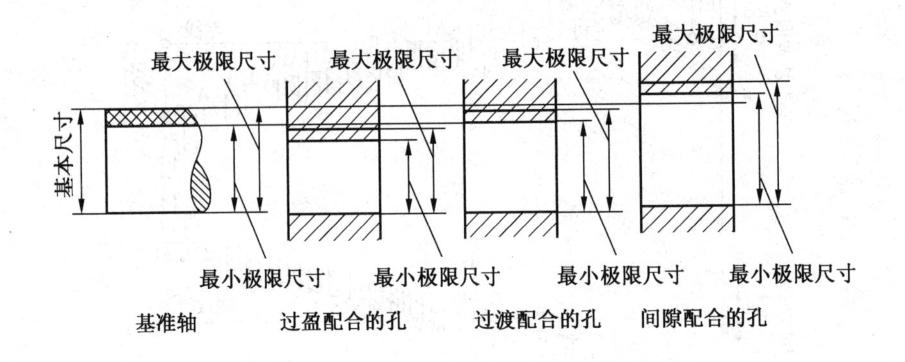

图 13－10　基轴制配合

第三节　形状和位置公差

零件加工过程中，不仅会产生尺寸误差，也会出现形状和相对位置的误差，如加工轴时可能会出轴线弯曲或一头粗、一头细的现象，这就是零件形状误差。如图 13－11 所示的圆柱销，除了注出直径的尺寸公差外，还标注了圆柱轴线的形状公差代号，表示圆柱实际轴线，必须在 ϕ0.06 mm 的圆柱面内。箱体上两个孔是安装锥齿轮轴的孔，如果两孔的轴线歪斜太大，势必影响一对锥齿轮的啮合传动。为了保证正常的啮合，必须标注位置公差——垂直度。图 13－11 中代号的意义是：水平孔的轴线必须位于距离为 0.05 mm，且垂直于另一个孔的轴线的两平行平面之间。

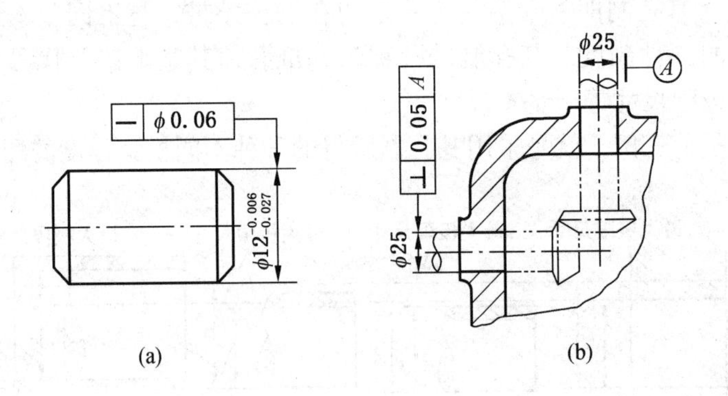

图 13－11　形状和位置公差示例

由于形状位置公差的误差过大会影响机器的工作性能，因此对精度要求高的零件，除应保证尺寸精度外，还应控制其形状和位置的误差，对形状和位置误差的控制是通过形状和位置公差来实现的。形状和位置公差简称形位公差，是指零件的实际形状对理想形状和理想位置所允许的最大变动量。

一、形位公差的代号

GB/T 1182 和 GB/T 1184 对形位公差的特征项目、术语、代号、数值、标注方法等都作了规定。形位公差的特征项目及符号见表 13－4。

表 13－4　形位公差特征项目及符号

公差		特征项目	符号	基准要求
形状	形状	直线度	—	无
		平面度	▱	无
		圆度	○	无
		圆柱度	⌭	无
形状或位置	轮廓	线轮廓度	⌒	有或无
		面轮廓度	⌓	有或无
位置	定向	平行度	//	有
		垂直度	⊥	有
		倾斜度	∠	有
	定位	位置度	⌖	有或无
		同轴（同心）度	◎	有
		对称度	⌯	有
	跳动	圆跳动	↗	有
		全跳动	⌰	有

形位公差在零件图上用代号形式标注，代号由形位公差特征项目符号、形位公差框格及指引线、形位公差数值和其他有关符号、基准符号等组成，如图 13－12 所示。

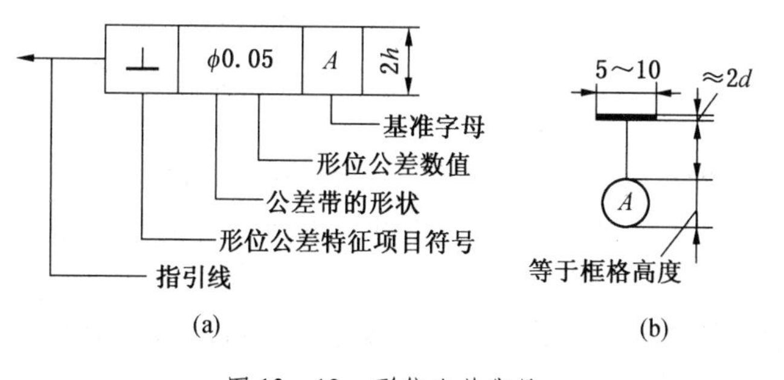

图 13－12　形位公差代号

形位公差特征项目符号的线宽按 $H/10$（H 为标注尺寸的数字高度），大小与框格中的字体同高。形位公差的框格用细实线绘制，框格应水平或竖直放置，框格内的高度 H 与图样中的尺寸数字等高。

二、形位公差代号在图样上的标注

形位公差在图样上应采用代号形式标注。

（1）用带箭头的指引线将框格与被测要素相连，按以下方式标注：

① 当公差涉及轮廓线或表面时，如图 13－13 所示，将箭头置于要素的轮廓或轮廓线的延长线上（必须与尺寸明显地分开）。

② 当指向实际表面时，如图 13－14 所示，箭头可置于带点的参考线上，该点指在实际表面上。

③ 当公差涉及轴线、中心平面或由带尺寸要素确实的点时，带箭头的指引线应与尺寸线的延长线重合，如图 13－15 所示。

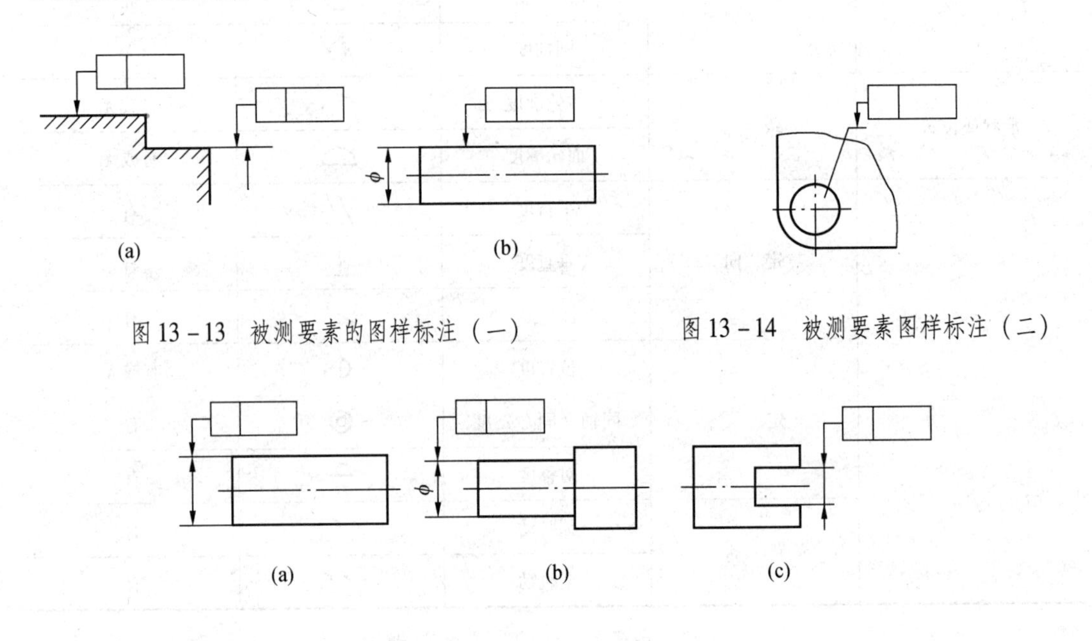

图 13－13　被测要素的图样标注（一）

图 13－14　被测要素图样标注（二）

图 13－15　被测要素的图样标注（三）

（2）带有基准字母的短横线应置于：

① 当基准要素是轮廓线或表面时，如图 13－16a 所示，放在要素的外轮廓上或它的延长线上（应与尺寸线明显错开），基准符号不可置于圆点指向实际表面的参考线上，如图 13－16b 所示。

② 当基准要素是轴线或中心平面或由带尺寸的要素确定的点时，则基准符号中的线与尺寸一致（图 13－17a），如尺寸线处安排不下两个箭头，则另一箭头可用横线代替（图 13－17b）。

（3）当多个被测要素有相同的形位公差要求时，可以从一个框格内的同一端引出多个指示箭头（图 13－18a）；当同一个被测要素有多项形位公差要求时，可以在一个指引

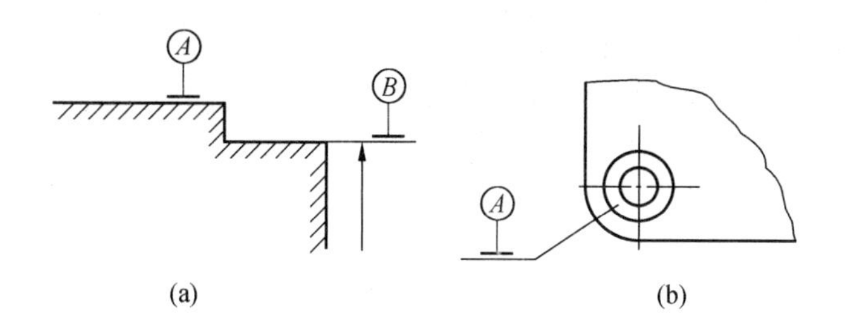

图 13－16　基准要素的图样标注（一）

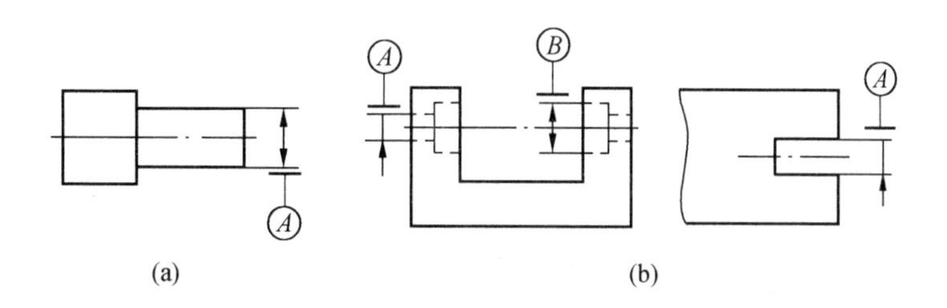

图 13－17　基准要素的图样标注（二）

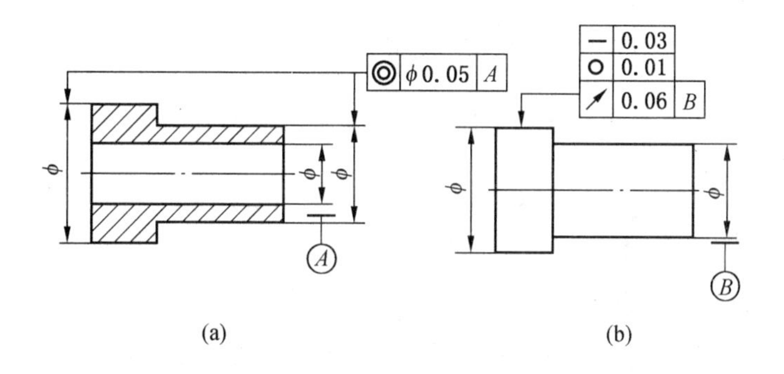

图 13－18　形位公差的简化标注

线上画出多个公差框格（图 13－18b）。

（4）对于两个或两个以上要素组成的公共基准，如公共轴线（图 13－19a）、公共中心平面（图 13－19b）、基准字母应用横线连起来，并写在公差框格的同一格内。

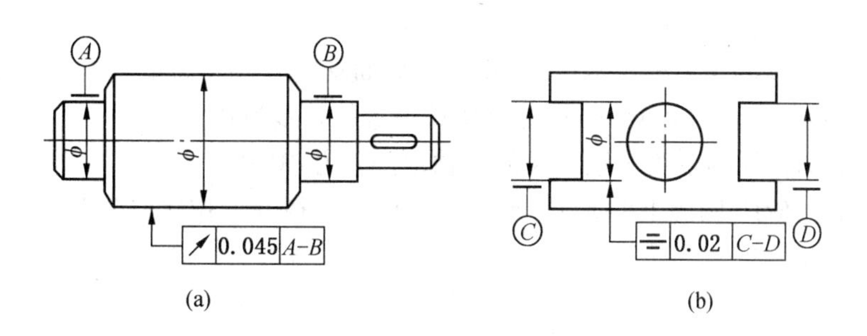

图 13－19　公共基准的简化标注

（5）任选基准的标注方法如图 13－20 所示。

（6）形位公差特征项目如轮廓度公差适用于横截面内的整个外轮廓线或整个外轮廓面时应采用全周符号，如图 13－21 所示。

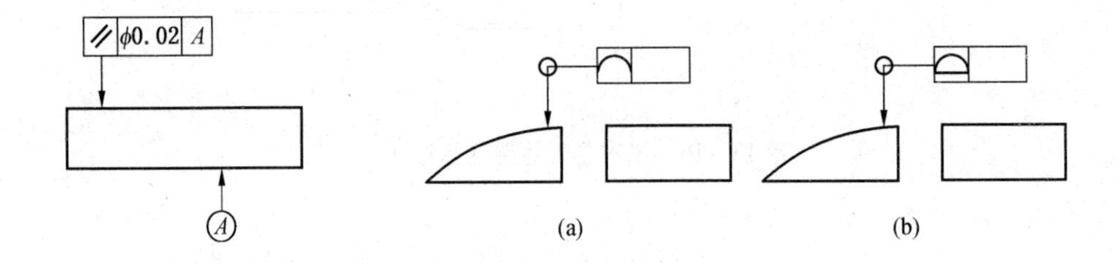

图 13－20　任选基准的标注　　　　图 13－21　形位公差的特殊标注

【例】解释图样中标注的形位公差的意义（图 13－22）。

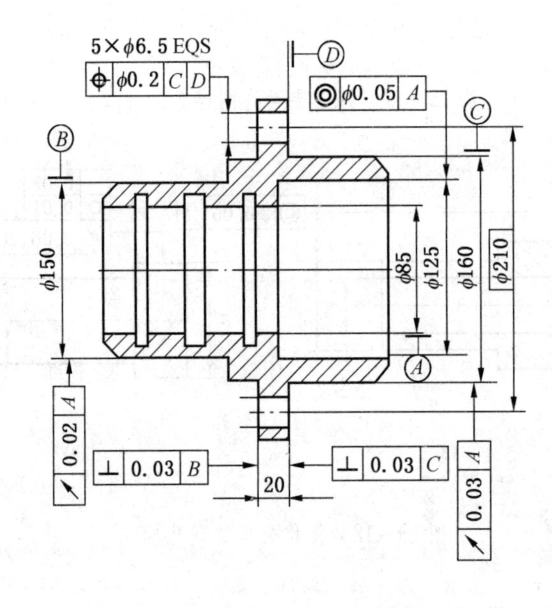

图 13－22　形位公差代号标注的读解

（1）φ160 圆柱表面对 φ85 圆柱孔轴线 A 的径向圆跳动公差为 0.03。

（2）φ150 圆柱表面对轴线 A 的径向圆跳动公差为 0.02。

（3）厚度为 20 的安装板左端面对 φ150 圆柱面轴线 B 的垂直度公差为 0.03。

（4）安装板右端面对 φ160 圆柱面轴线 C 垂直度公差为 0.03。

（5）φ125 圆柱孔的轴线对轴线 A 的同轴度公差为 φ0.05。

（6）均布于 φ210 圆周上的 5 个 φ6.5 孔对基准 C 和 D 的位置度公差为 φ0.2。

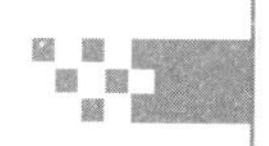

第十四章

矿山压力及顶板控制

第一节　工作面顶底板岩石的分类

如前节所述，矿山压力的危害主要表现为顶板岩层的变形、移动和垮落对工作面生产造成的威胁。因此，对采煤工作面压力的控制，在一般情况下，主要表现为对顶板的控制问题。我们知道，不同赋存条件的煤层具有不同的顶底板岩层，不同的顶底板岩层对工作面的顶板控制又有不同程度的影响。在实际工作中，为了有效地进行顶板控制工作，需要把顶板岩石根据其不同特征进行分类，以便针对不同类型顶板的特点，采取不同的顶板控制方法。但有些情况底板的岩石特性对于顶板控制也有很大影响。底板岩层若坚硬，支架的工作性能就可以得到发挥；底板松软，支柱受压后就容易钻入底板。支柱钻入底板，会大大降低其支撑顶板的能力。尤其是在顶板破碎条件下还将给支柱撑顶工作增加很多不安全因素。因此，对底板岩石的性质也必须十分重视。顶底板岩石的分类方法一般有以下几种。

一、按岩石成分分类

顶板一般是沉积岩。常见的顶板有砾岩、砂岩、粉砂岩、黏土岩和石灰岩等。

砂岩按砂粒大小又可分为粗砂岩、中砂岩和细砂岩；黏土岩按它含有的其他矿物质也可以分为页岩、砂质页岩、碳质页岩、泥质页岩等。

石灰岩的主要成分是碳酸钙，遇水能起泡、溶解、形成溶洞。

不同岩层构成的顶板，抵抗压力破坏的能力不同。一般说来，细砂岩和中砂岩的强度较大，砾岩次之，粉砂岩和砂质页岩又次之，泥质页岩和碳质页岩强度最小。

沉积岩的一个显著特性是层理，层理就是在岩石的垂直方向上，由于物质成分、结构、构造以及颜色变化形成的层状现象。两个相邻层理的界面叫作层面。由于矿山压力影响，这些层面可能产生离层现象，容易引起冒顶。层理有的是水平的，叫作水平层理，还有倾斜层理和交错层理。要注意观察顶板层理的这些特点，这对做好顶板控制工作很重要。

二、按顶板与煤层相对位置分类

顶底板由于它和煤层的不同位置可以分为伪顶、直接顶、基本顶和伪底、直接底、基本底等。

1. 伪顶

它为紧贴在煤层上面，在爆破落煤或采煤机割煤后随即脱落的岩层，厚度一般为0.2～0.4 m，最厚可达1 m以上，多由碳质页岩组成，有的是薄分层的砂质页岩。并不是所有的煤层都有伪顶，有的煤层上直接覆盖直接顶。而且伪顶的厚度变化往往很大，即使是同一煤层伪顶，其厚度变化也是很大的，有时很厚，有时很薄。

2. 直接顶

直接顶位于伪顶或煤层上面。厚度由几米到十几米不等。我国多数矿区煤层的直接顶为页岩、砂质页岩等较易垮落的岩层，回柱后一般能较快地自由垮落。有时砂质页岩顶板回柱后在采空区也可能出现范围不大的“悬顶”，但要及时采取措施，加强管理，防止在回柱中推倒支架。

直接顶的性质对顶板控制方法和支架受力状况影响很大。容易垮落的直接顶厚度大，采空区由破碎矸石充填得密实，工作面的压力显现就小，回柱放顶也就安全。若采空区充填不实悬顶大，工作面压力显现就大，回柱时也就不太安全。

3. 基本顶

基本顶位于直接顶上面，较厚且坚硬。它一般是砂岩和厚层石灰岩组成。基本顶要在工作面向前推进一定距离、暴露一定面积后才垮落一次，而不是随着工作面向前推进，每一次放顶都垮落。基本顶来压垮落前，工作面压力显现明显强烈，支架受力加大。这时木支柱断柱根数增加，摩擦式金属支柱活柱突然大量下缩，甚至引起工作面煤壁严重片帮，造成直接顶局部垮落。若基本顶垮落，整个顶板将沿工作面切断，造成严重的破坏。所以基本顶的活动对工作面生产有很大威胁，必须充分注意。

基本顶活动强烈与否和直接顶有密切关系，直接顶厚度大，采空区充填好，基本顶一般不会垮落，只出现一些弯曲下沉，对工作面影响不大。

基本顶的重要特征是厚度大，较坚硬不易垮落，有时煤层上的直接顶本身就是厚度大较坚硬不易垮落的岩层，人们往往就把它称作基本顶，认为煤层上面无直接顶，而是基本顶直接覆盖在煤层之上。

4. 伪底

伪底一般是指位于煤层之下的泥岩、碳质页岩。

5. 直接底

直接位于煤层之下或伪底之下的岩层叫直接底。有的直接底常发生底板膨起或滑帮（发生在急斜煤层）现象。当直接底岩石不够坚硬时，支柱易压入底板。

6. 基本底

位于直接底下面的岩层叫基本底。

三、按直接顶岩层的稳定性分类

直接顶岩层的稳定性对采煤工艺的各个生产环节，如破煤、支护形式、回柱放顶等都有很大影响。所以按直接顶岩层的稳定性对顶板分类也是很有必要的。从当前的实际使用情况来看，一般分为如下几类。

1. 不稳定顶板

俗称破碎顶板。直接顶基本上是松软易垮落的页岩层，节理裂隙发达，容易破碎。爆破或割煤后，顶板悬露面积大的时间不长就要垮落，必须临时支护支柱，输送机和煤壁之间必须有贴帮柱。回柱后，顶板立即垮落，采空区不留悬顶。如果这种容易垮落的直接顶厚度大于煤层开采厚度的3~4倍，采空区充填较好，基本顶活动强度一般是不大的。工作面顶板压力也没有明显的变化。

2. 中等稳定顶板

直接顶基本上是中等强度的砂质页岩和强度较大的砾岩层，下部直接顶的节理裂隙不很发达，层数不多，分层厚度也不大。工作面推进一定的距离后悬露无支护的顶板才会冒落。有时也可在输送机和煤壁之间不打贴帮柱或只打几根临时柱。回柱放顶后，顶板可以自行垮落，但不会随着立柱卸载立即垮落。采空区一般不留悬顶。如果下部直接顶是这种性质，而上部直接顶厚又较大，超过煤层的3~4倍时，基本顶岩层的活动对工作面影响就不大。这时在工作面进行支架或者回柱放顶都比较有利。如果直接顶岩层厚度不大，基本顶活动剧烈时，直接顶也可能变得破碎不易控制。

直接顶多数为强度较大的砂质页岩、层状砂岩或砂质页岩与砂岩互层以及石灰岩等。岩层的分层厚、无明显节理裂隙，工作面向前推进后并不冒落。在工作面输送机和煤壁之间不用贴帮柱，支架可用戴帽点柱。回柱后顶板一般不易垮落，在采空区也往往留下悬顶。垮落时，面积呈大块状，容易推倒支架，发生危险。

3. 坚硬顶板

直接顶为厚层的硬砂岩或砂砾岩，顶板完整无裂隙。回柱放顶后，顶板能大面积悬露不垮落，甚至可以达到几千或几万平方米的面积不垮落。一旦垮落，工作面和周围巷道会产生狂风，吹倒棚柱、矿车、人员，吹坏风门以及吹走一些小工具（如斧、镐等），造成巨大破坏。这种工作面的顶板必须采用特殊的方法放顶，如从巷道向采空区顶板打眼爆破的方法或从地面向下打深孔爆破的方法等。

第二节　影响工作面矿山压力的主要因素

一、采高和控顶距

在一定地质条件下，采高的大小是影响顶板下沉量大小及其破坏程度的主要因素。一般来说，采高越大，顶板下沉量越大，岩层破坏程度也越严重。根据现场实测资料统计，在开采单一煤层或分层开采的第一分层时，直接顶与基本顶的垮落总高度与采高基本成正比关系，即采高决定了岩层的最大下沉值。

很显然，采高越大，基本顶岩层越难取得平衡，而且由于工作面煤壁暴露的自由面大，在支承压力作用下越不稳定，容易片帮。反之，采高越小，顶板活动越缓和，煤壁也越稳定，工作面压力比较平稳。由实际工作可知，薄煤层比同一性质的中厚煤层或厚煤层坚硬得多，落煤也比较困难，这主要是由于薄煤层顶板岩石活动较缓和，煤壁在落煤前受不到多大破坏的缘故。

控顶距的大小主要由采高工作面空间所选用的设备、运料以及、行人的需要而定，另外还决定于通风断面的需要。在满足这些条件的同时，控顶距越小顶板下沉量也越小，但有时顶板岩层比较坚硬，采用过小的控顶距不能与顶板的悬顶距相应，使顶板控制发生困难。此时可以考虑适当扩大控顶距。一般在初次来压前，使用单体支架时，希望控顶距稍大一些。

二、生产工序和推进速度

采煤工作面的生产工序主要是破、装、运、支、回。当采煤工序与回柱放顶工序在同一地段同时进行时，顶板下沉要比单独工作时大得多，这是因为，在工作面的某一地段，由于落煤而增加了刚裸露未加支撑的顶板，而同时在同一地段靠采空区一侧放顶撤除了支柱，从而减少了对顶板的支撑力，这样就使未加支撑的悬顶面积显著增加，其结果可能引起顶板事故。所以在单体支架工作面的工序安排上，一定要把落煤与放顶这两个工序错开一个距离，错距一般在10~15 m以上比较合适，使它们对顶板的影响不迭加在一起。当工作面采用采煤机落煤时，可能紧跟采煤机及时支护，架柱放顶前就把新的一排支柱架设好，这样回撤靠采空区侧的1~2排支柱外，控顶区的其余支柱仍然以足够的工作阻力支撑住顶板。

加快工作面的推进速度，可以缩短工作面循环周期，减少顶板的暴露时间，减少顶板上沉量，改善工作面状况。但是从目前观测资料看，即使加快推进速度，落煤放顶对顶板下沉的影响仍是无法避免。因此当推进速度增大到一定程度后，顶板下沉量将不会有显著改变。随着生产技术条件的发展和采煤机械化程度的不断提高，工作面推进速度的加快，不仅有利于安全生产，而且有利于实现多循环作业，提高工作面的单产水平。

三、开采深度

随着开采深度的加大，工作面煤壁中的支承压力必然增高，从而直接影响到煤壁的稳定性，使支承压力向煤壁深部发展。在工作面顶板还没有暴露出来之前，煤壁深部已开始发生下沉变形现象，其结果将使采煤工作面的最终下沉量加大。煤层厚度及采高越大，这种现象将越突出。此外，由于支承压力的加大，对采煤工作面的空间底板也发生作用，尤其是当底板岩性松软时，可能使底板鼓起，给生产带来不利影响。同时随采深的增加，煤层及岩层中的应力升高，有可能使煤体（或岩体）内积存较高能量，导致片帮、煤与瓦斯突出及发生冲击地压的可能性，应引起足够的重视。

四、煤层倾角

倾角对矿山压力的影响是明显的，尤其是在采煤工作面，甚至可能改变其规律性。例如，一般急斜工作面顶板下沉量约比缓斜工作面要小一倍，即倾角越大，影响顶板下沉的力越小。这是由于矸石自顶板垮落且迅速下滚，造成工作面下部充填较满，其上部则松，因此直接影响工作面的矿压规律。

第三节　综采工作面顶板控制

一、工作面支护

1. 稳定顶板的支护

稳定顶板的支护可选择支撑式液压支架或支撑掩护式液压支架；在支护方式上可选择

及时支护或滞后支护。

从技术要求方面看：顶板整体性强时，选用支撑式液压支架，并采取及时支护方式；顶板整体性较差时，选用支撑掩护式液压支架，并采取及时支护方式，才能有效地控制顶板。顶板局部破碎时，应采取护顶防冒顶措施。

2. 破碎顶板的支护

破碎顶板的支护从架型上可选用支撑掩护式液压支架或掩护式液压支架。在支护方式上可选择及时支护或超前支护。

从技术要求方面看：顶板破碎较严重且压力不大时，选用掩护式液压支架，并采取及时支护方式和相应的防冒顶的护顶措施；顶板破碎一般且压力较大时，选用支撑掩护式液压支架，并采取及时支护方式；在顶板破碎且片帮难以使液压支架移步时，可采取超前移架支护方式，采煤机通过超前移架的支架时，必须防止割坏支架顶梁，这种支护方式仅在局部地段采用。

技术措施主要有以下几种方法：带压擦顶移架、挑顺山（平行煤壁）护顶梁、架走向（垂直煤壁）棚护顶、架走向梁护顶、铺金属网护顶、固化煤壁与顶板、撞楔（贯钎）法防治局部冒顶。

3. 坚硬顶板的支护

坚硬顶板的支护可选择支撑式液压支架或支撑掩护式液压支架。在支护方式上可采用滞后支护或及时支护。

从技术要求方面看：一般支架的支护强度应不低于 1000 kN/m^2，依据不同的条件可在 1000～1200 kN/m^2 之间取选。支架顶梁长度尽量缩短，以 4 m 左右为宜。支架的初撑力要高，以接近工作阻力为宜，以便有效地控制顶板的离层，降低顶板对支架的冲击载荷。支架最好装有大流量安全阀，特别是前梁千斤顶要装上大流量安全阀。

技术措施主要采用以下几种方式：爆破法强制放顶、超前深孔松动爆破、挑落式深孔爆破、浅孔式爆破、深浅孔综合爆破、顶板注水软化压裂法。

4. 分层顶板的支护

在选择架型上可采用掩护式液压支架或支撑掩护式液压支架。在支护方式上可采用及时支护或超前支护方式。

对支架的要求：

（1）顶梁较短，有活动侧护板。

（2）带伸缩式前探梁。

（3）移架力大，能实现带压擦顶移架。

（4）顶梁底座等构件的周边结构要圆滑，保证移架时不扯网。

5. 支护要求与措施

（1）及时支护新暴露出来的金属网假顶。

（2）移架前必须处理掉割煤时留下的煤皮，严防因支架卸载而突然垮落，引起金属网崩网事故发生。

（3）支架要排列整齐，间距保持均匀，严防架间出现网兜。

（4）在支架顶梁前至煤壁间架走向（垂直煤壁）梁，超前支护因片帮造成下沉的金属网假顶。

（5）支架间架走向棚托住架间网兜。

二、综采工作面顶板管理

综采工作面顶板管理可分为坚硬顶板的管理和破碎顶板的管理。

（一）坚硬顶板的管理

坚硬顶板的特点是顶板悬露后难以冒落。坚硬顶板管理的重点是：在有目的、有控制的条件下采取措施强行放顶。强行放顶的主要技术措施是“爆破法”“软化压裂法”两种。

1. 爆破法管理顶板

1）超前深孔松动爆破

（1）适用顶板。直接顶坚硬但厚度较小，将其破落下来不足以充满采空区，而基本顶又为整体性较强较厚岩层。

（2）钻孔布置。钻孔平行工作面布置，有单侧和双侧布置两种形式。单侧布置（图14－1a）适用于煤层倾角大、长度较小的工作面。钻孔由下平巷向上钻进。双侧布置（图14－1b）适用于煤层倾角较小、长度较大的工作面。

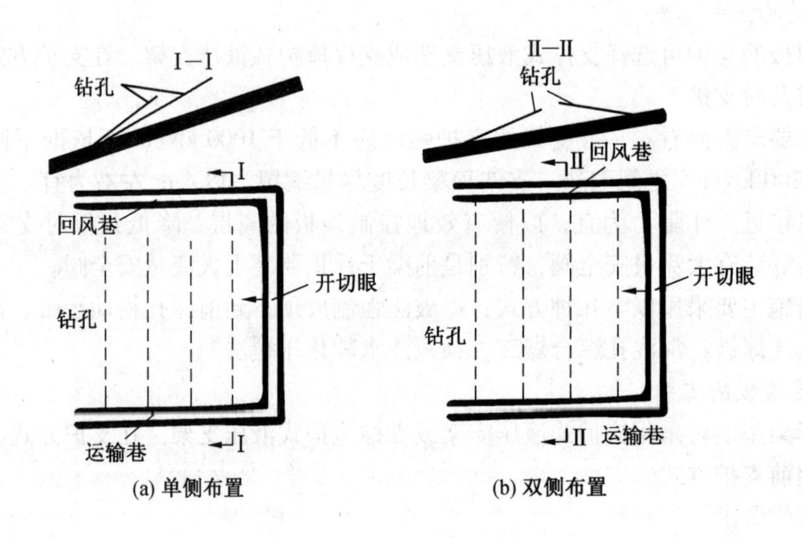

图14－1　钻孔布置方式

（3）超前距离。钻孔超前工作面钻进，其超前距离以影响综采工作面正常生产为原则。

（4）钻孔间距。钻孔间距要小于工作面来压步距3～5 m，来压步距大时，取25～30 m。初次放顶的钻孔，距工作面开切眼25 m（或更小些）布置钻进。

（5）钻场设置根据工作面具体条件，有回采巷道设置钻场和专门硐室设置钻场两种方式。

（6）钻孔参数及其确定。钻孔参数主要是：钻孔仰角（俯角）、钻孔垂深、钻进深度等。钻孔诸参数的确定主要根据煤层赋存条件，顶板结构特点，工作面倾斜长度，钻场位置，钻孔设备特点来综合确定，以实施爆破后，利于基本顶岩层的松动及尽早垮落。

（7）爆破放顶。实施爆破是爆破放顶的关键，必须根据钻孔布置情况及基本顶岩层的结构和坚固性，合理确定爆破参数，如装药量、装药方式、封孔方法与封孔长度等。必须进行专门的爆破设计工作。爆破方式有两种，即超前工作面预爆破（松动爆破），以及待钻孔位于采空区上方后实施的爆破。可根据实际需要合理选择。实施爆破，要加强顶板管理，保证生产安全。

2）挑落式深孔爆破

（1）适用顶板。适用于直接顶坚硬且层厚较大的顶板。

（2）放顶步距。一般为 25～30 m，初次放顶步距可适当减小。

（3）钻孔布置。如图 14－2 所示，工作面推进后，在其后方按垂直工作面方向向采空区顶板打深孔，一般工作面两端头钻三排孔，中部钻两排孔，排间孔呈交错布置。

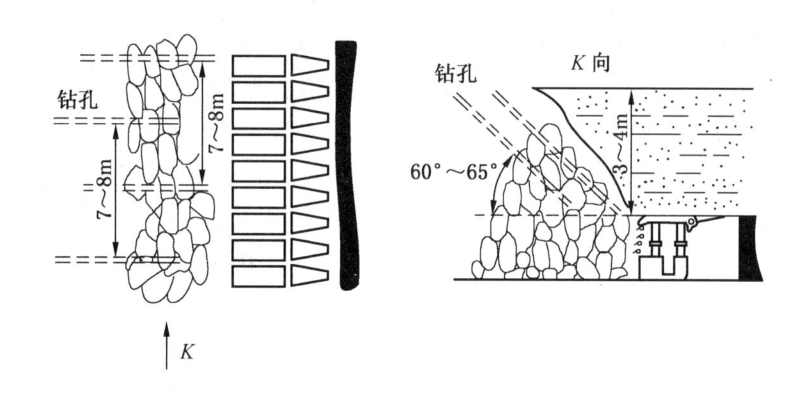

图 14－2 挑落式深孔爆破

（4）钻孔参数。钻孔垂深关系到采高碎胀系数等，但原则上要求爆破后碎落的矸石能基本充满采空区空间，一般为 5～10 m。钻孔间距 7～8 m，钻孔排距 1.2～1.8 m，钻孔仰角 60°～65°，钻孔直径 60～70 mm。其中，钻孔垂深可依下式确定：

$$H = \frac{M - P}{K - 1}$$

式中 H——钻孔垂深，m；

M——采高，m；

P——采空区崩落岩块上方留的空隙，约 0.5 m；

K——崩落岩块的碎胀系数，一般为 1.4～1.8。

（5）爆破放顶。实施爆破时，必须依顶板岩层的结构组合和钻孔参数，合理确定爆破参数，使崩落岩石的碎胀系数尽量大些。爆破时，先起爆第一排，使第一排在扩大自由面的条件下爆破，两次爆破后，在顶板上切割一道深槽以利基本顶来压时沿此槽切断垮落，从而减小来压强度，保证支护安全。

3）浅孔式爆破

（1）适用顶板。适用于直接顶较硬的顶板。

（2）放顶步距。每日处理一次。

（3）钻孔设备。一般岩石为电钻。

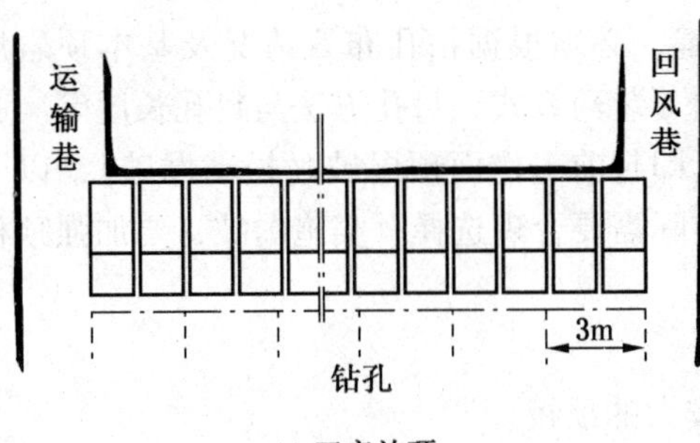

(a) 刀齐放顶

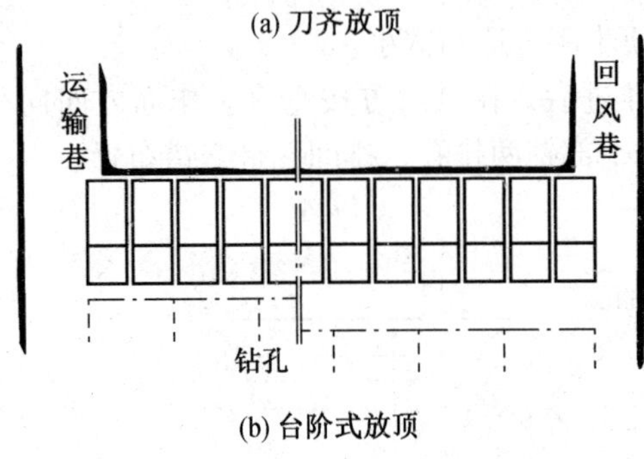

(b) 台阶式放顶

图 14－3　浅孔式爆破放顶

（4）钻孔布置。在工作面后方按垂直方向向采空区钻出一排浅孔，如图 14－3 所示。

（5）钻孔参数。钻孔深度 1.8 m 左右，钻孔间距 3～4.5 m，钻孔仰角 70°～750°。

（6）浅孔式爆破放顶方式：

① 一刀齐放顶钻孔沿工作面呈一直线布置，放顶时使工作面采空区顶板岩层呈一条直线切断，如图 14－3a 所示。

② 台阶式放顶。第一天分段打工作面前半部钻孔爆破，第二天打工作面后半部钻孔爆破（二台阶），或将工作面分成头、中、尾三部分，分三天打钻孔爆破（三台阶），依实际情况选用，如图 14－3b 所示。

③ 零星放顶。在生产过程中，对局部出现悬顶较大的地方要采用浅孔爆破处理。

4）深浅孔结合式爆破放顶

（1）适用顶板。用浅孔爆破效果佳时，可选取深浅相结合的爆破方式。

（2）钻孔布置。工作面中部钻浅孔，两端钻深孔（图 14－4）且中部孔中也可每隔 3～5 个浅孔加打一个深孔，采用两排孔时头排为浅孔，第二排为深孔。

（3）钻孔参数。浅孔参数同前，深孔参数孔深 5 m 左右，仰角 70°左右，孔间距 6 m 左右。

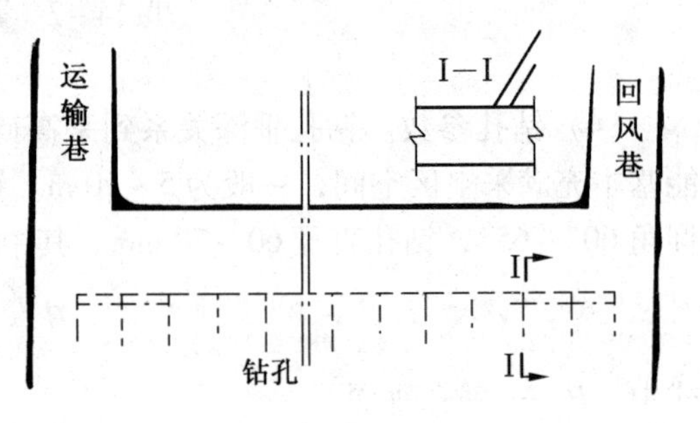

图 14－4　深浅孔结合式爆破放顶

2. 软化压裂法管理顶板

1）顶板高压注液

（1）作用机理：

① 软化。高压液体通过钻孔注入顶板岩体后，可湿润岩体，降低其强度。

② 压裂。高压液体注入顶板岩体中，经楔入、压裂，使岩体内的弱面扩展增多，造成结构改变，破坏岩体的整体性，利于岩体垮落。

（2）适用顶板。适用于基本顶岩层较厚且整体结构好的、强度较高的砂质坚硬顶板。

2）钻孔技术

（1）钻孔布置。如图 14－5 所示，软化压裂钻孔分单侧布置（图 14－5a）和双侧布置（图 14－5b）两种布置方式。钻孔超前工作面钻进、超前距离由注液时间和工作面的推进速度来确定。

① 钻孔间距。钻孔间距由来压步距决定，一般小于来压步距 3～5 m，或取 25～30 m。

② 钻孔深度。据顶板结构情况、工作面长度、注液渗透半径、钻孔工具能力和注液孔间距综合确定水平夹角（钻孔水平投影和巷道中心线的夹角），一般取 65°～70°。

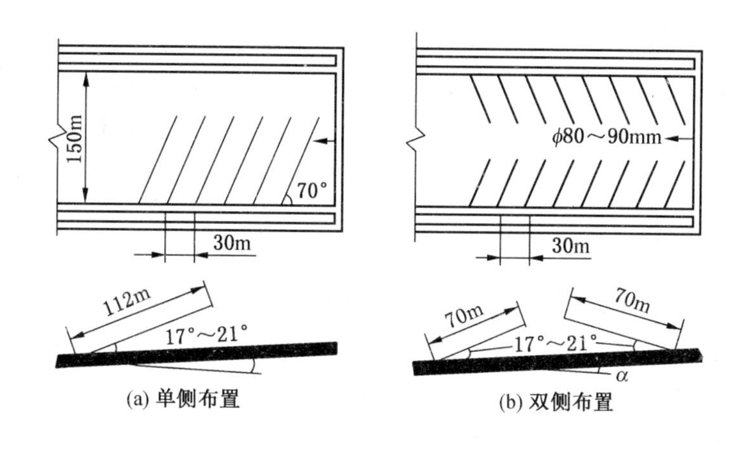

图 14－5　软化压裂法钻孔布置

③ 钻孔仰角。依钻孔深度、孔底到煤层顶板距离和钻孔施工的可能性合理确定，一般为 17°~21°。

（2）钻孔设备。设备为 YQ—100B 型浅孔岩石钻机或其他岩石钻机。

3）注液技术

（1）注液压力。低压 1.7~7.8 MPa，高压 11.7~24.5 MPa。注液压力与注液流量直接相关，加大流量可以增加压力，所以实施高压注液时，需要多台注液泵并联工作。

（2）注液时间及注液量。据孔深、岩石吸水率、渗透性、注液流量而定。通常每孔注液 15~40 天，每孔注液量 600~1200 m^3。

（3）注液用液。高压注液用的液体是水中混入一定量的渗透性强的添加剂后而形成的混合液体。

4）封孔

（1）水泥砂浆封孔。将注液管置入注液孔内，然后人工或借助风力（压风）将水泥砂浆注入封堵空间孔，砂浆按水泥、砂子、水以 2∶4∶1 混合而成，封后 3 天方可注液。封孔堵塞段要有一定的长度和固结力，以保证高压注液的安全。

（2）橡胶封孔器封孔。将套有橡胶封孔器的注液钢管插入钻孔后，向封孔器内注入高压液体（乳化液），使胶管膨胀而封孔。可立即注液。

5）注液

由注液泵将高压液体通过注液管注入注液孔内。注液管与注液孔中的注液管应快速连接。

注液时，先低压注液，后高压注液，控制注液流量，以保证达到所需要的注液压力和预期的软化、压裂效果。

（1）全孔段注液。依确定的超前距离，对顶板施行较低压注液，保证有足够的注液时间和注液量。因只对孔口封堵，故称全段注液。

（2）分层注液。根据顶板岩层的不同岩性、结构，分别进行单层或多层混合注液。一般把顶板中的薄煤层、软岩夹层封住不注液，把注液的重点放在整体性强、对工作面压力大的岩层。

实施分层注液，不注液层的有效封堵是关键，必须切实做好。

(3) 采空区与应力集中区注液。工作面已推过注液钻孔而顶板尚未垮落时，可通过位于采空区上方的注液孔继续实施大流量高压注液，迫使顶板裂隙增多而垮落。超前应力集中区注液则是在注液孔临近工作面应力集中区时，对顶板进行较高压力注液，以促使裂隙扩展，利于顶板岩层垮落。

(二) 破碎顶板的管理

破碎顶板管理的重点是采取措施，防治顶板局部垮落事故的发生。主要技术措施如下：

1. 带压擦顶移架

支架带有保持阀时，要合理调定支架移置时应保持的工作阻力。无保持阀的支架，全凭操作者掌握，要注意不要损坏支架部件及输送机的有关部件。

2. 超前移架及时支护

工作面局部地段片帮较深时，可超前采煤机割煤移架及时支护空顶区，采煤机通过超前移架的支架时，必须注意安全，严防割坏支架顶梁及采煤机截齿。

3. 平行工作面煤壁挑梁护顶

采煤机割煤后，若新暴露出来的顶板在短时间内不会垮落，而在支架卸载前移时可能垮落，则可采取平行工作面挑梁护顶措施。做法是，先移顶板完整处的支架，同时在支架前梁上方，沿平行煤壁的方向放置 1 ~ 2 根 3 ~ 4 m 长的木梁，由其挑住附近不完整的易冒顶板，然后再移破碎顶板处的支架。顶板若破碎严重而极易垮落，可在挑梁前或同时铺金属网、荆笆或木板等护顶材料。

4. 垂直工作面煤壁架梁护顶

当工作面顶板随采落的同时垮落，面积又较大时，用上述措施来不及支护，而且顶板条件也不允许把支架前梁降下来放置木梁。在此情况下，可以在相邻支架间超前架垂直于煤壁的一梁二柱（或三柱）的棚子护顶，在棚下面再架设平行于工作面的临时抬棚 1 ~ 2 根。平行于工作面的临时抬棚应同时托住三架垂直于煤壁的棚子的棚梁，然后移架，先用一架托住平行于煤壁的棚梁，这时就可将两种棚梁下影响移架的支柱撤去，相邻支架在两种棚梁的掩护下顺利前移。

5. 垂直工作面煤壁架梁打临时支柱护顶

与上述措施基本相似，只是架梁时根据煤壁的具体情况，分别采取在煤壁挖梁窝，靠煤壁打临时支柱或采用梁前端支撑方式。

6. 打撞楔防治局部冒顶

综采工作面煤壁与支架梁端间的空顶区多发生顶板局部垮落，一般由煤壁片帮而引发。

生产过程中，必须经常仔细地观察破碎地段的顶板情况，当确认煤壁处有垮落危险或已沿煤壁发生垮落，且矸石顺煤壁继续下流，则可采取打撞楔（贯钎）的办法防治，撞楔一般用木楔，其前端削尖、长度要一样。

做法是：打撞楔前先在冒顶处架平行煤壁的棚子；把木楔放在棚梁上，尖端指向煤壁，末端垫一方木块，而后用锤打入冒顶处，将岩石托住使其不致垮落或不再继续垮落。

移架时用支架前梁托住平行煤壁的棚梁，即可撤去棚腿。要求棚梁长在3.2 m以上，保证有2~3支架能托住，以便顺利移架。

根据具体条件，也可用圆钢、钢管等代替木楔。

7. 固结顶板

固结顶板，即通过超前钻孔向破碎顶板注入固结剂，从而提高顶板岩层的稳定性。固结顶板的方法有钻孔药包法、钻孔压注法、无钻孔压气喷涂法。固结材料有水泥类、聚氨酯及脲醛树脂类等数种，其中脲醛树脂类在苏联应用较普遍。

（1）钻孔药包法。施工时将药包装入钻孔（数量依实际条件而定），然后用锚杆将药包弄破，用木塞将孔口封住即可。

（2）钻孔压注法。孔钻完毕后，将注液管组件置入钻孔，启动两台液动注液泵，分别注入多异氰酸脂及多元醇聚醚两种浆液，通过输液管及三通接头注入液管混合器中混合，然后经封孔器进入钻孔中。

压注法分就地压注和巷道长距离注浆管输入两种方式。注液时应根据煤岩层的情况，确定所需流量及压力，合理调定液动注液泵的转速，将多异氰酸酯的换向阀打到回流位置，只有多元醇聚迷继续往钻孔注入，以冲洗料管，防止堵塞。

（3）无钻孔压气喷涂法。借助风力将固结剂喷涂在破碎顶板上，使固结剂进入顶板裂缝中，从而固结顶板。

8. 锚固顶板

对于层状结构比较明显的破碎顶板也可采用向顶板打锚杆的办法锚固顶板，增加其稳定性，锚杆设置数依实际情况而定。

第四节　综采工作面防止片帮及顶板来压期间的管理

一、煤壁片帮防治措施

1. 片帮原因

（1）煤层的节理、裂隙发育，煤质松软，稳定性差。

（2）工作面采高大，端面距偏大。

（3）支架支护强度低，煤壁顶板压力大。

（4）工作面仰斜推进方向与煤层节理近于垂直。

（5）煤壁暴露时间过长。

（6）煤体遭受过地质作用破坏，或处于顶层残留煤柱下方。

（7）受工作面顶板来压作用影响。

2. 正确选择支架

应选择能立即支护、端面距小、带防片帮装置的液压支架（采高大仰斜推进时）。

3. 加强技术管理

（1）必须对工作面内的地质构造情况，与上一工作面采空区的相互位置关系，顶板来压规律和强度，煤层的结构硬度等有较详细的了解，以指导支架选型和日常顶板控制工作。

（2）工作面生产过程中，要加强技术管理，加快工作面推进速度，减小煤壁暴露时间，以减少煤壁片帮的可能性。

（3）特别要加强工作面顶板来压期间的煤壁管理，因为在来压期间煤壁承受较大的支承压力，煤层的完整性遭受严重的破坏，此时煤壁更容易产生片帮、冒顶等恶性循环事故，使生产处于被动状态。

4. 预防措施

（1）化学固结法。采用钻孔药包法、钻孔压注法加固工作面煤壁，但这两种方法都不利于破煤，方法见破碎顶板管理的有关内容。

（2）木锚杆加固法：

① 木锚杆的制作。用长 1.8 m，直径 42 mm 的圆木沿其水平投影线锯开而成，如图 14－6a 所示。

② 锚杆眼布置。当煤层采高为 3～3.5 m 时采用五花眼，当采高为 2～2.5 m 时，采用三花眼，如图 14－6b、14－6c 所示。

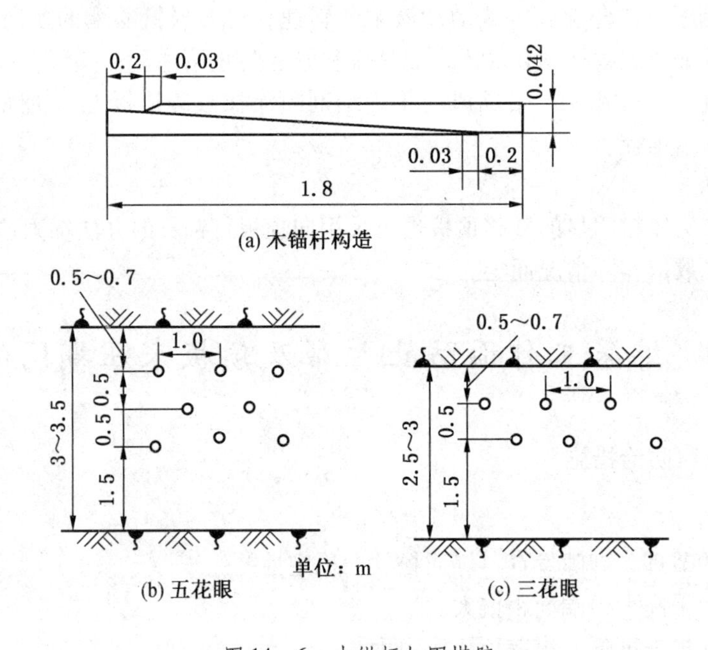

图 14－6　木锚杆加固煤壁

③ 锚杆安设。锚杆眼钻毕便可安设锚杆，安设时将两个锯成斜面的锚杆的小头各去掉 200 mm 后，锚杆最大直径达 44 mm，由于沿轴线方向都变大，所以起到了全长锚固的作用，一般都应在孔口处补打木楔，但要注意不得胀裂孔口。

④ 锚杆接茬。采用长度 1.8 m 的锚杆时，工作面每推进 1.2 m 就必须再打一茬锚杆，以保证新旧锚杆交错锚固煤壁。

5. 处理措施

（1）超前移架支护。超前移架，及时支护因片帮较深而增加的空顶面积。

（2）超前架棚（梁）支护。超前架设垂直煤壁的棚（梁），支护片帮后暴露的空顶区。

二、来压期间的顶板管理

综采工作面顶板压力的管理，主要表现为对工作面来压明显的积极主动预防，要准确掌握来压时间及来压步距；坚持正常的正规循环。在接近来压时间和来压步距时，应加快工作面的推进速度，力争将基本顶的断裂线抛在采空区后方，这样才能保证不压架。

1. 来压征兆

（1）支架阻力剧增，表现为支柱安全阀频繁开启。

（2）煤壁片帮严重，支架间隙不断掉碴，支柱发生明显下缩。

（3）采空区发出闷雷响声。

2. 管理原则及技术措施

（1）工作面来压不明显。对于工作面来压不明显且来压强度不太大的综采工作面，在来压期间，一般不需要采取特殊措施，只要严格检查液压支架和端头支护的可靠性，确保支护质量，同时要加快工作面的推进速度。

（2）工作面来压明显。工作面来压明显时，工作面来压期间的重点是加快工作面推进速度。针对工作面矿压特点和液压支架及端头支护的性能，制定并组织贯彻相应的安全技术措施。

（3）在支架顶梁下加打单体液压支柱，以增强支护强度，并防止支架前梁千斤顶损坏。

（4）在实施人为强制放顶时，要增强支护强度，保证安全。

第十五章

矿井灾害防治

第一节　工作面瓦斯灾害防治

一、瓦斯的性质及危害

瓦斯主要成分是甲烷，其性质可分为物理性质和化学性质两个方面。

1. 物理性质

（1）甲烷难溶于水，在一个大气压和20 ℃时的溶解度为3.5%。

（2）甲烷是一种无色、无味、无臭的气体，矿井内有时能嗅到轻微的苹果香味，那是因为有芳香烃伴随甲烷一起涌出的缘故。

（3）甲烷相对空气的密度为0.554，比空气约轻1/2，容易在巷道的顶部、上帮、上山和其他较高的地方积聚。

（4）甲烷的扩散性很强，比空气强1.6倍，能从邻近煤层穿过岩层裂隙逸散到其他煤层的采空区和巷道中去。

2. 化学性质

（1）甲烷不助燃，但当空气中甲烷浓度达到一定数值时遇到高温火源能引起燃烧或爆炸。

（2）甲烷本身无毒，也不能维持呼吸，空气中甲烷浓度增加很多时，氧气浓度就要相对减少，会因缺氧而使人窒息。

二、瓦斯涌出量

矿井瓦斯涌出量是指煤层在开采过程中，单位时间内，从煤层本身及围岩和邻近煤层涌出的瓦斯数量的总和。它仅指普通涌出，不包括特殊涌出的瓦斯量。

瓦斯涌出量有绝对涌出量和相对涌出量两种表示方法。

1. 绝对涌出量

绝对涌出量是指单位时间内涌出的瓦斯量，其单位是m^3/d或m^3/min。

$$Q_{CH_4} = Q_{总} C\% \tag{15-1}$$

或

$$Q_{CH_4} = Q_{总} C\% \times 60 \times 24 = 14.4 Q_{总} C \tag{15-2}$$

式中　Q_{CH_4}——矿井绝对瓦斯涌出量，式（15-1）中单位为m^3/min，式（15-2）单位

为 m^3/d；

$Q_{总}$——矿井瓦斯涌出量（内含空气），m^3/min；

$C\%$——瓦斯浓度，m^3/d。

2. 相对涌出量

相对涌出量是指矿井在正常情况下，平均日产 1 t 煤所涌出的瓦斯量，单位是 m^3/t。

$$q_{CH_4} = \frac{Q_{CH_4}n}{T} \tag{15-3}$$

式中 q_{CH_4}——矿井相对瓦斯涌出量，m^3/t；

Q_{CH_4}——矿井绝对瓦斯涌出量，m^3/d；

T——矿井月产量，t；

n——月工作日数，d。

若将式（15-2）代入式（15-3）中可得

$$q_{CH_4} = \frac{14.4Q_{总}Cn}{T} \tag{15-4}$$

瓦斯涌出 51.6% 是在大气压力下降时发生的；又据美国 1910—1960 年的 50 年内瓦斯爆炸事故的分析，有一半是发生在大气压力急剧下降时。因此，每一矿井都应通过长期观测，掌握本矿区大气压力与矿井瓦斯涌出量变化的规律，以便有针对性地加强瓦斯检查与机电设备的管理，合理控制风流或采取其他相应措施，防止瓦斯事故，是十分重要的。

3. 地质构造

当采掘工作面接近地质构造带时，瓦斯涌出量往往会发生很大变化。其大小主要取决于促成构造时地层受力状态和最终成型的构造类型，一般说来，受拉力影响产生的开放性构造裂缝有利于排放瓦斯，受挤压力产生的封闭构造裂缝有利于瓦斯聚集。因此，当采掘工作面接近利于瓦斯聚集的封闭构造裂缝时，瓦斯涌出量就会增大。

三、矿井瓦斯等级鉴定

1. 矿井瓦斯等级的划分

（1）目的意义。矿井瓦斯涌出量的多少和特殊涌出的有无，各矿不一，对矿井安全生产的影响程度亦不相同，管理上的要求也有较大差别，所以，根据矿井瓦斯涌出量的大小和涌出方式，把矿井划分为不同类别以便分级管理，具有十分明显的现实意义。具体说，划分矿井瓦斯等级的目的有 4 个：一是确定稀释矿井瓦斯的供风标准；二是确定矿井电气设备的选型；三是确定检测瓦斯的周期（次数）；四是确定特殊开采方法及其相应的管理制度和处理措施。

（2）划分依据：

① 一个矿井只要有一个煤（岩）层发现瓦斯，该矿井即确定为瓦斯矿井。瓦斯矿井必须依照矿井瓦斯等级进行管理。

② 矿井瓦斯等级是根据矿井相对瓦斯涌出量、矿井绝对瓦斯涌出量和瓦斯涌出形式来划分的。

③《煤矿安全规程》第一百八十九条规定：在矿井井田范围内发生过煤（岩）与瓦斯（二氧化碳）突出的煤（岩）层或者经鉴定、认定为有突出危险的煤（岩）层为突出

煤（岩）层。在矿井的开拓、生产范围内有突出煤（岩）层的矿井为突出矿井。煤矿发生生产安全事故，经事故调查认定为突出事故的，发生事故的煤层直接认定为突出煤层，该矿井为突出矿井。

（3）矿井瓦斯等级的级别。低瓦斯矿井相对瓦斯涌出量 $q_{CH_4} \leqslant 10\ m^3/t$，且矿井绝对瓦斯涌出量 $Q_{CH_4} \leqslant 40\ m^3/min$。低瓦斯矿井中相对瓦斯涌出量大于 10 m^3/t 或有瓦斯喷出的个别区域（采区或者工作面）为高瓦斯区，该区域应按高瓦斯矿井管理。高瓦斯矿井相对瓦斯涌出量 $q_{CH_4} > 10\ m^3/t$，或矿井绝对瓦斯涌出量 $Q_{CH_4} > 40\ m^3/min$，为煤（岩）与瓦斯（二氧化碳）突出矿井。

2. 瓦斯爆炸条件

瓦斯爆炸必须同时具备三个条件，即适宜的瓦斯浓度、一定温度的热源和足够的氧含量，三者缺一不可。若能消除、控制其中一个条件，即可防止瓦斯爆炸。

（1）瓦斯浓度。瓦斯浓度是指瓦斯在空气中按体积计算占有的比率，以% 表示。它和煤（岩）层瓦斯含量是两个完全不同的概念，不可混淆。瓦斯爆炸界限是指在空气中瓦斯遇高温火源能引起爆炸的浓度范围。瓦斯能发生爆炸的最低浓度称为爆炸下限，最高浓度称为爆炸上限。试验证明，瓦斯的爆炸下限为 5%，上限为 16%。当瓦斯浓度低于 5% ~6% 时，混合气体无爆炸性，遇火源能燃烧；在 14% ~16% 时，混合气体有爆炸性；大于 14% ~16% 时，混合气体既无爆炸性，也不燃烧；在 9.1% ~9.5% 时，爆炸最猛烈。

瓦斯爆炸的可能性是客观存在的。大量事实也充分说明，只要加强综合管理，严格检查制度，按客观规律办事，不违章指挥，不违章作业，防范措施得力，则防止乃至杜绝瓦斯爆炸事故的发生是完全可能的。我国广大煤矿职工在长期的生产实践中，积累了丰富的预防瓦斯爆炸事故的经验，制订了许多行之有效的措施，归纳起来主要有三个方面：防止瓦斯积聚、防止瓦斯引燃和防止瓦斯爆炸事故范围扩大的措施。

（2）热源。引燃瓦斯爆炸的最低温度，称为瓦斯爆炸的引燃温度。瓦斯爆炸的引燃温度为 650 ~750 ℃。煤矿井下能够引起瓦斯爆炸的热源很多，如明火、吸烟、电火花、自然发火、撞击或摩擦产生的火花都能引燃瓦斯，引起爆炸。

（3）氧气浓度。空气中氧含量低于 12% 时，就不能发生瓦斯爆炸，实际上井下空气中的氧含量均高于这一界限，可以构成爆炸条件。

3. 瓦斯爆炸的预防

因为瓦斯爆炸需要同时具备一定的瓦斯浓度、一定的点火温度和足够的氧含量三个条件，所以只要消除任何一个条件，就可以避免瓦斯爆炸的发生。预防瓦斯爆炸的措施有以下几个方面：

（1）防止明火。严格入井检查制度，割煤时严禁割住其他设备，以免产生明火。

（2）防止电火花。井下使用的机械和电气设备必须符合《煤矿安全规程》的要求。

（3）防止爆破火焰。

（4）防止摩擦火花。

（5）防止瓦斯积聚。所谓瓦斯积聚是指采掘工作面及井下其他地点，局部瓦斯浓度达到 2%，体积超过 0.5 m^3 的现象。防止瓦斯积聚就是要把采掘工作面及井下其他各处的瓦斯浓度冲淡到或控制在《煤矿安全规程》规定的浓度以下。具体措施有加强通风和加强检查。根据《煤矿安全规程》有关规定，加强对瓦斯浓度和通风情况的检查，是及时发现和处理瓦斯超限、瓦斯积聚和防止发生瓦斯爆炸事故的前提。瓦斯检查人员必须按《煤矿安全规程》规定要求检查瓦斯和二氧化碳浓度，严禁空班漏检，必须严格执行瓦斯巡回检查制度和请示报告制度，并认真填写瓦斯检查班报。每次检查瓦斯的结果必须记入瓦斯检查班报手册和检查地点的记录牌上，并通知现场工作人员。瓦斯浓度超过《煤矿安全规程》有关条文的规定时，瓦斯检查工有权责令现场人员停止工作，并撤到安全地点。

《煤矿安全规程》第一百八十条规定，矿井必须建立甲烷、二氧化碳和其他有害气体检查制度。

采掘工作面的甲烷浓度检查次数为：低瓦斯矿井，每班至少2次；高瓦斯矿井，每班至少3次；突出煤层、有瓦斯喷出危险或者瓦斯涌出量较大、变化异常的采掘工作面，必须有专人经常检查。采掘工作面二氧化碳浓度应当每班至少检查2次；有煤（岩）与二氧化碳突出危险或者二氧化碳涌出量较大、变化异常的采掘工作面，必须有专人经常检查二氧化碳浓度。对未进行作业的采掘工作面，可能涌出或者积聚甲烷、二氧化碳的硐室和巷道，应当每班至少检查1次甲烷、二氧化碳浓度。

在有自然发火危险的矿井，必须定期检查一氧化碳浓度、气体温度等变化情况。

井下停风地点栅栏外风流中的甲烷浓度每天至少检查1次，密闭外的甲烷浓度每周至少检查1次。

《煤矿安全规程》关于瓦斯浓度的规定：矿井总回风巷或一翼回风巷中甲烷或二氧化碳浓度超过0.75%时，必须立即查明原因，进行处理。采区回风巷、采掘工作面回风巷风流中甲烷浓度超过1%或二氧化碳超过浓度超过1.5%时，必须停止工作，撤出人员，采取措施，进行处理。

采掘工作面及其他作业地点风流中甲烷浓度达到1%时，必须停止用电钻打眼；爆破地点附近20 m内风流中甲烷浓度达到1%时，严禁爆破。

采掘工作面及其他作业地点风流中、电动机或其开关安设地点附近20 m以内风流中的甲烷浓度达到1.5%时，必须停止工作，切断电源，撤出人员，进行处理。

采掘工作面及其他巷道内，体积大于0.5 m^3 的空间内积聚的甲烷浓度达到2%时，附近20 m内必须停止工作，撤出人员，切断电源，进行处理。

对因甲烷浓度超过规定被切断电源的电气设备，必须在甲烷浓度降到1%以下时，方可通电开动。

采掘工作面风流中二氧化碳浓度达到1.5%时，必须停止工作，撤出人员，查明原因，制订措施，进行处理。

矿井必须从采掘生产管理上采取措施，防止瓦斯积聚；当发生瓦斯积聚时，必须及时处理。

矿井必须有因停电和检修主要通风机停止运转或通风系统遭到破坏以后恢复通风、排除瓦斯和送电的安全措施。恢复正常通风后，所有受到停风影响的地点，都必须经过通风、瓦斯检查人员检查，证实无危险后，方可恢复工作。所有安装电动机及其开关地点附近20 m的巷道内，都必须检查瓦斯，只有瓦斯浓度符合《煤矿安全规程》规定时，方可开启。

临时停工的地点，不得停风；否则必须切断电源，设置栅栏，揭示警标，禁止人员进人，并向矿调度室报告。停工区内瓦斯或二氧化碳浓度达到3.0%或其他有害气体浓度超过《煤矿安全规程》第一百三十五条的规定不能立即处理时，必须在24 h内封闭完成。

恢复已封闭的停工区或采掘工作接近这些地点时，必须事先排除其中积聚的瓦斯。排除瓦斯必须制定安全技术措施。严禁在停风或瓦斯超限的区域内作业。

局部通风机因故停止运转，在恢复通风前，必须首先检查瓦斯，只有停风区中最高甲烷浓度超过1.0%和最高二氧化碳浓度不超过1.5%，且局部通风机及其开关附近10 m以内风流中的甲烷浓度都不超过0.5%时，方可人工开启局部通风机，恢复正常通风。

停风区中甲烷浓度超过1.0%或二氧化碳浓度超过1.5%，最高甲烷浓度和二氧化碳浓度不超过3.0%时，必须采取安全措施，控制风流排放瓦斯。

停风区中甲烷浓度或二氧化碳浓度超过3.0%时，必须制订安全排放瓦斯措施，报矿技术负责人批准。

在排放瓦斯过程中，排出的瓦斯与全风压风流混合处的甲烷和二氧化碳浓度都不得超过1.5%，且采区回风系统内必须停电撤人，其他地点的停电撤人范围应在措施中明确规定。只有恢复通风的巷道风流中甲烷浓度不超过1.0%和二氧化碳浓度不超过1.5%时，方可人工恢复局部通风机供风巷道内电气设备的供电和采区回风系统内的供电。

第二节　工作面矿尘防治

一、矿尘及其危害

矿井在生产过程中所产生的各种矿物细微颗粒，统称为矿尘。煤矿井下的矿尘一般包括煤尘、岩尘。

井下矿尘的存在状态主要有两种：一是长期地悬浮于空气中的矿尘，即浮游矿尘；二是从空气中沉落下来附着在各处的矿尘，即沉落矿尘。

矿尘的危害主要表现在以下几个方面：

（1）对人体的危害。工人长期吸入矿尘后，轻者会引起呼吸道炎症，重者可以导致尘肺病，造成尘肺病的主要是呼吸性浮尘。

（2）有的煤尘在一定条件下具有燃烧和爆炸性，给煤矿安全生产带来巨大威胁。

（3）作业地点矿尘过多会影响视线和可见度，不利于及时发现事故隐患，增加了发生事故的可能性，而且大量的粉尘还会加速井下精密仪器的磨损。

二、煤尘爆炸及预防措施

煤尘在一定的条件下遇到高温热源而发生的剧烈氧化反应，并伴有高温和压力上升的现象叫作煤尘爆炸。与瓦斯爆炸一样，煤尘爆炸的主要危害有产生高温、高压的爆炸波，破坏井下设施，伤亡人员；产生大量的一氧化碳，伤亡人员。

1. 煤尘爆炸的条件

（1）煤尘的浓度。煤矿井下生产过程中产生的煤尘不一定都有爆炸危险性。有的煤尘在热源作用下只能燃烧，而不会发生爆炸。有的煤尘在热源作用下，不仅燃烧，而且会发生爆炸，这种煤尘被称为具有爆炸危险性煤尘。这是煤尘爆炸的前提条件。煤尘是否具有爆炸性，主要决定于它的挥发分含量，挥发分含量大于10%的煤尘，一般都具有爆炸危险性。具有爆炸危险性的煤尘，只有在空气中的悬浮量达到一定浓度时，才有可能发生爆炸。空气中能发生爆炸的最低煤尘浓度，称为爆炸下限，空气中能发生爆炸的最高煤尘浓度，简称爆炸上限。因此，煤尘爆炸是在爆炸下限和爆炸上限之间的浓度范围内发生的。根据我国煤尘爆炸性鉴定，煤尘爆炸浓度一般在45～2000 g/m^3。

（2）引燃煤尘爆炸的火源。煤尘爆炸的点火温度因挥发分含量、煤尘粒度、煤尘悬浮浓度的差异而不同，一般为610～1015 ℃，多数为700～900 ℃。井下能引起煤尘爆炸的高温热源很多，如电气设备产生的电火花、摩擦火花、撞击火花、架线机车及电缆损坏产生的电弧、瓦斯燃烧或爆炸等等。

（3）氧的浓度。氧的浓度不低于18%。

2. 煤尘爆炸的预防措施

预防煤尘爆炸的措施主要有降尘、防止煤尘引燃和隔爆措施。

三、降尘措施

（1）煤层注水。就是在采煤工作面采煤之前先向煤层钻孔，通过钻孔将压力水注入煤层。煤层注水方法有：平行于工作面向煤层钻孔，由钻孔向煤体注水；沿工作面垂直于煤壁钻孔向煤体注水。

（2）水炮泥。特殊情况下需要打眼爆破时，炮眼必须用水炮泥封堵，从而起到防尘的作用。同时在打眼时，不断将压力水通过钎杆中心的输水孔注入孔底，湿润煤粉，冲洗炮眼，起到降尘作用。

（3）喷雾洒水。《煤矿安全规程》第六百四十八条规定：井工煤矿采煤工作面回风巷应当安设风流净化水幕。

（4）《煤矿安全规程》第一百八十六条规定：必须及时清除巷道中的浮煤，清扫、清洗沉积煤尘或者定期撒布岩粉，应当定期对主要大巷刷浆。

第三节 顶板事故防治

顶板事故防治是指在地下采煤过程中，由于围岩破坏、支护失效而引起顶板垮塌等造成的人员伤亡、设备损坏或被迫停止生产的事故。

一、顶板事故的分类

（1）大面积冒顶。大面积冒顶有基本顶运动导致的大面积切顶，直接顶运动导致的大面积切顶及复合顶板条件下大面积切顶等。

（2）局部冒顶。局部冒顶有采煤过程中、放顶过程中的局部冒顶，巷道掘进、维修过程中的局部冒顶，局部空顶（空洞）垮落冲击。

二、局部冒顶事故的预兆及防治措施

1. 局部冒顶发生前的预兆

（1）裂缝和脱层。在地质构造和采动的影响下，岩层会产生裂隙，顶板会出现离层、

脱落现象，使围岩不稳定。

(2) 响声。岩层下沉、断裂、垮塌以及支架下缩、折损都会发出一些声响。

(3) 片帮。局部冒顶前，煤壁一般会产生塑性变形，发生片帮。

(4) 漏顶、掉碴。

(5) 特殊条件下，冒顶前还会发出瓦斯涌出量、涌水量的异常变化等现象。

2. 局部冒顶事故的防治措施

(1) 掌握地质资料与开采条件。通过地质钻探、岩层柱状图等，分析顶板结构、岩性变化、水文地质情况，弄清采煤工作面相对空间位置与时间的关系，分析受采动影响的程度。

(2) 严格顶板安全检查制度。施工的全过程要严格按照《煤矿安全规程》的规定执行；坚持进行敲帮问顶，发现活岩要及时处理。

(3) 加强支护质量管理。对工作面要进行实地观测，根据统计规律分析影响工作面顶板冒落的稳定性指标，对支护质量与顶板动态进行监测，使顶板在形成冒顶事故前消除隐患；选择合理的支护技术，并严格按操作规程进行支护，支护要求如下：

① 采用及时支护的作业方式，减小空顶作业面积及时间。

② 提高支护质量，保证支柱的初撑力和工作阻力，对锚杆支护应按规定进行拨拉力测试等检查。

③ 提高支架的稳定性，防止爆破时崩倒，从而减小围岩的二次变形，提高围岩的稳定性。

④ 在采煤工作面的地质构造破坏带要特别加强支护。

⑤ 保证工作面具有较快的推进速度；机头机尾处应各采用四对八梁支护；巷道与工作面出口相接的一侧要架设一对长钢梁抬棚；距工作面煤壁 20 m 范围内的巷道要超前进行处理。

⑥ 采煤工作面需要回撤支护时，必须做到“先支后回”；采煤工作面放顶处要支设墩柱。

(4) 进行临时支护。局部冒顶事故大多是在空顶作业的情况下发生的，因此对新悬露的顶板，应采用及时或超前的临时支护，以保证作业安全。

(5) 提高职工素质。防治局部冒顶的措施都是由人来实现的，员工的技术、思想状况，必将会影响到措施的落实程度。因此，必须通过专门的安全技术培训和日常的潜移默化来培养并提高职工的安全施工技术水平和安全意识，坚决制止和杜绝违章指挥、违章作业的现象发生。

第六部分

高级液压支架工技能要求

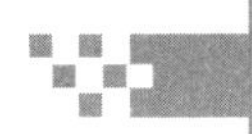

第十六章

综采工作面过地质构造

第一节　综采工作面过断层

断层是综采工作面常见的地质构造之一，在综采采区和工作面设计时，应尽量探明断层的数量、要素及其对综采生产的影响程度，采取相应对策妥善处理。

一、工作面过断层的方法

（1）搬家跳采。当工作面为中部、端部遇到落差较大、走向较长的垂直断层或斜交断层时，为躲过断层影响区，可在工作面前方重新掘开切眼，工作面设备搬迁到新开切眼后继续向前推进。

（2）开掘绕道。当工作面端部遇到难以通过的断层时，在探明断层影响范围后，开掘绕道缩短工作面长度，甩掉断层影响区。

（3）放弃综采。当综采工作面设计因断层等地质构造影响难以实现综采，或综采工作面开采过程中发现难以通过的断层时，可以放弃使用综采开采。

（4）直接硬过。当断层落差小于采高的2/3，断层影响范围小于30 m，断层处围岩的硬度系数$f<10$时，工作面可以直接通过断层。

（5）工作面过断层参考方案见表16－1。

表16－1　工作面过断层参考方案

围岩条件		断层落差/m	影响长度/m	断层位置	处理断层参考方案
$f\leqslant10$	平行断层	>采高 ＜2/3 采高	＞20 ≤20	中、端部 中部	重新划分工作面开采或做绕巷处理 可直接硬过
	垂直断层	>支架支撑上限 ≤2/3 采高	＞20 ＜20	中、端部 中部	重掘开切眼搬家跳采或绕巷处理 可直接硬过
	斜交断层	＞2/3 采高 ＜1/2 采高	＞20 20～30	中、端部 中部	搬家跳采或绕巷处理 可直接硬过
$f\leqslant6$	平行断层	＞2/3 采高 ≤1/2 采高	＞30 ＜30	中部 中、端部	重新划分工作面开采 可直接硬过

表 16－1（续）

围岩条件		断层落差/m	影响长度/m	断层位置	处理断层参考方案
$f \leq 6$	垂直断层	>支架支撑上限	>30	中、端部	搬家跳采或绕巷处理
		≤2	<30	中部	可直接硬过
	斜交断层	>采高	>30	中、端部	搬家跳采或绕巷处理
		<2	<30	端部	可直接硬过
		<2/3 采高	20～30	中部	可直接硬过

二、综采工作面过断层措施

综采工作面通过断层时，由于断层处岩石破碎，很容易造成工作面冒顶，在处理断层处岩石时，如果方法不当，容易损坏液压支架、采煤机、输送机。又由于工作面通过断层加大了工作面走向或倾斜方向的倾角，液压支架容易发生倒架事故。为了防止过断层时发生上述事故，应采取下列措施：

（1）调整工作面与断层线的夹角。工作面与断层线夹角小，则断层在工作面的暴露范围大，顶板难以维护；工作面与断层线夹角大，则通过断层带的时间长，但暴露面积小，顶板易维护。一般认为，对于中等稳定以上顶板，工作面与断层线夹角以 20°～30°为宜；对于不稳定顶板，工作面与断层线夹角可到 30°～45°。

（2）处理断层处的岩石。当断层岩石硬度系数 $f<4$ 时，可用采煤机直接截割，但采煤机牵引速度应控制在 2～3 m/min。当断层岩石硬度系数 $f>4$ 时，则采用打浅眼、少装药、放小炮的方法预先挑顶或卧底。打眼时要选择好炮眼的位置和角度，爆破时要在支架前悬挂挡矸胶带，防止崩坏液压支架立柱及千斤顶。

（3）液压支架通过断层。过断层时，液压支架要下俯斜或上仰斜移动，俯斜或仰斜的角度以 10°～12°为宜，最大不要超过 15°～16°。如果断层处煤层在工作面推进方向的上方，则用截割或爆破的方法挑顶或卧底，使支架按选定的仰斜坡度逐步通过断层。如果断层在工作面推进方向的下方，则可用截割或爆破的方法卧底，尽量不要挑顶，使支架按选定的俯斜坡度通过断层。液压支架过断层时应随时注意支架工作状态，防止歪斜倒架，及时采取防倒措施。

（4）断层处顶板控制

① 在断层区域内移架的措施；采用隔一架移一架的移架方式；随采煤机前滚筒割煤立即移架；掩护式或支撑掩护式液压支架可采用带压擦顶前移。

② 超前打锚杆锚固顶板，打木锚杆锚固煤壁，防止煤壁片帮。

③ 顶板破碎时采取架走向梁、挑顺山梁等进行超前支护。

三、综采工作面过断层示例

（1）当工作面使用节式支架，煤层厚度 2.1～3.6 m，断层落差 0.3～2.4 m 时：

① 通过落差小于 1 m 的断层，如图 16－1 所示。将工作面采高降至 1.6～1.7 m，过断层时将支架前探梁及时上挺，每进一刀煤，输送机上提 200～300 mm，进 3～4 刀后支

架顶梁便可接触顶板，通过断层。

② 通过落差大于 1 m 的断层，如图 16－2 所示。将采高降至 1.5～1.6 m，采用多留底煤办法，接近断层带时，使支架上挺，顶板破碎时，可超前掘小硐，用 2 m 长的木板梁，一头插在顶梁上另一头插入煤壁并用立柱支撑，当工作面推进约 14 m 后，即可通过落差为 2.4 m 的断层。

③ 通过落差大于 1 m 的向下断层，如图 16－3 所示。在断层前加大采高达 2.6 m 左右，在支架顶梁上插入木板并在木板梁上铺双层金属网，使支架达最大支撑高度，为过断层做准备。快见断层时，采煤机向下截割煤，同时将采高缩小至 1.5～1.6 m，逐渐采下坡，直至采过断层。

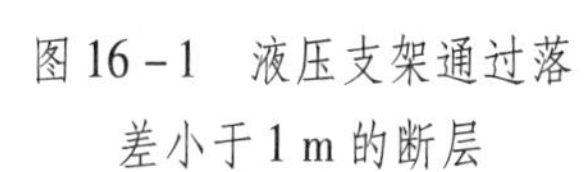

图 16－1　液压支架通过落差小于 1 m 的断层

图 16－2　液压支架通过落差大于 1 m 的断层

图 16－3　液压支架通过落差大于 1 m 的向下断层

（2）支撑掩护式液压支架工作面，煤层厚度 2.4～3.3 m，断层落差 0.9～1.8 m，通过断层方法如图 16－4 所示。在距断层面 5 m 时，支架前方开始挑顶，加大上坡角度，以利支架进入断层下盘。顶板破碎时，需先架设前高后低的倾斜棚。在移架时应在顶梁和前探梁下打斜撑柱，使底座上抬前移。刮板输送机可用手动葫芦抬起，前移需要坡度。

（3）掩护式液压支架工作面，采高 2.4～－5 m（采高 2.8 m），断层落差 1～4.9 m，通过断层的方法如图 16－5 所示。在距断层线 16～22 m 处为起点，将支架降到最低采高 2.3 m，然后在工作面上下端头分别画出 16°向下的腰线，作为工作面两端头支架顶梁前移的轨迹，使支架的顶梁逐渐脱离顶板，工作面俯斜向前推进，直至通过断层。

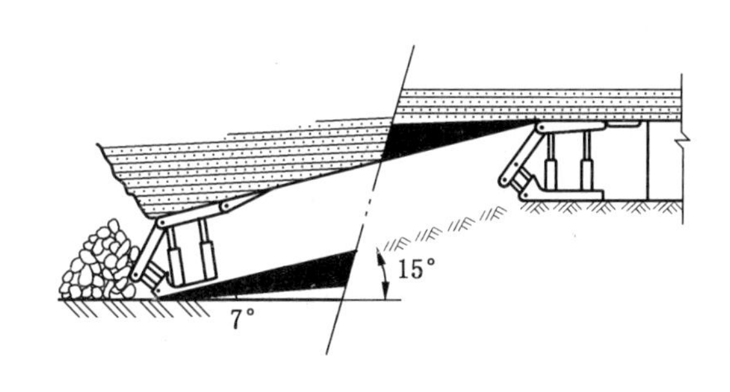

图 16－4　支撑掩护式液压支架工作面过断层

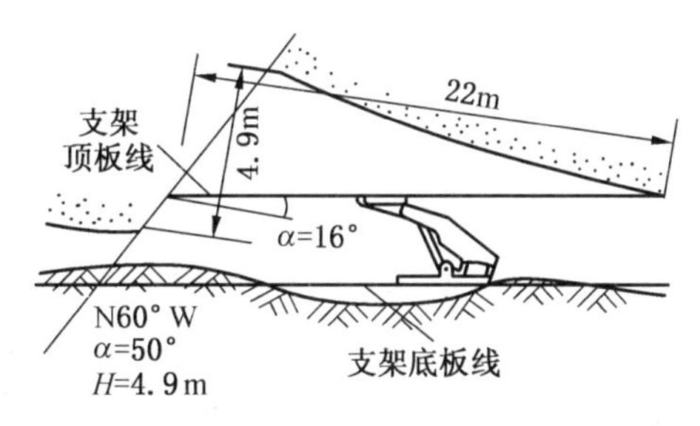

图 16－5　掩护式液压支架过断层

第二节　工作面过其他地质构造

一、过岩溶陷落柱

在有陷落柱存在的采区内，进行采区和综采工作面设计时，要认真考虑陷落柱这一重要因素。根据陷落柱的数目、形状、大小和分布状况，以及陷落柱内岩石的硬度，选择合理的巷道布置与处理方法，采取相应措施通过陷落柱。

1. 工作面过陷落柱的方法

（1）搬家跳采。陷落柱形状多为椭圆形、似圆形（有时也有长条形），当陷落柱直径大于30 m，塌落的岩石硬度$f>6$且又位于工作面中部时，可采用重新开切眼方法跳过陷落柱开采。

（2）开掘绕巷处理。当陷落柱直径大于20 m，岩石硬度系数$f>6$，且位于工作面端部（尤其在工作面尾部）时，可开掘绕巷，缩短工作面，甩掉陷落柱开采。

为保持开采过程中不同区段的工作面长度一致，避免随时增减液压支架，应使绕巷平行或垂直于工作面。

（3）平推硬过。当陷落柱直径小于30 m且位于工作面中部，陷落柱内的岩石较松软，易进行采煤机切割或爆破处理，则可考虑平推硬过，但需要采取相应的管理措施。

2. 通过陷落柱的措施

（1）在临近陷落柱5~8 m时，逐步起吊刮板输送机，降低采高，沿顶板开采，留适当底煤。进入陷落柱区后，采用浅截深多循环的作业方式。陷落柱内支架降低，区外支架高。高支架向低支架过渡时要采用等差，即相邻两架高差以150~300 mm为宜，以防液压支架挤架、咬架。

（2）如果陷落柱内岩石松软，可用采煤机浅截深截割。岩石较硬时，可用爆破处理。用采煤机将矸石装入工作面输送机。爆破时要用胶带（旧胶带）挡柱液压支架的立柱和推移千斤顶，以防崩坏。陷落柱区内的顶板管理参考破碎顶板的管理方法。

（3）陷落柱区内可能会有突然涌水或瓦斯涌出，因此应提前预测。工作面接近陷落柱区时，应采取相应措施，防止意外事故发生。

二、综采面过岩浆侵入带

煤层中岩浆侵入体，有直立状的脉状岩墙和层状的岩床两种状态。工作面开采遇岩浆侵入体后，应根据资料进行综合分析，查明是岩墙还是岩床，根据具体情况进行处理。

（1）若侵入体是沿倾向或斜交分布、宽度超过5 m的岩墙时，工作面要重新开切眼，搬家跳采。若是处于工作面中部、宽度不超过5 m的岩墙，可采取超前工作面，用爆破方法清除岩墙，使其成为工作面一条空巷直接通过。清除的空间，应与工作面采高一致。

（2）侵入体是沿工作面走向分布的较大的岩墙，应开掘巷道设法避开，或者缩短工作面，重新划面开采。

（3）侵入体为岩床，并使煤层厚度变薄，且小于液压支架的最小支撑高度时，通常应立即搬家、弃采。煤层厚度及采高满足支架最小支撑高度时，可以以侵入体为顶（底）

板进行回采。若厚煤层有岩床侵入时，应视侵入体的分布、厚度及位置，重新划分厚煤层的分层开采高度、层数或决定区段一次采全高。

（4）侵入体为串球状，其最大范围不超过 5 m，球状体轴径不超过 5 m，如对煤层破坏不严重，可以采取直接通过的方式；对于大片或比较连续的侵入，应重新掘巷以避开侵入体。

三、过古河流冲蚀带

煤层受古河流原生及后生冲蚀后，使煤层呈现厚度不等的条状冲蚀薄化带，若工作面开采范围内大面积受古河流冲蚀变薄，不适宜综采时，应改用普采或其他方法开采。如工作面只是局部受古河流冲蚀的影响，可采取下列措施：

（1）冲蚀带在工作面中部，煤层厚度普遍小于液压支架的最低支撑高度，顶底板岩石硬度系数 $f>6$，影响工作面的长度和宽度均大于 30 m，应另掘开切眼，跳过冲蚀带。

（2）冲蚀带在工作面端部，且煤层厚度小于液压支架最小支撑高度，顶底板岩石硬度系数 $f>6$，影响工作面长度和宽度大于 30 m，采取掘绕巷，甩掉受冲蚀影响范围不可采地段，缩短工作面长度及走向推进长度。

（3）冲蚀带影响长度和宽度都小于 30 m，或虽然大于 30 m，但冲蚀带内只有小范围煤层厚度小于液压支架最小支撑高度，顶底板岩石硬度系数 $f<6$ 时，工作面可直接通过，利用采煤机截割较软的顶底板岩石，保证液压支架能顺利地通过冲蚀带。

四、过褶曲构造

由于褶曲带受水平作用力的挤压影响，使煤层变薄或增厚，倾角变化，顶底板不平出现波浪起伏，顶板变得破碎，因此过褶曲时应采取下列措施：

（1）控制工作面坡度。一般沿工作面推进方向的坡度控制在 16°左右为宜，若采煤机有调斜功能，可调至 20°。沿工作面倾斜方向的坡度可大于 12°，若使用无链牵引采煤机，或带防滑装置时可达 25°。

（2）由于褶曲带煤层底板起伏变化，为防液压支架下滑和倒架，应采取前章中所述防倒防滑的有关措施。

（3）由于褶曲带顶板破碎，若不易管理时应及时采取破碎顶板管理措施进行处理。仰斜开采时，为防止煤壁片帮，应在煤壁内打木锚杆以加固煤壁。

第三节　综采工作面过空巷

综采工作面开采过程中通过年久失修的或废弃的巷道，称为空巷。按空巷与工作面相对应的空间位置，可分为本层空巷、上层空巷、下层空巷三种。

一、空巷的特征

空巷多受采动影响，均有程度不同的变形与破坏。有些空巷废弃后易形成水、瓦斯和其他有害气体的积聚。工作面与空巷接通后极易造成工作面通风系统紊乱，甚至风流短路。

二、过空巷的原则

由于空巷受采动影响，支护变形，支柱插底，巷内有未回收的残留杂物，会给工作面生产带来极不利的影响，因此过空巷时，首先要使空巷内有新鲜风流以冲淡积聚的气体，其次要排放积水，回收空巷内杂物。对年久失修的空巷，应事先修复，加大支护密度。当空巷位于本煤层时，修复空巷的高度应与工作面采高相一致。空巷位于工作面顶板岩层时，采取架木垛、打密集的办法做成假顶，使上覆岩层压力均匀传递到工作面支架上。空巷位于底板岩层中，应把空巷填实封严，以防止支架通过时下陷。

三、过空巷的方法

1. 过本层空巷

（1）首先使空巷沟通新鲜风流，冲淡积聚的气体，排放积水，回收空巷内杂物。

（2）在工作面超前压力之前，对空巷进行修复，修复巷道内原有的支架，加强支护强度，架设与工作面垂直的抬棚。空巷维护高度要与工作面支架及采高相适应。

处理空巷的底鼓区域，清理底煤，保持足够的维护空间。若空巷与工作面斜交，工作面下部先通过空巷；如果空巷与工作面平行，最好先调整工作面推进方向，使之与空巷有一定的夹角，逐段通过空巷，如图 16－6 所示。当支架移架时，顶梁及时托住抬棚梁，如顶板破碎，可在前探梁上放 1～3 根顺山梁，托住几架抬棚。

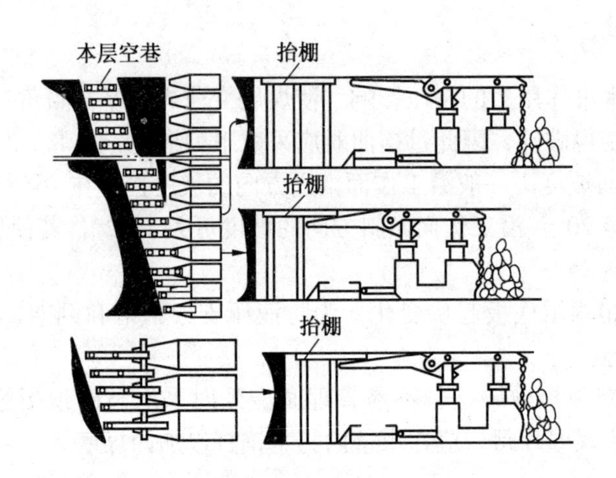

图 16－6　工作面过空巷

（3）通过本层空巷时，应加强组织，缩短工期，加快工作面推进速度，以避免工作面压力增大，造成压架等事故。

2. 过穿层石门

工作面通过穿层石门时，应预先在石门中加强维护。在顶板中的一段石门，要用木垛填实，使上覆岩层的压力均匀传递到工作面支架上。否则，当工作面通过时，由于下部采空影响，将引起石门处岩层下沉、垮落而冲击工作面。位于工作面底板中的一段石门也要用木垛或矸石填实，使工作面支架的压力能传递到石门底板的坚硬岩层上，防止石门段与工作面相交的底板岩石下陷、垮落。在石门中架设木垛的范围，根据顶底板岩石性质和石门周围岩层变形破坏程度而定，一般取 5 ~ 10 m。石门与工作面相交的部分，可采取过本层空巷的办法通过。

3. 钻过上层空巷

当空巷能提前处理时，首先进行有毒有害气体和积水的探测排放，然后对空巷进行强制放顶，若厚煤层空巷放顶，可预先在空巷底板铺设金属网、荆笆或其他护顶材料。

不能提前处理的上部空巷，应准确预报出空巷情况，利用钻孔提前疏放空巷内的积水等。

工作面通过时，煤帮必须支设临时支护或在支架上挑梁，必要时加铺金属网等护顶材料。为避免通过时增加管理上的困难，应保持工作面与空巷相交角度，必要时可采取人工破煤，使工作面逐段通过空巷区。

4. 跨过下层空巷

当上层工作面与下层空巷间距较小或为同一煤层开采时，可采用“压巷”法。对下层空巷进行强制放顶，使上层破碎的煤体或岩石严密充填巷道，做必要的人工处理后，变过下层空巷为过本层空巷。也可在下层空巷内打方木木垛或打具有较高工作阻力的联合支架，底板要坚实，巷道顶部铺设垂直于上层工作面的厚木板或两面相平的圆木并撑紧背牢。厚煤层工作面要适当降低采高预留煤皮假底。

第四节　综采工作面移架作业标准

一、作业前的准备

（1）开启架间喷雾装置，观察水量、水质、喷雾效果是否符合要求，及时疏通和更换不合格的喷头。

（2）检查架前端、架间有无冒顶、片帮危险，支架有无歪斜、倒架、咬架，架间距离是否符合规定，顶梁与顶板接触是否严密，支架是否成一直线或甩头摆尾，以及顶梁与掩护梁工作状态。

（3）检查支架清煤情况，浮煤厚度不准超过规定要求，保证推移畅通。

（4）检查液压件，高低压液管有无损伤、挤压、扭曲、拉紧、破皮断裂，阀组有无滴液，支架有无漏液卸载现象，操作手把是否齐全、灵活可靠并置于中间停止位置，管接头有无断裂，是否缺 U 形销子。泵站供液后，检查操纵阀和安全控制阀是否有串漏液和不灵活现象。

（5）检查结构件，如顶梁、掩护梁，侧护板、千斤顶、立柱、推移杆、底座箱等是否开焊、断裂、变形，有无连接脱落，螺钉是否松动、压卡、歪扭等。

（6）检查支架各立柱的卡块、串杆销、推移装置及各部千斤顶连接等是否齐全可靠。

（7）检查电缆槽挡煤板有无变形，槽内的电缆水管、照明线、通讯线敷设是否良好，挡煤板、铲煤板与刮板输送机连接是否牢固，中部槽口是否平整，采煤机能否顺利通过。

（8）照明灯信号闭锁是否安全、灵活、可靠。

（9）有无立柱伸缩受阻及前梁不接顶现象。

（10）铺网工作面的网铺质量是否影响移架，联网铁丝接头能否伤人。

（11）坡度较大的工作面，端头支架及刮板输送机防滑锚固装置是否符合质量要求。

二、正常移架

（1）机组割煤过后及时移架，根据实际情况采取相应的移架措施和步距。

（2）人员应站在支架前后立柱间，准确操作应动的手把，同时注意观察动作部位情况与移架顺序。

（3）放下防片帮板，收回侧护板，先降后柱，再落前柱和前梁，确认支架已离顶卸载，停止顶梁下落，再扳动推移手把，把支架向前移到相应的位置，支架到位后，推移手把回零位。

（4）升前柱和前梁，随后升后柱，确认支架达到初撑力要求后，打出侧护板和防片帮板。所有手把停止动作后，都要及时打到零位。

（5）移架时，尽可能要少降快移，支架不得歪斜、咬架。移架后，支架呈一直线，其前后偏差和支架中心距要符合质量标准化要求。

（6）顶梁与顶板接触后，手把应继续给液一段时间，确认达到支撑要求，再回零位，以保证支架初撑力。前梁与顶梁上部不许空顶，不准出现点接触、线接触，保证面接触，以达“满吃劲”。

（7）支架工应随工作面采高变化，及时调整立柱加长段，支架支撑高度不得超出允许支撑范围，过高可能失效和“定型”，过低可能成“死架”，支架应垂直顶底板，前后和左右歪斜不准超出规定范围。

（8）无特殊端头支架时，应移到巷道两帮，有端头支架时，一般移到端头支架处。

三、过断层、空巷、顶板破碎及煤墙片帮严重时的移架

（1）视情况可超前移架，及时支护，移到作业规程规定的最小控顶距。

（2）一般采用待压移架法，少降前梁轻带负荷移架，即同时打开降柱子及移架手把，及时调整降柱手把，使破碎矸石滑向采空区，移架到规定步距后立即升柱。移架后，再给液保证支架初撑力。

（3）梁端有冒漏征兆、网包或在冒顶下移架，应及时汇报班组长，根据情况，采用必要措施管理后，再移架。

（4）过断层时，应按作业规程规定严格控制，防止压死支架。

（5）过下分层巷道或溜煤眼时，除超前支护外，必须确认下层空巷，溜煤眼已充实后方准移架，以防通过时下塌造成事故。

四、坡度较大的工作面移端头支架

（1）必须两人配合操作，一人负责前移支架，一人操作防倒防滑千斤顶。

（2）移架前将三根防倒防滑千斤顶全部放松。

（3）先移第三架，再移第一架，最后移第二架。

第十七章

液压支架的维修及试验

第一节　液压支架维修质量标准

一、液压支架的完好标准

1. 液压支架架体的完好标准

（1）零部件齐全，安装正确，柱靴及柱帽的销轴、管接头的U形销、螺栓、穿销等不缺少。

（2）各结构件、平衡千斤顶座无开焊或裂纹。

（3）侧护板变形不超过10 mm，推拉杆弯曲每米不超过20 mm。

2. 液压支架立柱和千斤顶的完好标准

（1）活柱不得炮崩或砸伤，镀层无脱落，局部轻微锈斑面积不大于50 mm^2；划痕深度不大于0.5 mm，长度不大于50 mm，单件上不多于3处。

（2）活柱和活塞杆无严重变形，用500 mm钢尺靠严，其间隙不大于1 mm。

（3）伸缩不漏液，内腔不窜油。

（4）双伸缩立柱的活柱动作正确。

（5）推拉千斤顶与挡煤板、防倒千斤顶与底座连接牢固。

3. 液压支架各胶管的完好标准

（1）阀的完好标准：

① 密封性能良好，不窜液，不漏油，动作灵活可靠。

② 截止阀、过滤网齐全，性能良好。

③ 安全阀定期抽查试验，开启压力不小于0.9P_H（P_H为额定工作压力），不大于1.1P_H；关闭压力不小于0.85P_H。

（2）胶管的完好标准：

① 排列整齐合理，不漏液。

② 接头可靠，不得用铁丝代替U形销。

二、液压支架的检修质量标准

1. 液压支架检修质量标准的一般规定

（1）试验介质应符合《液压支架用乳化油、浓缩油及其高含水液压液》（MT 76—2011）的规定，乳化液是用乳化油与中性软水按5∶95的质量比配制而成。

（2）工作温度应为10～50 ℃；工作液应用120目/in^2（1 in^2 =6.4516 cm^2）或相当于网孔0.125 mm的过滤器进行过滤，并设有磁过滤装置。

（3）支架在解体前必须进行冲洗；解体应用专用工具进行，解体后的液压元件，如阀、活塞杆、缸等应存放在木质或专用衬垫上。

（4）阀类的检修工作应在清洁的专用工作室内进行，拆、检后的零部件应加遮盖。

2. 液压支架结构件的检修质量标准

（1）平面结构件：

① 顶梁、掩护梁、前梁、底座等具有较大平面的结构件上的最大变形不得超过10‰。

② 构件平面上出现的凹坑面积不得超过100 cm^2，深度不得超过20 mm。

③ 构件平面上出现的凸起面积不得超过100 cm^2，高度不得超过10 mm。

④ 构件平面上的凸凹点，每平方米面积内不得超过2处。

（2）侧护板：

① 侧护板侧面与上平面的垂直度不得超过3%。

② 复位弹簧塑性变形不得大于5%。

（3）推移框架杆（或推拉架）的直线度不得超过5‰。

3. 液压支架立柱、千斤顶的检修质量标准

（1）立柱、千斤顶与密封圈相配合的表面有下列缺陷时允许用油石修整：

① 轴向划痕深度小于0.2 mm，长度小于50 mm。

② 径向划痕深度小于0.3 mm，长度小于圆周的1/3。

③ 轻微擦伤面积小于50 mm^2。

④ 同一圆周上划痕不多于2条，擦伤不多于2处。

⑤ 镀层出现轻微锈斑，整件上不多于3处，每处面积不大于25 mm^2。

（2）活塞杆的表面粗糙度不得大于0.8，缸体内孔的表面粗糙度不得大于0.4。

（3）立柱活塞杆的直线度不得大于1/1000，千斤顶活塞杆的直线度不得大于2/1000。

（4）各类型缸体不得弯曲变形，内孔的直线度不得大于0.5/1000；缸孔直径扩大、圆度、圆柱度均不得大于公称尺寸的2/1000。

（5）缸体不得有裂纹，缸体端部的螺纹、环形槽或其他连接部位必须完整，管接头不得有变形现象。

（6）缸体非配合表面应无毛刺，划伤深度不得大于1 mm。磨损、撞伤面积不得大于2 cm^2。

（7）其他配合尺寸应能保证互换组装要求：

① 解体后各类阀的零部件必须彻底清洗，所有孔道、退刀槽及螺纹孔底部均不得存有积垢、铁屑及其他杂物。

② 阀上所有密封件，一般应更换新品，个别重复使用时应符合规定。

③ 各零部件有轻微损伤的内螺纹可修复使用，新更换的零部件应除去毛刺。

④ 阀上所用各类弹簧不得有锈斑或断裂，塑性变形不得大于5%。

⑤ 阀体各孔道表面，阀芯表面以及其他镀覆表面，镀层不得脱落和出现锈斑。

⑥ 阀体及各零部件不得有裂纹、撞伤或变形等缺陷。

⑦ 阀装配后，无论有压与无压，操纵应灵活，操纵力应符合该阀技术文件的规定。

⑧ 阀的定位要准确、可靠、稳定，定位指针要清晰。

第二节　立柱和三阀的测试

立柱和三阀（操纵阀、液控单向阀、安全阀）经拆卸、检修重新组装后，必须进行测试，测试时，要求其具备如下试验条件：

（1）用符合《液压支架用乳化油、浓缩油及其高含水液压液》（MT 76—2011）规定的乳化油与中性水按5∶95质量比配制的乳化液，经过滤精度为0.125 mm的过滤器，并不设磁性过滤装置进行试验。

（2）工作液温度为10～50 ℃。

（3）压力表精度1.5级，直读式压力表量程为试验压力的140%～200%。

一、立柱的测试

1. 空载动作测试

在空载工况下，使立柱全行程往复动作3～5次，要求其不得有涩滞、爬行、卡蹩、外漏现象，对于双伸缩立柱还要求其升、降顺序必须是先二级缸后活柱。

2. 最低启动压力测试

将立柱水平放置，在无背压的情况下分别使两腔升压，测试其开始移动时的压力，要求开始伸出时的压力不大于3.5 MPa；开始缩回时的压力不大于7.5 MPa。对于双伸缩立柱，还要使二级缸内保持在泵压之下，一级缸活塞杆腔进液，要求二级缸从最大长度开始缩回时的压力不大于7.5 MPa。

3. 密封性能测试

（1）低压密封性能测试。为立柱上腔供入1 MPa的低压液，使其保持3 min，不得出现降压或渗漏现象；然后使活柱外伸约2/3行程长度，为其下腔供入1 MPa低压液保持3 min，不得出现渗漏现象；最后使低压保持4 h，不得出现降压现象。

（2）高压密封性能测试。为立柱上腔供入泵压的110%的压力液，使其保持3 min，不得出现降压或渗漏现象；然后使活柱外伸约2/3行程长度，为其下腔供入为安全阀工作压力的110%的压力液，保持3 min，不得出现渗漏现象；最后使高压保持4 h不得出现降压或渗漏现象。

4. 强度测试

为立柱下腔提供1.15倍泵站工作压力的压力液，活柱、二级缸全部外伸并保持3 min，不得出现渗漏现象，各零部件的变形不影响装配和使用，然后使活柱、二级缸分别外伸约2/3行程，为其轴向加载至工作阻力的1.5倍，并保持3 min，不得因零部件的变形影响装配和使用。

二、操纵阀的测试

做操纵阀测试时，要求其测试系统稳压缸容积为4～8 L，连接软管长度不大于1 m。

1. 灵活性测试

在泵站工作压力情况下，将操纵阀手把分别扳到中间位置各 3 ~5 次，要求动作灵活、位置准确、能自锁，不得有卡蹩现象。

2. 密封性能测试

（1）将操纵阀手把放在零位（中间位置），敞开回液孔和所有工作腔门，在泵站工作压力和 1. 96 MPa 压力分别供入进液孔的情况下稳压 2 min，总渗漏量不得大于 6 mL。

（2）将操纵阀手把依次扳到各工作位置，并将工作孔堵死，敞开回液孔，在泵站工作压力和 1. 96 MPa 压力分别供入进液孔的情况下稳压 2 min，总渗漏量不得大于 6 mL（对于平面密封回转式操纵阀总渗漏量不得大于 40 mL，对于有泄压孔的操纵阀可按设计要求定）。

（3）将操纵阀手把扳到零位，堵死所有的工作孔，敞开进液孔，在泵站工作压力和 1. 96 MPa 压力分别供入回液孔的情况下稳压 2 min，总渗漏量不得大于 6 mL。

3. 强度测试

（1）将操纵阀手把放在零位，敞开所有工作孔和回液孔，为进液孔供 47. 04 MPa 的压力液，并稳压 5 min，各零件不得有损坏现象。

（2）将操纵阀手把分别扳到各工作位置，并将工作孔堵死，为进液孔供 47. 04 MPa 大的压力液并稳压 5 min，各零件不得有损坏现象。

三、液控单向阀的测试

作液控单向阀测试时，也要求其测试系统中稳压缸容积为 4 ~8 L。

1. 密封性能测试

（1）堵死与安全阀相接的门，在安全阀工作压力和 1. 96 MPa 的压力分别供入工作孔（A 孔）的情况下稳压 2 min，进液孔（P 孔）及其他密封部位不得有渗漏现象，然后再为工作孔提供 1. 1 倍的安全阀工作压力，并保持 4 h，进液孔及其他密封部位不得有渗漏现象。

（2）为液控孔（P_1 孔）分别提供 1. 96 MPa 和泵站工作压力的压力液，并稳压 2 min，进液孔及其他密封部位不得有渗漏现象。

2. 灵活性测试

（1）在为工作孔供入相当于安全阀工作压力的情况下，以额定卸载压力卸载 3 次，不得出现卡蹩现象。

（2）堵死与安全阀相接的门，为进液孔连续提供泵站压力，当进液孔卸载后，单向阀关闭，压力不低于泵压的 90%。

四、安全阀的测试

1. 弹簧式安全阀的测试

（1）开启、关闭压力的调定：

① 开启压力的调定。在流量为 20 ~ 30 mL/min 的情况下进行调定，其开启、溢流压力应在其额定工作压力的 95% ~105%。经放置较长时间的安全阀首次开启，压力大于额定工作压力的 110% 时，应重新调定。

② 关闭压力的调定。在溢流量为 20 ~ 30 mL/min 的情况下测定，其关闭压力应不低于额定工作压力的 90% 。

(2) 密封性能的测试。安全阀分别在额定工作压力的 90% 和 1.96 MPa 压力下稳压 2 min 和 4 h，不得出现渗漏现象。

(3) 压力—流量曲线的测试。在溢流量为 100 mL/min 的情况下绘制压力—流量曲线，要求曲线长度不小于 100 mm，曲线上任一压力值应在调定工作压力的 90% ~100% ，压力波动值不大于调定压力的 10% 。

2. 充气式安全阀的测试

(1) 漏气测试。按规定的压力充气后，将阀投入中性水中 6 h，检查其是否漏气。

(2) 开启、关闭压力的测试。在流量为 40 mL/min 的情况下进行测试，其开启压力应为额定工作压力的 90% ~110% ；在第一次测试 4 周后，再重新测试一次，要求其开启压力不低于额定工作压力的 90% ；在溢流量为 40 mL/min 的情况下测试，要求其关闭压力不低于开启压力的 90% 。

(3) 密封性能的测试。密封性能的测试同弹簧式安全阀。

(4) 压力—流量特性曲线的测试。压力—流量特性曲线的测定同弹簧式安全阀。

附录

常用液压元件图形符号

（GB/T 786.1 摘录）

名称		符号
管路	连接管路	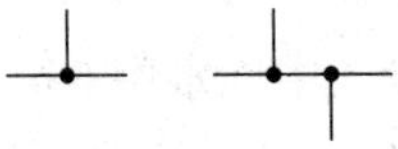
	交叉管路	
	柔性管路	
人力控制	（一般符号）	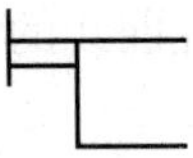
	按钮式	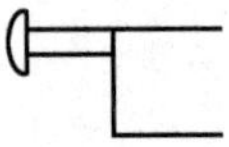
	拉钮式	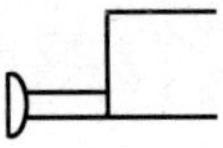
	按－拉式	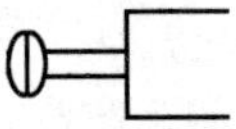
	手柄式	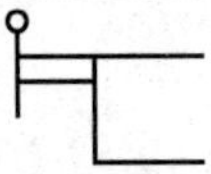
	踏板式	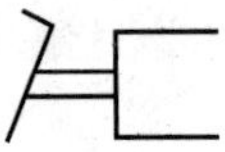
	双向踏板式	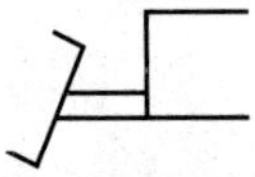
机械控制	顶杆式	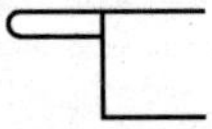
	可变行程控制式	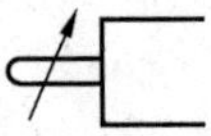
	弹簧控制式	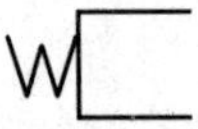
	滚轮式	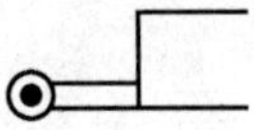

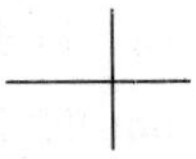

名称		符号
电气控制	单作用电磁铁	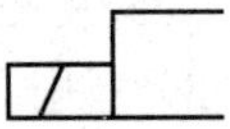
	双作用电磁铁	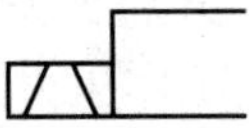
	单作用可调电磁操纵器	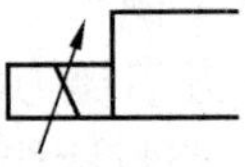
	双作用可调电磁操纵器	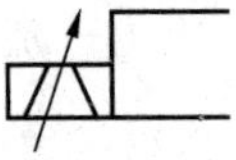
	电动机	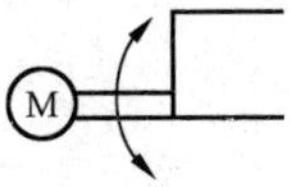 M
直接压力控制	加压或卸压控制	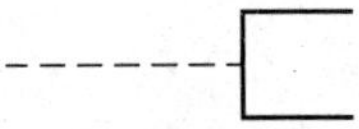
	差动控制	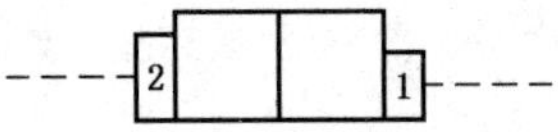 2 1
	内部压力控制	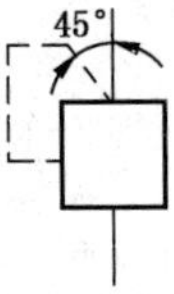 45°
	外部压力控制	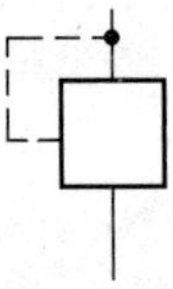
先导控制	液压先导控制（加压控制）	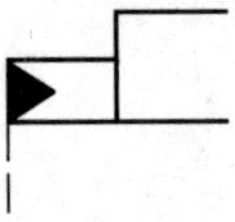
	液压二级先导控制（加压控制）	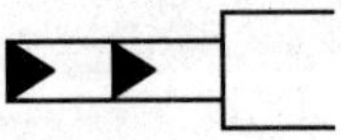

（续）

名　　称		符　　号	名　　称		符　　号
先导控制	电磁－液压先导控制（加压控制）		泵、马达和缸	单向变量马达	
	液压先导控制（卸压控制）			双向变量马达	
	电磁－液压先导控制（卸压控制）			摆动马达	
泵、马达和缸	单向定量液压泵			单作用单活塞杆缸	详细符号　简化符号
	双向定量液压泵			双作用单活塞杆缸	详细符号　简化符号
	单向变量液压泵			双作用双活塞杆缸	详细符号　简化符号
	双向变量液压泵			单作用伸缩缸	
	单向定量马达			双作用伸缩缸	
	双向定量马达				

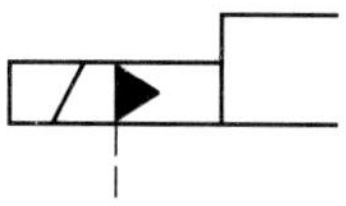

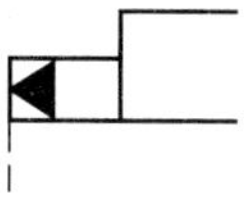

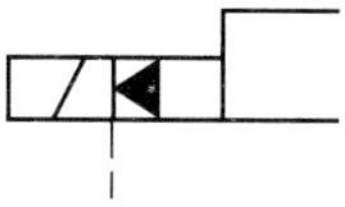

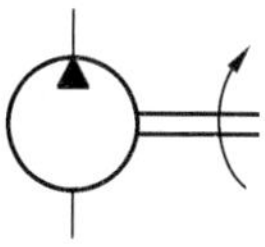

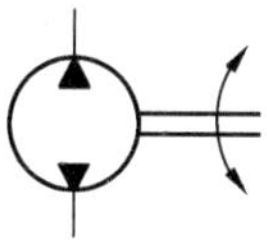

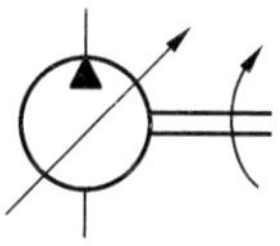

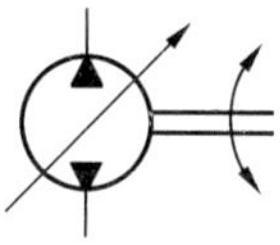

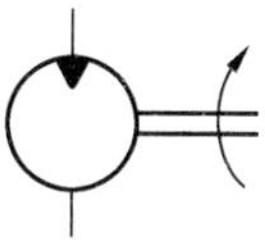

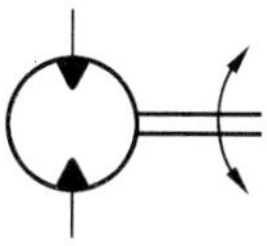

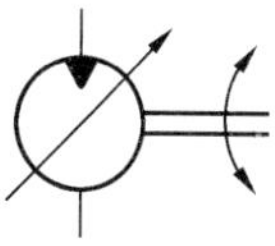

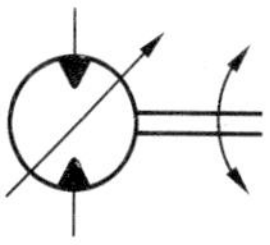

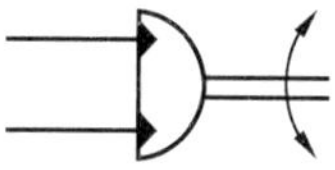

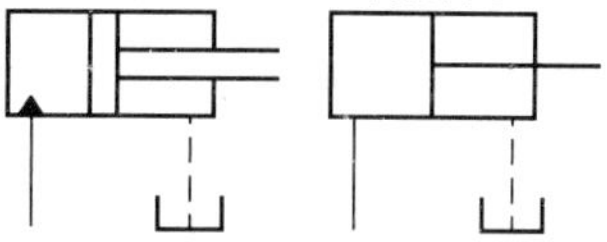

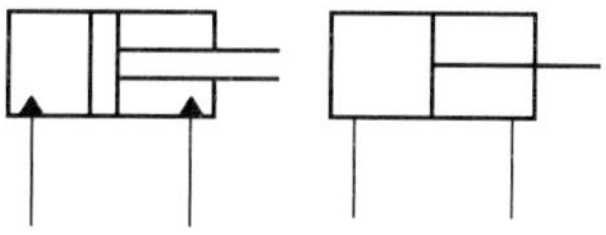

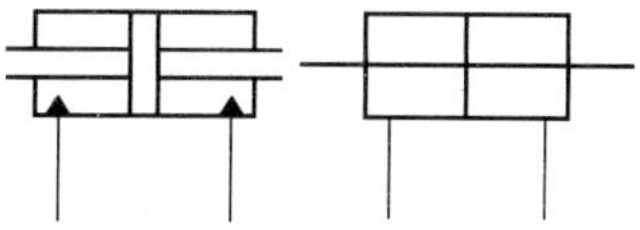

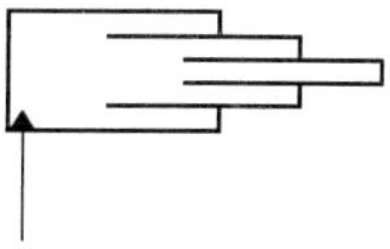

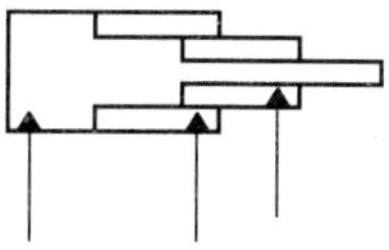

（续）

名　称		符　号	名　称		符　号
泵、马达和缸	不可调单向缓冲缸	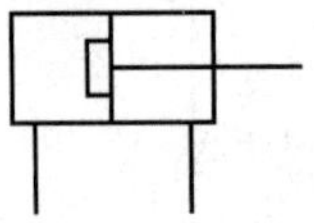	压力控制阀	先导型减压阀	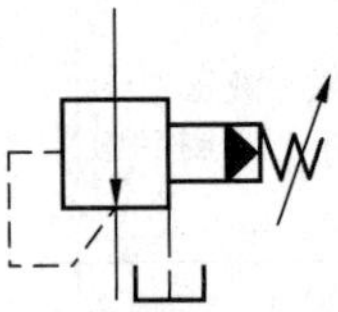
	可调单向缓冲缸	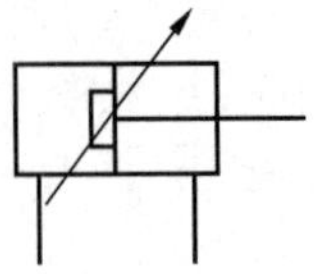		溢流减压阀	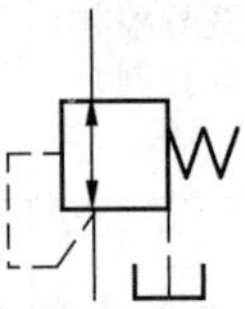
	不可调双向缓冲缸	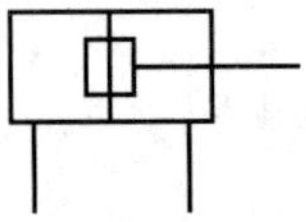		定差减压阀	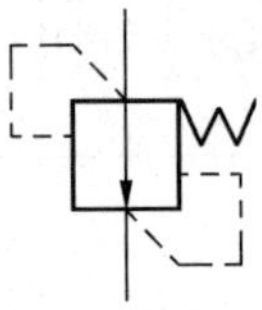
	可调双向缓冲缸	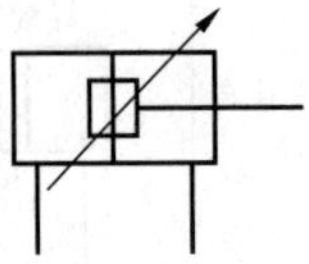		定比减压阀	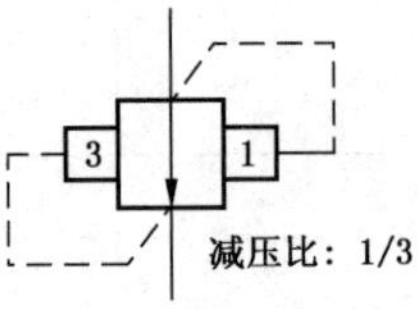 3　1 减压比：1/3
压力控制阀	直动型溢流阀（内部压力控制）	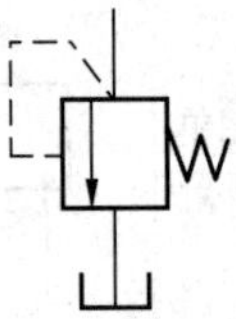		直动型顺序阀	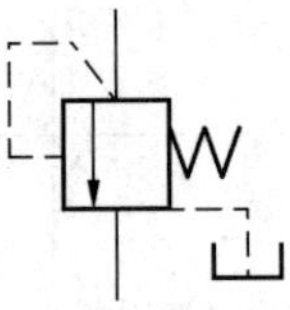
	直动型溢流阀（外部压力控制）	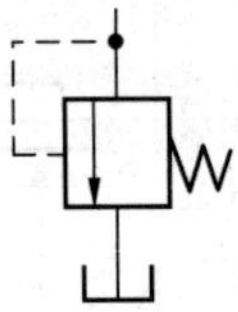		先导型顺序阀	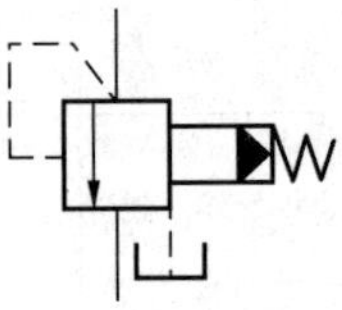
	先导型溢流阀	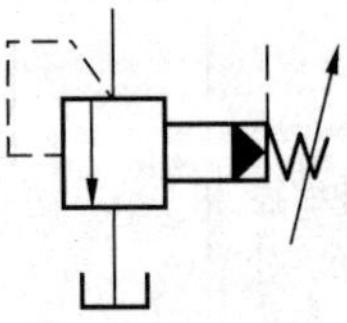		平衡阀（单向顺序阀）	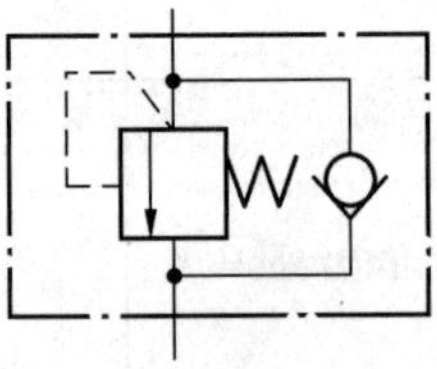
	直动型减压阀	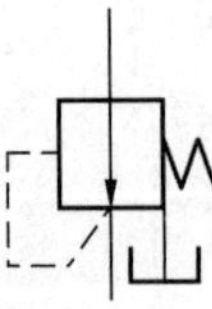		卸荷阀	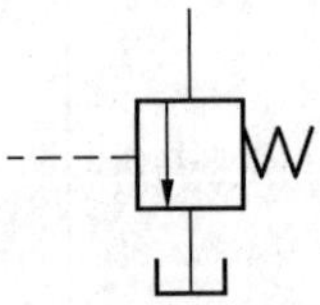

（续）

名　称		符　号	名　称		符　号
流量控制阀	可调节流阀	详细符号　简化符号 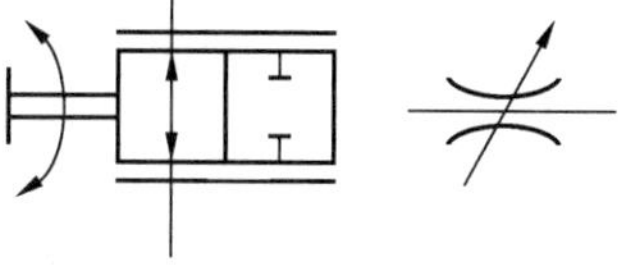	方向控制阀	单向阀	详细符号　简化符号 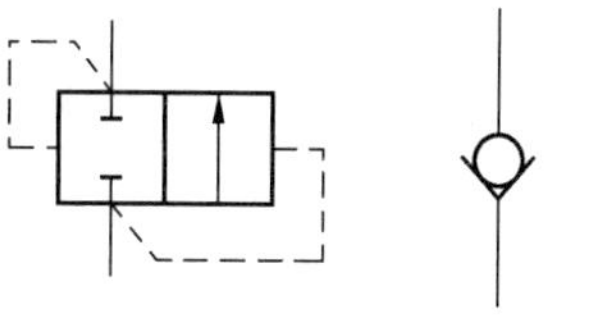
	不可调节流阀			液控单向阀	详细符号　简化符号 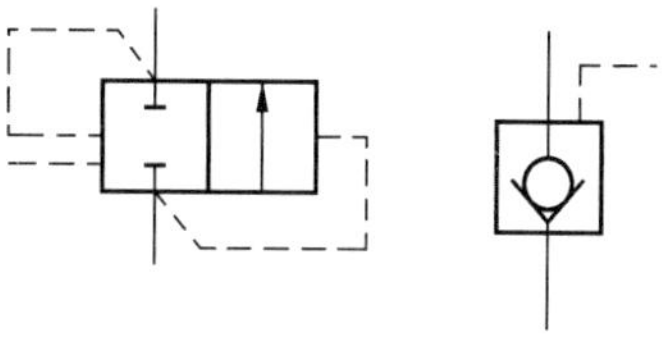
	可调单向节流阀			二位二通换向阀	常闭　常开 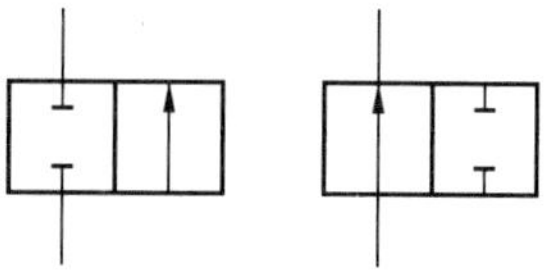
	截止阀			二位三通换向阀	
	减速阀			二位三通换向阀（带中间过渡位置）	
	普通型调速阀	详细符号　简化符号		二位四通换向阀	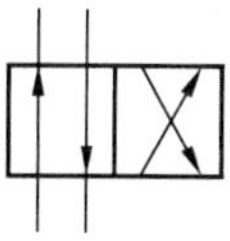
	温度补偿型调速阀			二位五通换向阀	
	单向调速阀			三位三通换向阀	
				三位四通换向阀	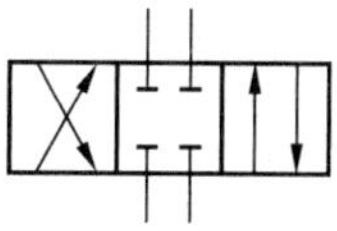

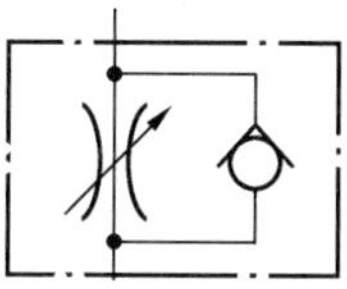

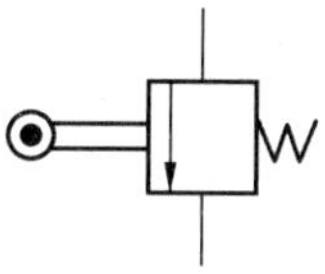

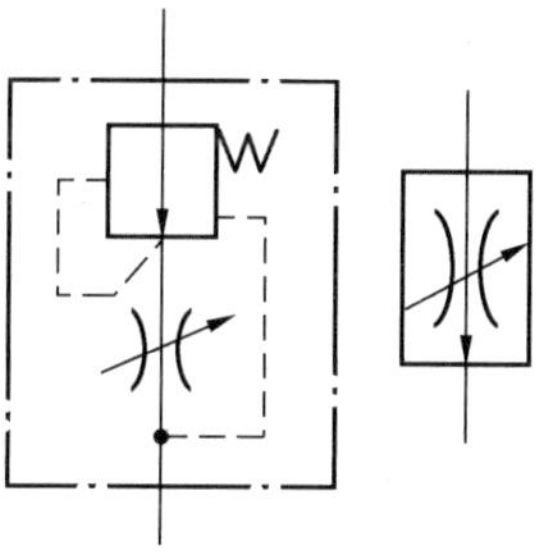

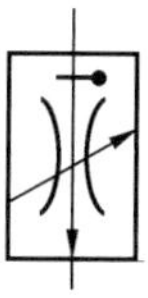

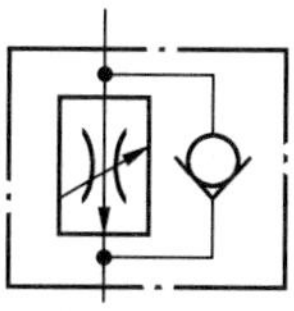

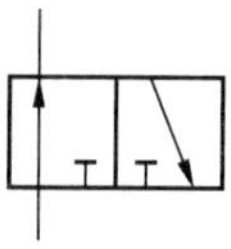

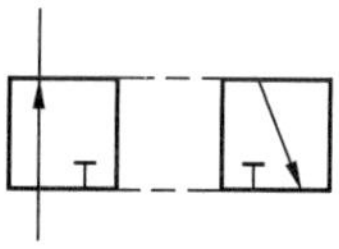

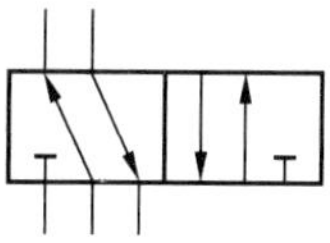

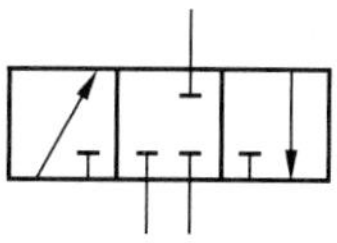

（续）

名　称		符　号	名　称		符　号
方向控制阀	三位四通换向阀中位滑阀机能		方向控制阀	三位六通换向阀	
			辅助元器件	蓄能器	
				过滤器	
				冷却器	
				加热器	
				压力继电器	
				位置开关	
				压力计	
				液位计	
	三位五通换向阀			温度计	

参 考 文 献

［1］唐云岐．机械制图［M］．北京：中国劳动社会保障出版社，2005.

［2］刘光荣．机电班（组）长［M］．北京：煤炭工业出版社，2003.

［3］史国华．采煤概论［M］．徐州：中国矿业大学出版社，2003.

［4］张先民，丁石磙．煤矿主要工种安全生产技术［M］．徐州：中国矿业大学出版社，1994.

［5］唐云岐．机械制图（第四版）［M］．北京：中国劳动社会保障出版社，2001.

［6］郑富康．煤矿支护手册［M］．北京：煤炭工业出版社，1991.

［7］齐允平．综合机械化采煤工艺［M］．北京：煤炭工业出版社，1996.

［8］张万钧．液压支架与泵站［M］．北京：煤炭工业出版社，2004.

［9］张明安．岗位标准化作业标准［M］．北京：煤炭工业出版社，2005.

［10］中华人民共和国应急管理部，国家矿山安全监察局．煤矿安全规程［M］．北京：应急管理出版社，2022.

［11］王存飞．煤矿岗位标准作业流程管理实践［M］．北京：应急管理出版社，2021.

图书在版编目（CIP）数据

液压支架工：初级、中级、高级/煤炭工业职业技能鉴定指导中心组织编写. --3版. -- 北京：应急管理出版社，2024

煤炭行业特有工种职业技能鉴定培训教材

ISBN 978-7-5237-0426-4

Ⅰ.①液… Ⅱ.①煤… Ⅲ.①煤矿—液压支架—职业技能—鉴定—教材 Ⅳ.①TD355

中国国家版本馆CIP数据核字（2024）第019110号

液压支架工（初级、中级、高级） 第3版
（煤炭行业特有工种职业技能鉴定培训教材）

组织编写 煤炭工业职业技能鉴定指导中心
责任编辑 成联君
编　　辑 杜　秋
责任校对 赵　盼
封面设计 于春颖

出版发行 应急管理出版社（北京市朝阳区芍药居35号　100029）
电　　话 010-84657898（总编室） 010-84657880（读者服务部）
网　　址 www.cciph.com.cn
印　　刷 河北鹏远艺兴科技有限公司
经　　销 全国新华书店

开　　本 787mm×1092mm 1/16　**印张** 15 3/4　**字数** 376千字
版　　次 2024年3月第3版　2024年3月第1次印刷
社内编号 20231557　**定价** 48.00元
